"十四五"普通高等教育本科部委级规划教材

服装学概论

（第 4 版）

李 正 王 巧 袁 丽 编著

中国纺织出版社有限公司

内 容 提 要

本书为"十四五"普通高等教育本科部委级规划教材。本书将基础理论、专业理论与专业实践相结合，使其更有助于读者理解和制作服装。本书内容包括绪论、服装起源与目的、服装与人体、服装的流行与演变、服装设计、服装色彩、服装材料、服装结构与工艺、成衣设计与服装生产管理、服装标准、服装卫生与保健、服装展示与服装模特、服装美学与服装心理、服装品牌与传播，涉及的服装行业有关内容较全面，方便读者对服装行业有总体的认识和了解。本次修订除保留原书特色外，另新增"服装品牌与传播"一章，满足读者对中国时尚产业与服装品牌发展的关注。

本书自2007年2月首次出版，至今已是第4版，新的作品和观点在书中均有所体现，是高等院校服装专业师生和社会科学研究人员以及广大服装爱好者必读的一本教材。

图书在版编目（CIP）数据

服装学概论 / 李正，王巧，袁丽编著 . -- 4 版 . -- 北京：中国纺织出版社有限公司，2023.8
"十四五"普通高等教育本科部委级规划教材
ISBN 978-7-5229-0474-0

Ⅰ.①服… Ⅱ.①李… ②王… ③袁… Ⅲ.①服装学—高等学校—教材 Ⅳ.①TS941.1

中国国家版本馆 CIP 数据核字（2023）第 056487 号

责任编辑：苗 苗 责任校对：寇晨晨 责任印制：王艳丽

中国纺织出版社有限公司出版发行
地址：北京市朝阳区百子湾东里 A407 号楼 邮政编码：100124
销售电话：010—67004422 传真：010—87155801
http://www.c-textilep.com
中国纺织出版社天猫旗舰店
官方微博 http://weibo.com/2119887771
北京华联印刷有限公司印刷 各地新华书店经销
2007 年 2 月第 1 版 2014 年 3 月第 2 版 2018 年 12 月第 3 版
2023 年 8 月第 4 版第 1 次印刷
开本：889×1194 1/16 印张：22.5
字数：408 千字 定价：88.00 元

前言

　　研究服装需要懂得服装的意义与价值。服装既是一个民族、一个国家文化与经济实力的显性标志，也是一个国家民族信仰、民族审美层次的标志。作为人类生存的支柱，服装是不可或缺的；作为人类文明的标志，服装是社会的视觉要素之一。人类的生存与生活都需要服装，也离不开服装。服装千奇百怪形态的各种呈现都是文化的表征，也是人们内心意识形态的物质显性再现，更是文明人的文明标志。

　　人文服装不仅给人们的生活带来了愉悦的穿着体验，也为国家的经济建设，强劲拉动国家经济的快速增长做出了巨大贡献。可以说，纺织服装产业为国民经济做出的贡献是不言而喻的，也是国家经济建设的重要支柱之一。那么，我们就必须要谈到纺织服装教育问题，纺织服装行业的高等教育正在受到国家层面的重视，"德智体美劳"的提出就是见证之一。将艺术美育课程作为实现美育的重要途径，当然包括了服装设计艺术与服装美学的全部含义。通过专业系统的研究，不难发现服装的价值在物质方面与精神方面的价值各有不可比拟与替代的伟大之处。服装在物质方面与精神方面的重要性是同等的，只是服装物质的重要性往往体现在前期阶段，而服装精神性的重要性却往往在服装功效的后期阶段。所以服装的价值及其意义只是在不同的时段、不同的场景中才会体现，往往是先后顺序有一定的差异而已。

服装既是商品，又是生活日用产品，其具有典型的市场经济烙印。

经济基础决定上层建筑，经济基础同样决定审美层次，服装审美就是人类社会审美的一面镜子。从物质形态研究的角度看，服装是一门造型艺术，服装设计具有艺术的全部属性，服装设计就是一种艺术创作，服装设计就是一种对于生活美的塑造；从心理需求的角度研究服装，服装具有人类精神世界的一切属性，服装是人性所需，也是人类精神世界的具体物象载体；作为一门学科研究，服装学是典型的人文学科，服装是研究人体包装、人体装饰、衣物护体、服装市场、服饰美学等相关系列内容的学科，将其划入通识教育也是一种认知高度。

在东方大国崛起的今天来研究服装学是一种时尚，也是一种潮流，更是一种国家层面的需要，这些问题都值得我们认真地去思考。

善于思考问题是成熟的一种表现，正视问题是一种正确的态度，能够解决问题是一种能力的体现与智慧的展示。服装学科就是要系统地、专业地来研究服装存在的社会问题，通过专业研究需要解决一系列的服装专业问题。尽管服装学科属于人文学科的范畴，可是我们在研究服装学的具体流变、物质功效、人体工程、安全防护等内容方面都还是需要借助自然科学研究内容的。譬如，服装各种材料的自然生成，材料的自然属性功能，面料染色工艺与科学方法等，这些都需要自然科学的知识才能加以解决，所以学科交叉式的研究就是当下面临的一个现实科学问题。跨学科研究，融合不同学科加以提炼，根据研究核心课题进行专业互补是当下的现状。

我们要承认，现在从事服装行业，特别是服装微小商贩，进入这个行业的门槛很低。其实这是一个很好的现象，说明了行业繁荣嘛！为什么说这是一个很好的现象呢？我们不能总是以"点性思维"来模糊横向"阔度思维"，我们一定真正去理解与感悟"大格局""高站位""长线思维逻辑"或许你就能够理解与懂得一般人不能明白的智慧与逻辑。

人文服装的意义往往会让人在认识上具有相对"缩水"的意识，这可能与服装的日常平淡化有关。比如人们对于水、对于空气、对于绿化等也同样会有一种习惯性的"缩水认识"。其实这些都很重要，重要到了关乎我们人类生命的健康，所以我们在研究服装学时要有大格局、高站位，要有"风物长宜放眼量"的层次高度，强化横向思维模式，绝不可自己画地为牢，在一个小圈子内打转。"夏虫不可以语冰、井蛙不可以语海，凡夫不可以语道"。

回看历史，近半个世纪以来，西方服装品牌在中国市场的优势一直存在，只是最近几年欧美服饰品牌在中国市场上的优势上升势头有所遏制。这与中国的崛起有着直接的关系，也与"90后""00后"中国新生代已经淡化崇洋的心理观念有着直接的关系。今天我们必须要正视这个问题，分析研究这种现象的根源，我们应该有大国服装品牌的情怀，抓住世界百年未有之大变局的机会，重振中华服饰文化，让服装行业与大国崛起共舞。所以，在大国崛起背景下的高科技赋能时代，中国的服装教育要勇于担当历史的重任，为国家、为民族的昌盛做出应有的贡献。

《服装学概论》第1版在2007年2月出版，第1版书稿是全部由本人撰写的。本书稿已经再版多次，并且得到了专业同行的好评。

这次书稿的改进与修正是根据时代的新变化，教学的新需求，再加之近年来读者反馈的有关建议而进行的再次修正与完善。

本次书稿的完善与修正工作由李正、王巧、袁丽共同进行，王巧博士担任了本次《服装学概论》修正工作的主要任务。我们尽量将本书稿撰写得更专业、更系统，更适合专业高校作为教材使用。

李正

2022 年 8 月

于苏州大学

教学内容及课时安排

章/课时	课程性质/课时	节	课程内容
第一章 （3课时）	基础理论 （9课时）		· 绪论
		一	服装的意义
		二	服装的属性
		三	服装的基本概念
		四	服装的分类
		五	服装学研究的领域与方法
第二章 （3课时）			· 服装的起源与目的
		一	裸态时代与原始服饰意识
		二	服装起源的理论研究
		三	服装的目的
第三章 （3课时）			· 服装与人体
		一	人体基本知识
		二	男女体型差异
		三	体态特征对服装设计的影响
		四	人体体型生长变化规律
第四章 （6课时）	专业理论 （6课时）		· 服装的流行与演变
		一	服装的流行
		二	服装变迁的规律
		三	服装发展的主要历程
第五章 （6课时）	专业实践 （26课时）		· 服装设计
		一	正确理解服装设计
		二	服装构成的造型要素
		三	设计美的形式法则
		四	服装设计教育单元简介
		五	服装整体设计与局部设计

章/课时	课程性质/课时	节	课程内容
第六章（5课时）	专业实践（26课时）		·服装与色彩
		一	色彩的基本知识
		二	服装色彩的特性
		三	服装配色的基本法则
		四	流行色
第七章（5课时）			·服装与材料
		一	服装材料概述
		二	纤维的易保管性与纤维的鉴别
		三	织物的分类与外观质量鉴别
		四	服装辅料
		五	服装对材料的选用
		六	材料与服装的保管
		七	服装材料的创新再造
第八章（5课时）			·服装结构与工艺管理
		一	服装结构设计概述
		二	服装结构制图
		三	人体测量
		四	平面结构设计理论研究
		五	服装数据概念
		六	服装立体结构解析
		七	服装工艺管理
第九章（5课时）			·成衣设计与服装生产管理
		一	成衣生产的历史与现状
		二	成衣设计
		三	成衣生产与技术管理
		四	成衣质量控制与管理

章/课时	课程性质/课时	节	课程内容
第十章 （5课时）	专业理论 （23课时）		· 服装标准
		一	服装质量标准的内容与分类
		二	服装标准的级别分类
第十一章 （4课时）			· 服装卫生与保健
		一	常规服装的卫生与保健
		二	作业服的卫生与保健
		三	防辐射孕妇服的卫生与保健
		四	婴幼儿服装的卫生与保健
		五	绿色服装
第十二章 （5课时）			· 服装展示与服装模特
		一	服装静态展示
		二	服装动态展示
		三	服装模特
第十三章 （4课时）			· 服装美学与服装心理
		一	服装美学
		二	服装与心理
第十四章 （5课时）			· 服装品牌与传播
		一	时尚产业与服装品牌
		二	服装品牌分类
		三	服装品牌文化
		四	服装品牌传播

注　各院校可根据自身的教学特色和教学计划对课时进行调整。

教学内容及课时安排

目 录
CONTENTS

第八章

服装结构与工艺管理

第九章

成衣设计与服装生产管理

专业理论

第十章

服装标准

第十一章

服装卫生与保健

第十二章

服装展示与服装模特

第十三章

服装美学与服装心理

第十四章

服装品牌与传播

第一章

01

绪论

课题名称：绪论

课题内容：从总的角度来认识和研究服装，侧重于讲解服装
的基础知识和服装各学科的相互关系及其纲要性
内容。

课题时间：3课时。

教学目的：使学生初步了解服装的基础知识、服装专业知识、
服装实践操作的理论知识。

教学方式：理论传授。

教学要求：掌握有关服装的基础知识。

课前课后准备：课后拓展阅读、查询服装行业最新信息。

"服装学概论"是从总的角度来认识和研究服装，它侧重于讲解服装的基础知识和服装各学科的相互关系及其纲要性内容。"概论"要介绍的服装内容非常丰富，涉及的知识面很广，同时又有着自己独立的体系，所以不经过系统地学习和研究是很难全面、专业地掌握其内容的。

"服装学"所涵盖的知识很多，主要包括服装基础知识、服装专业知识、服装实践操作等。

（1）服装基础知识：主要是指服装常识性知识、服装意义、服装历史、服装属性、服装构成、服装的标准与规格、服装卫生、服装功能、服装审美、服装保养、服装分类等。

（2）服装专业知识：主要是指服装学科内系统性和专业性较强的内容部分，如服装设计学、服装材料学、服装色彩学、服装结构设计、服装工艺学、服装人体工学、服装心理学、服装民俗学等。

（3）服装实践操作：主要是指服装管理、服装企业策划、成衣生产、服装品牌与营销等。

以上三个方面不是截然分开的，而是相对的划分，它们之间有着内在的联系，在形式上有着重叠与交叉。

第一节　服装的意义

"衣、食、住、行"是人类生活的四项基本需要，或者说是人类生活的四大支柱。"衣"被置于首位，可以看出服装的作用和意义都是很大的。服装现象并不是原本就存在的，而是随着人类历史的发展逐渐出现的一种生活现象，是在一定的历史时期，人们根据实际生活的需要创造出来的一种"衣护体形式"。研究服装的出现、功能和演变以及今天服装生产的发展，对于人类生活、社会进步与文明都有着十分重要的意义和作用。

服装除了具有蔽体、御寒等现实的保护作用外，还有装饰人体和美化人体的功能，更有实现遮羞、炫耀、伪装、表现等微妙的心理需要与满足的功能。服装的穿着又和社会的政治、道德、风尚、文化艺术修养等联系在一起，所以，服装是社会意识形态的组成内容之一，是人类文化的结晶，是人类文明的体现。

一、服装是社会文明程度的标志

服装是人类的一种重要的文化形态。可以说，自有人类，就有服装。为己的实用性和为人的审美性的双重功能，使服装成为人类生活中的必需品。同时，服装又是人类文明的一个标志，展现社会的发展和变化。我国自古以来就有"衣冠王国"的美誉。当原始人类告别"衣毛帽皮"之后，服装便在漫长的奴隶社会和封建社会中充当区分等级差别的角色之一。上至帝王后妃、达官贵人，下至黎民百姓，衣冠服饰均有严格区别，以此来分尊卑、别贵贱、严内外、辨亲疏。而在民间，不同民族服装相互影响、相互借鉴，取长补短，其饰物也是千姿百态，变化无穷，显示了我国服饰文化丰富多彩的一面。

服装的出现给人类的生活带来了很大变化，服装由产生到发展，历经了漫长的岁月。今天的服装已经是人类诸多生活状态中不可缺少的一部分，其已经在现代人类生活中发展成为一种文明的标志，服装的功能也在不断延伸与发展。

服装是基于人类的生活需要所应运而生的产物。服装因受自然环境和社会环境的影响，其所具有的功能及目的也各有不同。例如，有的服装是以御寒防暑为主要目的，有的服装主要以张扬自我、表现个性为主要目的，还有的服装主要是考虑强调自我的职业地位、美化修饰自身等。一般来说，服装是指穿着在人体上的衣物及服饰品，而从专业的角度来讲，服装真正的含义是指衣物及服饰品与穿用者本身之间所共同融汇综合而成的一种仪态或外观效果。所以服装与穿着者本身的体型、肤色、年龄、气质、个性、职业及服饰品的特性等都有着密切的联系。

服装不仅在个人方面能兼顾生理卫生与标识类别，而且体现穿着者装扮、仪态、品位、道德、礼仪的特殊效果；在团体方面也可以促进美好的社会生活，营造良好的社会氛围，提高文化水准与素养从而享受人生与美好的生活。

二、服装是人类文化的表现

服装是文化的一种表现。世界上不同民族的服装，由于其地理环境、风俗习惯、政治制度、审美观念、宗教信仰、历史原因等不同，体现在服装上也各有自己的风格特点，表现出一种文化的现象。服装文化也是人类文化宝库中的一个重要组成内容。

从服装的款式、材料、色彩、图案的特点中可以了解历史、考证过去，了解不同时期、不同地域、不同民族的生活特点和文化属性。例如，从西欧古代和近代服装的造型，可以了解西欧人的审美标准、生活状况及思维模式的变化。他们的"立体观念""立体思维"影响着他们的着装和服装款式的演变与发展。这种"立体观念"或"立体思维"反映在服装结构上，就是立体结构。立体结构在西装的袖型、领型上都有具体表现，包括现在的燕尾服、女式的婚纱礼服等也是如此。巴斯尔样式的女装和路易王朝时期的贵族男装也都是一种立体造型的表现。这些观念同样也影响欧洲的各类艺术表现，如绘画、雕塑等。欧洲的雕塑以圆雕居多，这不能不说是一种地域文化。而中国的服装从历史上看是"平面观念""平面思维"占主导地位，表现在服装上就是平面结构、平面着装。这种观念同样也影响着中国的绘画、雕塑和其他艺术门类，如中国画及中国古代雕塑都是以浮雕居多，这也正是文化的特点与表现。

三、服装是人类心理和社会实际的需要

服装是人的第二皮肤。服装不仅是构成环境的要素，而且能反映出穿着者的内心活动和素养。衣物作为非语言性的信息传达媒体，可以将穿着者的社会地位、职业、喜好、文化修养、个性、风格等传达给别人。这是由于人类的穿衣行为同人类的其他社会行为一样，受社会因素、心理因素、经济因素的影响。在现今社会中，人没有服装，就不能很好地生存，人与人之间就不能正常地交往。人们在家里穿着宽松舒适的服装，使身心得到休养；当人们外出时，往往根据各自不同的目的，穿上不同形式的外出服装，给人不同的视觉和感受。穿着礼服可以在正规的场合以表欢喜或悲伤的心情；穿着运动装，有助于肢体活动便于锻炼；穿着各种工作服便于从事各种不同的社会劳动，提高工作效率。这些着装的心理需求和客观存在，也正是人类社会的进步与文明。

四、服装是人们日常生活的必需品

人之所以要生产服装，首先是为满足自身生活的需要。即使人类社会发展到现在，随着科学技术的进步和社会生产的发展，人们的物质生活极大地丰富，但服装仍然是人们维持生活不可缺少的必需品。如果没有服装，人们要想生活下去是很难想象，甚至可以说是不可能的。所以说，服装是人们维持生活的必需品。

实际上，服装伴随人类历经各种社会阶段，协助人们达到各种生活目的，服装同人的身心融为一体，表现着各种场合中的心情和行动意识，发挥着生活的效用。

五、服装是美化人类生活的装饰品

服装除有维持人们生活的实用意义外，在精神方面还对人类起着装饰、美化以及满足心理的作用。人们常说"人要衣装，佛要金装"，其中的"装"字，不仅含穿着的实用之义，更主要的是起到装饰、美化作用。近年来，我国人民的经济生活和科学文化水平不断提高，因而对于服装的穿着要求也随之发生了变化。人们越来越讲究款式新颖、色彩美观、表现得体、整体和谐。

随着时代的发展和市场的激烈竞争，以及服装流行趋势的迅速变化，国内外服装设计人员为了适应这种新形势，在竭力研究和追求新的时装潮流时，他们选用新材料、倡导流行色、设计新款式、采用新工艺……使服装不断推陈出新，更加新颖别致，以满足人们美化生活的需要。这说明无论是服装生产者还是服装消费者，都把服装既当作生活实用品，又当作生活美的装饰品。

从一定意义上来说，爱美是推动社会进步的一种动力，是文明社会的美德，是尊重他人和尊重社会的表现。人们追求美好的生活也包括把自身打扮得更漂亮，打扮自己是一种

对生活的积极态度，是热爱生命的表现。所以说，服装对于美化人们的生活起着非常重要的作用。

六、服装是人们生产劳动、日常工作的安全防护品

人类社会的历史归根到底是社会物质资料生产的发展史。人类社会进步的主要标志是社会生产力发展水平的提高，因而人们要创造历史和推动社会进步，必然要进行各种生产劳动和科技开发工作。人们在从事生产劳动和科技工作中穿着的服装，不仅要具有维持生活的一般意义，而且要具有保护身体、防止损伤的安全防护作用。

随着科学技术的进步和现代工业的发展，人们不仅需要一般的服装作为生产劳动的防护品，有些行业还需要穿着特殊的服装来保护人体的安全。例如，冶金工人在高温下进行生产操作，需要穿着防高温的服装，以防烧伤、烫伤；从事化工、电镀的工人，需要穿着防腐蚀的服装；采矿工人需要穿着强牢度的服装；潜水作业人员需要穿耐水浸泡的服装；消防人员灭火时需要穿着既防水又防火的服装（图1-1）；到高山严寒地带进行科学考察和地质勘探的人员则需要穿着防寒性强的耐寒服装，随着冰雪运动的流行，由特殊保暖材质、防水拉链、多口袋设计、多功能拆卸结构组成的滑雪服装成为日常雪上运动的防护必备品（图1-2）；航天员飞行时需要穿着特制的航天服；某些医疗和科研人员工作时需要穿防辐

图1-1 消防服装　　　　　　　　　　图1-2 滑雪服装

射的服装等。总之，人们要进行生产劳动和科技开发工作，没有服装作为必要的安全防护品是难以进行的。

七、服装是文化生活中的艺术品

随着人们物质生活水平的不断提高，人们的文化生活也日益活跃。服装虽然是一种物质产品，但在一定的领域和情况下，也是一种艺术品，并能很好地显示出它的艺术特色。在文化活动领域内不能缺少服装，通过服装来创造出各种艺术形象以增强文化活动的光彩是必需的，如在戏曲、话剧、电影、电视、音乐、舞蹈、杂技、曲艺等文化活动中，演员们都穿着特别设计的服装来表演，只有这样才会加强艺术表演者的形象美，增强艺术表演的感染力，提高观众的欣赏乐趣（图1-3）。如果没有适当的服装作陪衬，则会减弱艺术形象的魅力而使人感到无味。

图1-3 舞台剧服饰

八、服装是繁荣国民经济的重要商品

世界上许多国家和地区都非常重视服装工业，这不仅是为了满足国内人们的生活需要，而且是为了参与国际贸易市场的激烈竞争。我国是纺织品出口大国，并且已经加入了WTO，在这方面应该积极做好准备，要善于在国际公平的贸易规则下大力发展纺织服装产业，这就需要我们进一步认清：服装是繁荣国民经济的重要商品。

现在美国、日本、意大利和法国等工业技术先进的国家，服装工业都很发达。日本在第二次世界大战以后的恢复国民经济时期，纺织和服装工业起了很大的作用。意大利的服装出口贸易，尤其是西装曾居世界第一位。法国巴黎，早有"世界时装中心"之称。另外，一些工业比较发达的亚洲国家或地区，如韩国、中国香港地区，服装业也很发达。就连一些发展中国家，如印度、印度尼西亚、菲律宾、埃及等国，也都努力发展服装产业，扩大服装出口。正如包昌法先生所说："目前，我国服装生产也发展得很快，每年的服装出口量不断增加，随着经济体制和外贸体制改革的深化，今后服装出口将会有较大的增长。同时，国内市场上的销售量，随着人民生活水平的不断提高，购买成衣的比例也会逐年增加。"

服装工业不是孤立的，一般来说它与一个国家的农业、畜牧业、纺织、印染、化工、机械、电子等工业及科学技术文化的发展有着密切的关系。也可以说，服装工业的发展是建立在有关工、农业生产和科学技术文化发展的基础之上，离开这些条件服装工业便很难发展。但是也有特殊情况，如日本、韩国和中国香港地区等，农业资源并不丰富，也很少有畜牧业，而它们的服装工业却很发达，这主要是因为它们的工业、金融和外贸非常兴盛，而且利用了现代交通工具和国际市场提供的有利条件，这些都是我们应该了解和研究的。

　　服装生产不仅要有一定的物质条件，而且要有一定的精神条件。例如，服装的造型设计、结构制图和工艺制作方法，以及国内外服装流行趋势和市场动态变化，包括人们的消费心理等，都源于服装制作人员的精神智慧和预测。仅有物质条件而没有相应的精神条件，也不可能生产出好的服装。因此，服装既是物质文明与精神文明的结晶，又是一个国家或地区物质文明和精神文明发展的反映和象征。

第二节　服装的属性

　　世界上任何事物都有一定的性质和特点，没有性质和特点的事物是不存在的，事物所具有的性质和特点一般称为事物的属性。服装作为一种用于人们活动和工作中的生活用品，有自己的性质和特点，这是其他物品所无法代替的，这种性质和特点称为服装的属性。

　　由于服装既是人们生活的必需品，又是工业产品和商品；既有保护人体的功能，又有美化人体的艺术效果，更是体现人们文化艺术素养和精神风貌的社会意识之反映，因此服装具有多重属性。概括起来可归纳为：服装的物质性和服装的精神性。

一、服装的物质性

　　服装的物质性是指来自人生理方面的要求——物质性的一面。服装的物质性是服装成立的基础，具体表现为服装的实用性和科学性。

　　服装的实用性就是服装是人们的一种物质生活资料，它能满足人们生活中的穿着需要，对生活和进行各项社会活动起到保护身体的实用功能，是服装的使用价值之一，是服装的实质所在。实用、经济、美观是服装设计的最基本原则，人类创造服装的起源可能源于装饰，但它的发展和形成却和生活中的实用性紧紧相连，成为人类的文明标志之一。"实用"在设计原则中排在第一位，说明实用的价值和重要性。如果一种服装不实用，往往会自然地被淘汰。纵观服装发展史，可以看到这样一个规律，即"有用发展，无用退化"，这正如达尔文所说，"天演物择，适者生存"。所谓"适者"表现在服装上可以理解为"实用"。对"实用"的全面理解，从广义上可以理解为"适应""有用"。"适应"，即对环境的适应，对人体的适宜。环境包括自然环境（地理环境、气候环境等）、社会环境（文化背景、宗教信仰、生活方式、人文环境、民俗习惯等）。从狭义上可以将"实用"理解为服装的各种机能表现，包括服装的款式适体、材料适宜、色彩美观等。

服装的科学性是指服装的各种物理性能和化学性能，以及这些性能与人体之间的和谐关系，它主要包括服装材料学、服装人体工学、服装卫生学、服装构成学、服装管理学等（图1-4）。

图1-4 服装的物质性

二、服装的精神性

服装的精神性是指来自人心理方面的要求——精神性的一面。服装的精神性是指服装的装饰性和象征性。

装饰性包括服装的审美情趣、服装的艺术特性；象征性包括服装的民族性、服装的感觉、服装的诸多社会性（社会地位、经济地位及所从事的不同职业等），如图1-5所示。

"爱美之心人皆有之"，这也是人类的天性和本能。从古至今，人们总在不停地发现美和追求美，在服装形式上的表现尤为突出。例如，原始人的装饰文身、古代帝王的礼服、现代人的面部修饰（化妆、染发、修眉等）等，这些行为都说明无论古代还是现代，人们为了美一直在积极地、不停地行动着，这就是服装的精神性所驱动的必然效应。

图1-5　服装精神性的一面

有关美的标准的认识：美是意识形态的东西，它是在人类社会实践的基础上形成的。从大的方面来讲，由于文化不同、历史时期不同、宗教信仰不同、生存环境不同等；从小的方面来讲，由于阅历不同、受教育程度不同、审美层次的不同等，所以美的标准也各不相同。关于服装美学，请参阅本书第十三章"服装美学与服装心理"中的论述。

第三节　服装的基本概念

近年来我国服装教育发展迅猛，特别是服装高等教育如雨后春笋。从20世纪80年代初由中央工艺美术学院（现清华大学美术学院）、苏州丝绸工学院（现苏州大学艺术学院）两院校率先创办了服装设计专业以来（中央工艺美术学院1982年第一届招收了服装本科生，苏州丝绸工学院1983年招收了服装设计本科生），当时纺织工业部和轻工业部下属的其他有关院校也相继创办了服装设计、服装工程等专业。如今我国的高校中有服装专业的已超200所，且艺术学已作为一门独立的学科门类。今天，服装设计的相关内容的学习和研究越来越被社会所重视，这迫使我们进一步提高对服装理论的学术研究。

我国的服装教育体系正在走向成熟，而服装概念的混乱则会给服装语言的交流、服装学科的研究、服装理论的提高等带来很大的障碍，为此，我们有必要对服装的一些基本概念进行确认和统一。

一、衣服

衣服是穿在人躯体上遮蔽身体和御寒的物品，一般不包括冠帽及鞋履等物。英文一般为：clothes，clothing。

二、衣裳

衣裳可以从两个方面理解：一是指上体和下体的衣装的总和。《说文》称："衣，依也，上曰衣，下曰裳。"二是按照一般地方惯例所制定的服装，如民族衣裳、古代新娘衣裳、舞台衣裳等，也特指能代表民族、时代、地方、仪典、演出等特有的服装而言。英文一般为：costume，clothing，clothes。

三、衣料

衣料指制作服装所用的材料。英文一般为：clothing materials。

四、服饰

服饰指衣着与装饰品（clothing and ornament），或服装与装饰(apparel and ornament)的总称。

五、被服

被服是指所有包裹覆盖人体的衣物，包括头上戴的、脚上穿的、手中拿的和身上盖的等。过去的军队后勤生活保障工厂，被称为被服军工厂，军工厂生产的被褥、军服套装等都属于被服的范畴。

六、成衣

成衣指近代出现的按标准号型成批量生产的成品服装。这是相对于在裁缝店里定做的服装和自己家里制作的服装而出现的一个概念，现在服装商店及各种商场内购买的服装一般都是成衣。英文一般为：ready-to-wear，ready made clothes。

七、服装

　　服装可以从两个方面理解：一方面，"服装"等同于"衣服""成衣"，如"服装厂""服装店""服装模特""服装公司""服装鞋帽公司"等，其中"服装"都可以用"衣服"或"成衣"来置换，特别是现在，用"成衣"来替换"服装"这两个字更为确切。但"服装"在我国使用很广泛，在很多人的头脑中，"服装"是衣服的同一名词。另一方面，"服装"是指人体着装后的一种状态。例如，"服装美""服装设计""服装表演"等，指包括人本身在内的一种状态美、综合美。"衣服美"只是一种物的美，而"服装美"则包含穿着者本身这个重要的因素，是指穿着者与衣服之间、与周围环境之间，在精神上的交流与统一，是这种协调的统一体所表现出来的一种状态美。因此，同样一件衣服，不同的人穿着就会有不同的效果，有的人穿着美丽得体、有的人穿着就效果很差。英文一般为：garments，apparel，clothing。

八、时装

　　时装是指在一定时间、空间内，为相当一部分人所接受的新颖入时的流行服装，对款式、造型、色彩、纹样、缀饰等方面追求不断变化创新、标新立异，也可以理解为时尚的、时髦的、富有时代感的服装（图1-6），它是相对于古代服装和已定型于生活当中的衣服形式而言。

图1-6　时装

现在人们为赶时髦，或出于经济目的，把原来的服装店、服装厂、服装公司都改为时装店、时装厂、时装公司。如果说这些词汇、概念随着时代的变迁也有流行的话，那么，"衣裳""衣服"就是过时的，"服装"是中华人民共和国成立后才普遍使用的，"时装"则是比较流行的时髦术语。同国际服饰理论界相比，时装至少包含着三个不同的概念。英文一般为：mode，fashion，style。

mode，源自拉丁语modus，是方法、样式的意思。与mode相似的词还有vogue，在某种程度上，它是指那些比mode还要领先的最新倾向的作品。

fashion，一般翻译为"流行"，指时髦的样式，还包含物的外形，上流社会风行一时的事物、人物、名流等意思。作为服饰用语，fashion与mode相对是指大批量投产、出售的成衣或其流行的状态。

style，源于拉丁语stilus，指古人在蜡纸上写字用的铁笔、尖笔。style还有文体、语调等意，作为文学用语，最初用来指作家的文体、文风等，后来逐渐演变为表现绘画、音乐、戏剧等艺术上的表现形式的用语。以后又涉及建筑、服装、室内装饰、工艺等一切文化领域，被释为"样式""式样"，还用来表现人物的姿态、风度、造型等。

九、制服

制服是指具有标志性的特定服装，如宾馆饭店服装、工厂企业工作服、学生服、军服、警服等（图1-7）。

图1-7　酒店制服

第四节　服装的分类

在学习和研究服装时，将服装的各种造型和形态进行整理分类是很有必要的，这有利于对服装进行全面的认识，更便于全面了解服装的细节和延伸。因为分类是人们认识客观事物的一种科学方法。

服装造型千奇百怪，特别是在现代的文明社会里，服装的功能、服装的目的已经在原始服装的基础上有极大的发展；服装的新技术随着科技进步而不断被研发出来，并受到现代人的重视，而与现代服装发展相适应的新理念也不断被服装流行所吸收，服装新材料由高科技带动迅速发展，出现前所未有的繁荣，材料品种扩展非常迅猛，这些在研究服装的类别时是需要认真地考虑的；另外，随着社会的进步，新的职业不断涌现，在开辟新的生存空间方面，人类也有了很大的成就，所有这些都与服装有着不可分割的关系，为此在研究服装的类别时都要加以考虑。

一、衣物的分类

（一）从机能上分

1. 衣服

衣服是人体穿着的主要对象。

（1）防护用衣服：包括防寒保暖装、防热防照装（如防日光照射装、防紫外线照射装）、防毒装、防雨装、宇宙装、潜水装、登山装等。

（2）生活用衣服：包括生活便装、室内装、情侣装、浴装等。

（3）装身用衣服：包括交际之着装、礼仪专用装、表演扮态装等。

（4）标识用衣服：职业用装、团体制服、民俗特别装、古代服装、戏剧扮态装等。

2. 附属品

附属品是指除人体穿着主要对象外的附件。

（1）护体用附属品：如帽子、头盔、墨镜、围巾、头巾、耳朵套、手套、鞋子、防毒面具等。

（2）装身用附属品：如帽子、领带、腰带、项链、头饰品、手镯、戒指、徽章、眼镜、围巾、头巾等。

（3）系扎用附属品：如系扎服装用的绳带（腰带、襻带、绑腿、吊带等）、扣子、钩子等。

（4）标识用附属品：如肩章、徽章、标识佩戴、标号、文身等。

（5）辅装用附属品：如背包、手包、书包、手绢等。

3. 装饰品

装饰品主要是指以装饰为目的的服饰配件。例如，手套（以装饰为目的的是装饰品，如婚纱礼服用的装饰手套；而以服用功能为目的的是衣服之附属品，如炼钢工人用的手套）、头饰、胸饰、手饰、耳饰等。

4. 携带品

（1）盛物用携带品：如背包、手提包、钱夹、公文包、水壶等。

（2）护体用携带品：如遮阳伞、手套、刀具、枪械等。

（3）预使用携带品：指备用物品等，如手表、手杖、照相机、烟具、化妆用具、扇子等。

（二）从品种概念上分

1. 衬衫

衬衫在古时为"衫"，指无袖头的开衩上衣。《释名·释衣服》："衫，芟也，芟末无袖端也。"在今天衬衫是常用的上衣款式之一，如男女衬衫、夹层衬衫、夏用衬衫、外用衬衫等。

2. 袍服

袍服是旧时对长衣服的通称，如旗袍、长袍等，我国历史上多见。

3. 袄

袄指有衬里的上衣，如棉袄、夹袄、皮袄等。

4. 褂

褂又称褂子。北方人称单衣为褂，即南方人称的衫，褂有短褂儿、大褂儿等各种式样。褂还特指一种短衣，即马褂，在清末民初最为流行。

5. 裙子

裙子是指一种围在人体下身的服饰，无裆缝，呈筒状。裙子包括半身裙、连衣裙等。裙子的造型很多，如超短裙、百褶裙、喇叭裙、旗袍裙等。

6. 裤子

裤子是指人下肢部位穿着的服饰用品，有裆缝。裤子包括男裤、女裤、裙裤、连身裤、短裤等。

7. 背心

背心又称为坎肩，俗称马甲，是一种无袖上衣，原是内衣的一种，现已被作为外衣穿用，一般是穿在各类衬衫或针织服装外面。

8. 披风

披风又称斗篷，是一种披在肩上的无袖式外衣。

9. 大衣

大衣又称为外套，是为了防御寒冷，穿在一般衣服外面的一种较宽松且有一定长度的外衣。大衣主要在室外穿着，有长、中、短、中式、西式等之分。

（三）从年龄上分

1. 成人装

成人装有青年装、中年装、老年装。

2. 儿童装

儿童装有婴儿装、幼儿装、少年装。

（四）从其他方面来分

1. 从性别上分

从性别上分有男装、女装、中性装。

2. 从着装上分

从着装上分有外套、内衣、上衣、下装。

3. 从穿着部位来分

从穿着部位来分有首服、躯干服、足部服、手部服等。

4. 从季节上分

从季节上分有春秋装、夏装、冬装。

5. 从地域上分

从地域上分有寒带服、热带服、温带服等。

6. 从民族上分

从民族上分有印度民族服装、朝鲜民族服装、我国少数民族服装、民俗服装（民间的、地方性服装）等。

7. 从职业上分

从职业上分有警察制服、军装、学生装、宗教服（僧侣服、袈裟、尼姑服等）、宾馆、酒店各工种专用职业服装、各种行政官员专用的服装等。

8. 从历史的角度分

从历史的角度分为原始服饰、古代服饰、近代服饰、现代服饰等。

9. 从材料上分

从材料上分有天然纤维服装、化学纤维服装、裘皮服装、金属服装、特殊材料服装、混纺材料服装、交织材料服装、3D打印服装等。

10. 从制作方式上分

从制作方式上分有成衣、时装、裁缝店定做的服装等。

11. 从设计与展示的目的来分

从设计与展示的目的来分有表演艺术装、商业实用装等。

12. 从穿着场合上分

从穿着场合上分有晚礼服、婚礼服、燕尾服、丧服、睡衣、泳装、外出服等。

二、服装形态的分类

服装都有各自固有的形态，这是服装的物质属性所决定的。当人穿着服装之后会形成另外一种状态，包括人在内的和有各种人体的动态的综合状态，通常称它为服装的二次成型，这就形成各种服装的形态。

服装形态是由衣服本来的形态、着装的人体和着装方式三者综合起来构成的，这三个要素当中的任何一个要素发生变化，都会导致服装形态的变化。例如，同一件衣服用于不同的穿着对象就会产生不同的视觉效果，男人与女人穿着同一件衣服的客观效果、高个子与矮个子穿着同一件衣服的客观效果、不同人种的人穿着同一件衣服的客观效果等。因此，学习服装学就需要了解服装的形态，懂得服装形态的构成与变化，这些都需要从形态的分类开始。

（一）从着装方式上分

（1）门襟型：包括前开门襟式，如中山装、西装上衣、中式前开襟上衣、前门襟式西裤、前门襟式连衣裙和前门襟式短裙等；后开门襟式，常见的有实验人员穿着的外衣、婴幼儿用餐外穿的外套、后开门襟式的裙装等；侧门襟式，常见的有中国古代的袍装、清代的旗袍、侧开襟的女裤和侧开襟的女裙装等。

（2）披挂型：在原始人类时期是常见的一种穿着方式。原始人类常在颈部、腰部悬挂各种原始的项圈，分别用兽骨、植物、石器、兽牙等材料制成。现在常见的有各种披肩、斗篷、斗笠、帽型、项链、手镯等。

（3）系扎型：在原始人类时期是常见的一种穿着方式，他们常常在腰间系扎有各种挂件装饰品；如现代的各种绑腿、腰带型的服装等。

（4）贯头型（也称为套头式、钻头式等），现在常见的有各类套头式的毛衣、各种针织的套头衫等。

（5）包裹型服装：是指包裹身体或身体的某一部位的服饰用品。大多数的服装都属于此类，如中国的袍服、印度的套装，一般的鞋子、手套、袜子、耳朵套等。

（二）从着装视觉状态上分

从着装视觉状态上分有膨大型、缩小型；上重下轻型、上轻下重型；后凸型、夸肩型、夸臀型、后裾型；硬装型、软装型；重叠型、单衣型。

（三）从覆盖人体状态上分

从覆盖人体状态上分有贴身型、宽松型；紧缚型、开放型；前开型、前封型、后开型、后封型等；覆盖型、裸露型；局部型、一体型。

（四）从服装外型上分

从服装外型上分有A型、H型、V型、Y型、O型、X型、T型等（图1-8）。

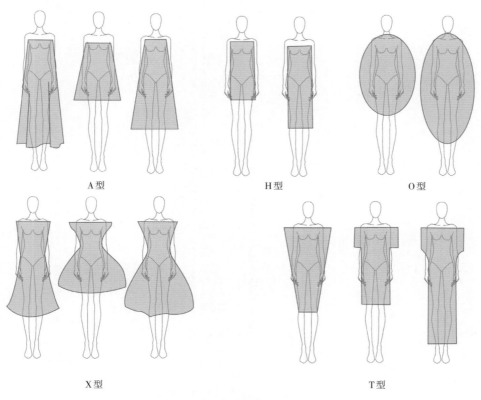

A型　　　　　　　　　　H型　　　　　O型

X型　　　　　　　　　　T型

图1-8　不同的服装外型（部分）

（五）小川安朗先生的五种基本服装形态

日本学者小川安朗先生将世界各民族的服装分为五种基本服装形态，分别是腰布型、挂布型、贯头型、前开型、体形型（表1-1）。在他的著作《体系被服学》中，把服装学（也称为被服学）当作一门独立的学科。

表1-1 服装形式分类对照表

类别	型式	典型代表
1	腰布型	·斐济的"斯尔"
		·大溪地的"帕莱奥"
		·非洲草裙
		·尼日利亚草裙
		·巴西的围裙
2	挂布型	·伊朗的"恰尔夏夫"
		·印度的沙丽
		·东南亚的"萨隆"
		·不丹的女装
		·爪哇岛的"乓羌"
3	贯头型	·埃及的"加拉比亚"
		·撒哈拉的"康德拉"
		·摩洛哥的"杰拉巴"
		·墨西哥的"凯斯开米德尔"
		·危地马拉的"威佩尔"
		·安第斯的"乓乔"
		·中亚的"克衣那克"
4	前开型	·中国的袍服
		·日本的和服
		·虾夷人的"厚司"
		·朝鲜的民族服
		·蒙古服
		·中国西藏地区的"丘巴"
		·不丹的"呙"
5	体形型	·欧美人的西服
		·因纽特人的防寒服
		·苏格兰裙
		·斯堪的纳维亚半截裤

第五节　服装学研究的领域与方法

研究服装学，首先，需要进行服装有关的基础理论研究，在基础理论研究的基础上用务实、科学手段进行实践；其次，要善于在实践中求证和发展理论，用科学观和发展观使我们最终全面正确地认识服装学科。

现在各个学科的知识大都是相互交叉、相互融会的复合体。服装学虽然是一个独立的学科，它涉及服装的设计、制作和生产、管理、营销等方面，既与自然科学有联系，又与社会科学有联系。因此，要结合服装专业学习有关的科学文化知识，如数学、世界通史、中国通史、哲学、美学、美术学、生理学、心理学、营销学、商品学、管理学、外语、文学、民俗学、材料学等。只有学习和掌握丰富的知识内容，才能从更深和更广的视角去理解并学习研究服装学知识，从而提高专业实践水平和理论水平，设计出具有美感的服装。

研究服装学需要用发展的观点进行研究。世界上的事物形形色色、变化多端，而且事物都是处在相互联系、相互作用的发展与变化之中，绝对孤立、静止的事物不存在。服装学作为一个学科，它是整个社会生产的重要组成部分，但服装的生产和发展又与社会生产和发展分不开，所以服装知识也不可能是固定不变的，它是随着社会生产和科学技术的发展，以及服装专业生产实践的进步而不断地发展。所以，设计者在掌握充分的理论知识和专业技能的同时，也要有灵活多变的头脑，懂得顺应时代的潮流，并勇于创新、勇于尝试，不断更新原有的理论和经验，使自己真正成为一个在精通专业知识的同时，也对多方面理论有所研究的复合型人才。

服装学体系是一个庞大的体系，日本学者小川安朗先生将服装学体系具体划分为七个方面的内容：

一是绪论，包括服装起源论、服装目的论、服装环境论、服装本质论、服装生活论、服装教育论等。

二是服装材料论，包括应用服装材料、服装材料工艺、纤维产业论等。

三是服装造型论，包括服装设计和服装构成，其中服装设计包括服饰美学、服装设计学、服饰色彩学等；服装构成又包括服装工学、服饰工艺、工作机械、服装工业学等。

四是服装制品论，包括衣物类别论、服装形态学、服装商品学、服装流通学等。

五是着装论，包括服装卫生学、服装人体工学、服装气候学、服饰论、服装社会学、服装心理学、服装流行学等。

六是服装管理论，包括衣物整理学、服装管理学、服装经济学等。

七是服装的变迁论，包括生活史、衣料史、服装史、风俗史、民俗服饰、民族服饰、服饰变迁原理等。

一、服装学研究的领域

（一）概述

（1）服装的起源——人类是从何时开始穿用衣物，人类最初为何要穿用衣物，穿用衣物的动机和目的是什么。服装起源的诸学说包括哪些内容，我们应该如何科学地进行研究和论证。

（2）服装的目的——人为什么要穿衣服，人类穿着衣物的行为目的是什么。现代社会中服装的目的包括哪些内容，又该如何去认识和利用它。

（3）环境与服装——自然环境、社会环境、特殊环境等对服装的影响，服装与环境的关系是怎样的。

（4）服装教育——服装相关知识的传播与教育，世界服装教育的过去、现状、未来；我国服装教育的回顾、现状与展望，服装教育的功效和意义。

（5）服装材料学——材料是服装的要素之一，学习服装必须要学习服装的材料。材料的历史、材料的种类、材料的性能、新材料的研究与运用、材料的美学价值研究等，这些内容与服装的关系如何，在服装设计中应该如何科学地、艺术地使用各种新兴的服装材料。

（6）纺织——纺织技术的历史与现实，纺织技术对服装的贡献，纺织材料的运用与纺织科技的发展。

（7）服装加工——服装的工艺技术、成衣的制作工序与技术管理、成衣加工的相关费用计算方法、服装加工方法研究、生产效率的研究。

（8）服装设计——服装设计史概况，设计的基本原则，设计的相关美学知识，服装设计的一些规律现象，要素的统一、综合与设计效果，国内外设计的现状与回顾。

（9）服装色彩学——服装色彩搭配的基本规律，色彩的基本知识，色彩的共性特征研究，色彩的心理反应，色彩的主观性和客观性研究等。

（10）美学——美学的一般规律在服装上的体现与运用，美学的本质内容，如何理解服装美，美的心理定式与形式要求，审美观念的发展与变化，美的标准研究等。

（11）服装设计学——服装设计学科的系统理论研究。

（12）服装构成——服装的三大构成内容，即服装设计、服装结构、服装工艺，它们的相互关系。服装的工艺构成和服装的行为构成等。

（13）服装人体工学——人体的基本数据对服装的要求和决定性的影响，人体的活动规律对服装结构的制约和要求，对人与服装的动与静关系的研究等。

（14）服装构成实习——服装工程实践的系列内容。包括服装材料使用的构成操作、服装制板的构成与实际操作、服装缝制的构成操作、服装设备的认识与维修实践等。

（15）服饰工艺——服饰的设计与服装的制作工艺内容。包括服装的手工制作、服装的机械制作、绣花工艺、服装制板、花色缝制等。

（16）服装机械——成衣工厂的机械设备的管理，机械的保养与维修，服装设备的正确使用与技术培训等。

（17）服装工业论——服装生产史研究，服装生产加工的现代化管理体系研究，服装工业的效率研究，服装工业的理论研究，服装工业的历史回顾。

（18）服装商品学——服装工业的利润计算与商业管理体系，服装的营销策略与整体计划的系统性。

（二）人体方面

（1）服装卫生学——服装对人体健康研究，服装对人体伤害研究，绿色服装的研究与开发，从生理学、卫生学的角度研究人体的生理现象与衣物之间的科学关系。

（2）服装气候学——气候是影响服装变化的主要因素，气候对服装的影响，服装对人体的保护作用等。

（三）社会方面

（1）服装社会学——服装的物质性研究。
（2）服装心理学——服装的精神性研究。

（四）服装管理方面

（1）服装经济学——服装行业的资本运作与社会经济的关系。
（2）服装管理学——服装业的经营与管理，服装企业的建立与发展，服装企业内部的技术管理，服装经营策划。
（3）服装整理学——服装的信息管理，服装企业的运行技巧与科学性。

（五）服装演变方面

（1）生活史——人类生存方式的研究。
（2）服装史——人类着装的历史研究。
（3）民族服饰——世界各民族服饰研究。
（4）变迁规律——对服装的产生与发展的研究。

二、服装学研究的方法（图1-9）

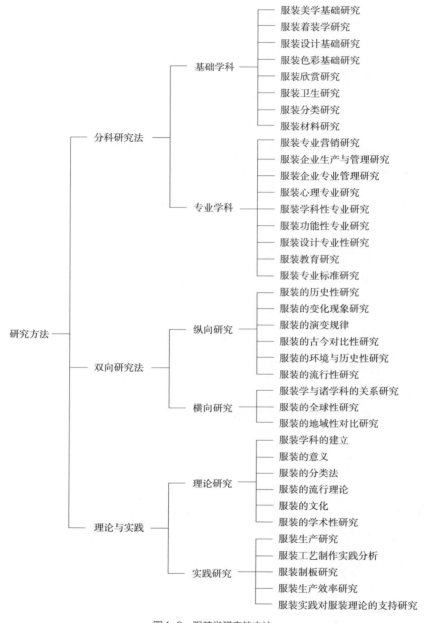

图1-9 服装学研究的方法

研究方法

分科研究法
- 基础学科
  - 服装美学基础研究
  - 服装着装学研究
  - 服装设计基础研究
  - 服装色彩基础研究
  - 服装欣赏研究
  - 服装卫生研究
  - 服装分类研究
  - 服装材料研究
- 专业学科
  - 服装专业营销研究
  - 服装企业生产与管理研究
  - 服装企业专业管理研究
  - 服装心理专业研究
  - 服装学科性专业研究
  - 服装功能性专业研究
  - 服装设计专业性研究
  - 服装教育研究
  - 服装专业标准研究

双向研究法
- 纵向研究
  - 服装的历史性研究
  - 服装的变化现象研究
  - 服装的演变规律
  - 服装的古今对比性研究
  - 服装的环境与历史性研究
  - 服装的流行性研究
- 横向研究
  - 服装学与诸学科的关系研究
  - 服装的全球性研究
  - 服装的地域性对比研究

理论与实践
- 理论研究
  - 服装学科的建立
  - 服装的意义
  - 服装的分类法
  - 服装的流行理论
  - 服装的文化
  - 服装的学术性研究
- 实践研究
  - 服装生产研究
  - 服装工艺制作实践分析
  - 服装制板研究
  - 服装生产效率研究
  - 服装实践对服装理论的支持研究

💡 思考题

1. 服装的基本概念是什么？衣服、成衣、时装三者在概念上有何区别？

2. 服装分类具体有哪些？这些分类在设计上有哪几点需要注意？

3. 如何理解服装属性中的物质性和精神性？

第二章

02

服装的起源与目的

课题名称：**服装的起源与目的**

课题内容：阐述了从古到今，人类为适应各种各样的生存环境，如何不断地发展和完善自身的服装。而服装自出现以来，经过社会的演变和进步，其功能和目的性也有很大的变化。

课题时间：3课时。

教学目的：对服装有更深入的了解，理解服装的本质及服装出现的原因。

教学方式：理论传授。

教学要求：掌握有关服装的演变知识及适量历史知识。

在现代文明社会中，在今天的社会环境里，没有服装人类很难维持正常的社会生活，甚至无法延续生命。从古到今，人类为适应各种各样的生存环境，特别是面对恶劣的气候对人类的侵袭，以及各类动物对人体的伤害，人类不断地发展和完善着自身的服装。然而，现代意义上的服装已经从单纯在寒暑风雨的自然环境中保护自己的功能实用品，发展到彰显个性、表达自我、体现个人审美等社会意识的综合体，已经是一种普遍性和潮流性的社会现实。服装已然成为社会文化的载体，成为展现人类精神文明、物质文化的重要媒介。服装自出现以来，经过社会的演变和进步，其功能和目的性也有较大的变化。

第一节　裸态时代与原始服饰意识

一、唯物的科学进化论——由猿向人的迈进

约3500万年前，地球上出现了最早的猿类，它们是人类和现代类人猿的共同祖先。经过几千万年的演化，古猿学会使用工具和直立行走（图2-1），并逐渐产生了语言；距今180万年的早期猿人已能直立行走；50万年前，人类掌握了人工取火技能，告别了茹毛饮血的时代；在50万至30万年前，人类开始从原始居住的地方迁移到北方寒冷地带，住在山洞中，开始用赭石、白垩土和彩色泥土等涂身；直至距今30万年前，处于旧石器时代晚期的人类，才有最原始的穿着"衣"的生活。

到了距今约5万年的时候，随着晚期智人的出现，人类种族开始形成。在旧石器时代的早、中期，人类第一个社会组织形式——血缘家族出现了；到旧石器时代晚期时，原始人学会了建造房屋，并形成了氏族公社。在北京龙骨山山顶洞考古发掘出一枚长约8.2厘米、最粗处的直径为0.31~0.33厘米的骨针，这表明在距今2.7万~3万年前，山顶洞人已经掌握磨光和钻孔的技术，制造出了我国最早的缝纫工具。

约在1万年前的新石器时代，原始人开始制造陶器，金属器也开始出现。在1973年青海大通县上孙家寨出土的"舞蹈纹"马家窑文化彩陶上，可以看到有关于饰物的信息。舞蹈图每组均为五人，舞者手拉着手，面均朝向右

图2-1　从猿到人的进化

前方，步调一致，似踩着节拍在翩翩起舞。人物的头上都有发辫状饰物，身下也有飘动的斜向饰物，头饰与下部饰物分别向左右两边飘起，增添了舞蹈的动感（图2-2）。

图2-2 舞蹈纹彩陶盆（1973年青海省大通县上孙家寨出土，现藏中国国家博物馆）

二、人类进化过程中服饰意识的萌动

人类的进化呈现一定的规律性。在人类社会的发展过程中，所取得的一切成果无不在渐进过程中获取。生物体由简单的雏形而渐进趋向复杂，生物体在历史的进化过程中，有益于生存的就会被保存下来，这符合自然进化法则。人类的发展也是自然的选择，服装乃是人类生存形式的衍生，所以，如果没有人类也就没有服装，服装随着人类的出现而产生、发展并走向繁荣。

历史的演进是人类活动的轨迹，在此过程中人类创造了精彩夺目的各类文明。史前社会，人类的祖先早已有了从事各种活动的能力，从他们所留下的遗物中我们可以推测出人类在遥远的历史过程中生存的情景。根据人类学、考古学、地质学等学科的学者研究，地球上出现人类的年代推定为二三百万年前，由猿人进化而来。以直立步行为基础而生活的人类，最初全身长满了用来保护身体的体毛，依靠自身的天然防护的体毛，他们度过了冰河时期。那时期的猿人与其他生物较和谐地生存于温热地带，生活内容也与多数的动物基本相似，过着长期的野蛮裸体生活（图2-3）。他们每天的"工作"与努力，基本是以能得到食物为最高目的，凡是与饮食有关系的事情，他们都会竭尽全力去做好，这种生活行为与其他动物并无明显的区别。

原始人类的身体表皮生长着具有自然防护机能的体毛，以调节体温，适应环境的生态变化，达到保暖御寒的目的，这与其他动物身上的毛皮具有同样的功能。经过历史的发展，猿人也在慢慢地进化着，这种有调节气温、保护身体等机能的体毛也逐渐在退化和脱落。随着时间的推移，猿人渐渐地露出了身体的表皮，这样人类就不得不想到要利用什么样的材料来弥补自身生理机能的不足，以达到适应生存和生活的目的，这就使服装的出现有了极大的可能。

或者说，随着猿人生产力水平的提高，他们的繁殖力和存活率都有了一定的提高，

图2-3 裸态时代的生存状态

这样人口数量就会不断增加，如此一来就必须要扩大寻找食物的地域范围，否则就会无"饭"可吃，南居北移也就成了生存的必要。在南居北移的生活方式中人们不得不想办法适应寒暑不同的气候环境，故而人们也就自然而然地发明了"衣服"。在寒带地区使用兽皮、毛皮，保暖御寒；而在热带地区，为了防护身体不受外伤、蚊虫叮咬，或为了战争时期的防护，人类又发明了简单的"衣服"，即采用自然的树叶、树皮、花草等制成衣服。

人类为何发明衣服？这是需要我们探讨的一个问题，至今仍然没有一个确定的结论。但自人类体毛脱落后，为了生理的需要，这是确实的因素，特别是人类在直立行走后，前肢可以自由活动，为了生存的需要，他们开始使用双手制作物品，并且运用逐渐发达的头脑，发明用具，使用各种器物。最初他们只是有目的地满足欲望的需求，毫无装饰可言，几乎是采用原始的自然形式，工作技能完全是一种原始的构成方法。但在实际生活中，随着生活、技术不断地发展，原始的人类利用发明的器物工具和自然的物质，制作出对自身有防护和装饰作用的"服饰"，这种原始的人类最初的服装意识也渐渐地在改善着人类的生活方式，正如恩格斯所说的："人则以自己所作出的改变来迫使自然服务于他自己的目的，支配着自然。"

三、原始文身

文身是一种在人体上直接进行装饰的形式。原始人类喜欢用锐器在身上的不同部位刻刺出各种花纹、图形、记号、标志等，而且涂上颜色，使刻刺的纹样长期地保留在身上。这是原始社会服饰文化的一种变相的体现模式，同时也反映了原始社会图腾崇拜的现象。

（一）原始文身的动机与目的

原始文身的目的各有不同，有的是出于爱美，有的是出于性爱、迷信、尊贵、标志、图腾与崇拜等。不管他们出于何种目的，这种对皮肤的装饰都标志着人类改变外观形象的开始，它具有里程碑的意义。在现代的社会里，文身现象依然存在，只是它所赋予的意义有所不同。

（二）文身的制纹形式

1. 绘制文身

绘制文身是指用一定的绘画工具在人体上绘制出各种纹样。彩绘文身是指通过一种特殊的植物材料在皮肤表面上着色描绘的行为。着色后在皮肤表面上持续一至三天，甚至三周，之后会慢慢淡化直至消失。这种文身比较文明，被文身者不用受较大的肉体疼痛，一段时间后还可以将文身图案去掉，可以重新再进行新的文身表现与展示（图2-4）。

2. 刺青文身

刺青文身是指用一定的锐器在人体皮肤上刺制出各种纹样，一般都是要添加各种颜色的，这种文身一般无法消除，要随皮肤永久留存（图2-5）。在中国古代封建社会中，自先秦以来出现了以文身作为刑罚的黥刑，就是在犯人面部刺字留下永久的犯罪标志。这些刑罚使人对刺青产生了负面的印象，但是在许多文明中，刺青是一种社会阶级与地位的象征，如在古埃及就利用刺青划分社会地位。

3. 脓制文身

脓制文身也称为痕迹文身，是指用锐器在人体上刻画出图案，然后使用一种草药，让刻画处发脓烂坏之后出现的一种疤痕。这种文身很残酷，一般被文身者需要受很大的痛苦，需要持续的时间也比较长（图2-6）。

文身的图案反映了原始人类的思维形式，是原始人类的一种思想的表现和传达。在没有文字以前，人类往往要通过简单易懂的图形符号来表达出自己的思维语言。

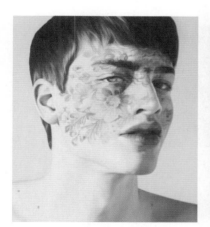  

图2-4　现代绘制文身　　　　　图2-5　波利尼西亚人的刺青文身　　　图2-6　非洲苏丹土著人脓制文身

第二节　服装起源的理论研究

关于服装的起源，研究者众说纷纭，各有侧重。就人类进化的过程来看，从自然科学的角度来说，服装对生活的影响，尤其是对辅助生理机能的不足有着重大的关系。但是从社会心理学角度来说，人类对服装方面的要求更加复杂。在原始的观念中，天灾地变，生老病死，都是由神灵和魔鬼发力，这些是非人力所能抗拒的。为了保护生命财产，就要使用护符，或者使用其他装饰物，同时也可作为象征阶级、身份的信物，或用以恐吓敌人，因此有各种各样的服装和装饰（图2-7～图2-9）。

图2-7　原始人类用兽牙、螺、骨、滑石等制作的饰件

图2-8　石器时代欧洲的服饰

图2-9　现代原始部落的服饰

一、服装起源诸学说

服装起源诸学说按照从自然科学的角度和社会心理学的角度主要可以分为两种：基于对人体需要的人体防护学说和反映社会生活意识的人体装饰说。在这两大类别中，由于研究者的考察切入点不同，则众说纷纭，常见的大致有以下几种，如图2-10所示。

图2-10　服装起源诸学说

（一）气候适应说

所谓适应气候是基于人类生理上的一种客观需要，是针对寒冷的冬季、酷热的夏季等不同气温的较大变化及其对人体的绝对影响而言的。人类要生存就必须要学会适应大自然的各种特性，与大自然保持和谐共存。基于这个原因，人们要通过使用具有多种功能的原始服装材料，来有意识地包裹自己的躯体或身体的某一部位，来保证人体的相对舒适、安全，防止自然现象和自然的变化造成人体的疾病与人体的伤害。然而这一学说也有很多研究者持反对意见，如巴布亚新几内亚有居住在海拔2000米以上平均气温只有10℃左右的山区的现代原始人，气温虽然很低，可是那里的男子除了包裹着阴茎套外全身裸露，女子也只是用树叶编织成腰饰围在腰间，其他并无用于保护身体的衣物，而在某些热带地区，很多土著至今还过着近乎裸态的生活。

（二）身体保护说

身体保护说认为，衣物的产生并非仅仅由于寒冷所致，而是为了防止自然界的其他外物对身体的伤害，所以才穿着衣物来保护身体的某个部分。我们也可以推测，这对于逐渐脱落体毛的人类而言，外界物体很容易伤害到人体柔软的皮肤，如草木对人体的划刺、蚊虫对人体的叮咬等。兽类的厚实皮毛具有防护其躯体不受外伤的自然功能，而在长期的实践中人们为了保护人体皮肤或生殖器官，自然地也就会利用兽皮来包裹自己的部分躯体。我国的学者多认为服装的起源"其根本原因是出于实用"。马克思主义认为："那些原始民族用来做装饰的东西，最初被认为是有用的，或者是一种表明这些装饰品的所有者拥有一些对于部落有益的品质的标记，而只是后来才开始显得是美丽的。"可以肯定地说，服装的使用价值先于审美价值。

（三）护符说

原始人类生活时期，由于生产力水平低下，人类思想意识还处于萌动状态，所以当时人类还不能理解自然现象和灾难，将其归结为受魔鬼与灵魂的影响。原始人类认为宇宙间充满了这类影响，降临在人间的各种灾难，如生病、死亡等，都是魔力的作用。为了避免这些灾难的降临，人们创造了各种抗魔法，由于人们不可能永久不停地进行抗魔活动，人们又想到了最简单的并且是永久性的抗魔行为——在人身上佩戴各种各样的护身符，如兽皮、贝壳、虎爪等，他们认为这样就可以避开恶魔的"袭击"，这种方式又省掉了各种烦琐的仪式，为此人们戴上了各种据说是具有魔性的物品，这种具有魔性的物体被披挂在身上以后，不仅起到了一定的装饰人体的作用，还构成了服饰产生的动力。这种观点与人类学家的新近观点是一致的。

一般来说，艺术的最早形式是实用性的而不是纯粹为了追求审美，服装作为实用性的艺术，随着服装历史的发展，便慢慢摆脱了原来的使用目的，即抵御恶魔的目的。艺术、工具和其他物体的后期形式逐渐具有了装饰性，甚至随着文化的进步，原有的实用性也降低或消失了，而装饰功能却保留了下来。据了解，服装的后期发展历史也证实了这一点。今天所穿着的服装的许多特征纯粹属于装饰性的，而这些纯粹装饰性特征过去都曾是有实际用途的。

如果赞同服装的驱魔功能先于装饰需要，那么大多数学者所持的装饰是服装的第一动机的观点就需要加以修正，也就是说保护而不是装饰成了第一动机。当然，那时的保护和今天的保护功能是不同的，原始人的保护有其特定的内涵。

服装的装饰功能和驱魔功能在某种程度上同时发展，并在同一物体上实现，装饰的动机逐渐增加了其独立性，这样即使驱魔动机退居其次甚至消失，而装饰的动机依然存在。不过驱魔的动机从未完全消失过，在今天，人类仍然表现出原始人所具有的心态，仍然希望具有灵性的物品能给我们带来好运避除厄运。例如，不少人有时或终身戴项链、玉佩、手镯、宝石，或其他据说有抗魔性的小装饰品，甚至还流传着许多今天作为装饰品用的黄金、宝石、玉器能够避邪驱魔的传说。

（四）象征说

象征说认为，最初佩戴在人体上的小物件是作为某种象征而出现的，只是到后来演变成衣物和装饰品。这种观点与护符说在某些方面有着相似之处，这是由于护符说也是认为人类服装的起源是为了驱魔而穿戴在身上的一种符号，它具有一种魔力的象征。

象征说还特别强调了生活在热带地区的早期人类，他们并不担心寒冷的袭击，也没有羞耻的意识，那么他们为什么也要穿衣呢？正是由于某些材料或形状代表了某种寓意，从而使他们产生了穿戴的愿望和冲动，如羽毛在某些人的心中象征着美丽，兽骨或兽皮在一些人心目中象征着威猛和力量，有些物品象征着神灵，某些造型又象征着性爱和追求等。将这些东西披挂在人体上便成为衣服的初始，只是到后来又经过历史的发展和演变才逐渐形成了真正的服装。

（五）审美说

审美说认为，服装的起源是人类对美追求的结果所导致的，是内心感情的物质外化。人之所以要穿衣物就是为了美化自身，这是人类想使自身更具有魅力，用自己认为美的物体来装饰自身的一种本能的冲动。

原始时期的人类是不懂得穿衣的，也不需要用衣服来保护，至今还有一些民族过着原始的生活，他们不穿衣服，但懂得装饰自己。原始人类运用飞禽的羽毛、植物的枝叶来装扮自我，甚至用赭石、白垩土和彩色的泥土涂抹身体，用刺青、疤痕、损伤或改变身体等手法来装饰自己都可能是出于对审美的需要。审美说强调：就原始人来讲，装饰身体是他们的第一需要，保护身体是第二需要，是人类开化和文明以后的事。

在大多数原始民族中，有不穿衣服的民族，而绝没有不装饰的民族。有人曾做过实验，年幼的孩子对装饰的快感比裸露的羞涩感发展得更早些。小孩子对于装饰物表现出来的兴趣往往是自发的、先天的，而对于保护和遮羞的需要却是在成人环境的影响下所形成的，是被动的、后天的。

（六）性差说

也有人把"性差说"称为"异性吸引说"。持此观点的学者认为：人类之所以要用衣物来包裹和装饰自己，是因为性的差别，即因为男女两性为了相互吸引对方，引起对方的注意和好感，故而把性的特征装饰得非常突出（有的是夸张，有的是美化）。性差说体现的是原始人类个体通过外观的整饰及自我吸引力的表现，以达到吸引异性和自我肯定的目的。这一学说和遮羞说正好相反，因为遮羞说认为：人类为了遮羞才进行穿衣行为。遮羞就是性的掩盖，但是性差说则是强调性的表现、两性特征的区别。正如格罗塞（Ernst Grosse）在《艺术的起源》一书中说道："原始身体遮护首先而且重要的意义，不是一种衣着，而是一种装饰品，而这种装饰又和其他大部分的装饰一样，为的是要帮助装饰人得到异性的喜爱。"这也证明了人类作为自然的一部分有着最原始的本能和天性。

（七）遮羞说

遮羞说认为，人类之所以要进行穿衣行为，用各种方式来遮盖身体，是出于羞耻的心理要求。在《旧约全书》的"创世篇"中，有关于亚当和夏娃的故事：上帝创造了亚当和夏娃，他们本来是无忧无虑地、一丝不挂地生活在上帝的伊甸园里。由于蛇的引诱，他们偷吃了禁果（善恶果），这才开始知善恶、辨真假，有了羞耻心，因此亚当和夏娃便用无花果的叶子来遮羞。上帝知道后很发怒，把他们二人赶出伊甸园，让他们去生儿育女，去劳动去受苦，之后便产生了人类，临走时上帝还送给他们每人一身衣服。据我们了解，多数人们都认为这个学说是不能成立的，因为羞耻心对于自然裸态的原始人是不存在的。反方观点者认为：羞耻心不是产生服装的原因，而是服装产生后的结果。

这种遮羞的说法不仅在西方被提出，在东方亦然。有着五千年悠久历史的中国，自古便强调服饰的伦理功能，认为衣裳就是为了遮羞蔽体。班固在《白虎通义·衣裳》中就这样解释衣裳的含义："衣者，隐也，裳者，障也，所以隐形自障闭也。"又有《说文解字》

中记载道："衣，依也。上曰衣，下曰裳。象覆二人之形。"这些都表明在古代中国，人们或是用"遮"，挡住身体的部位，或是用"隐"，淡化人体的曲线，以此来消除对于人体裸态的羞耻感。

关于服装的起源原因是多方面的，是相互连带的，这是由于人类文化的起源是多元的，我们不应该将某些现象独立化、个体化，它往往不是某一个独立的点的起源和发展。日本学者小川安朗先生把这些多元的起因归纳为自然科学性的人体防护和社会心理学性的装饰观念两个方面。前者是为了维护身体的生活之必然；后者则是集团生活中的对他意识的发现。对他意识包括性别意识、阶级意识、社交意识、对敌意识等对人的关系和对神灵的信仰等。

二、服装起源再思考

关于服装起源，各个学说都是相关学者的一种思维研判的结果。尽管考古学、人类学的研究都各有着丰富的成果，加之现存的洞穴艺术与各种器皿、各种造型物的遗迹作为佐证，但要明白的是：人类的历史太长久了，沧海桑田、斗转星移，人类发展史经历了各种演变，包括人为的和自然的，很长一个时段并没有记录可以考证，我们的研究只是一种推测和判断，尽管现在的推测与判断具有一定的科学性。

地球上出现人类以后的300万年间，其最初的270万年过的是裸态生活。那么人类究竟是出于什么动机，促使距今30万年前的人们采取了制造出一种物品穿戴在身上，或用什么方式来改变自己的天然形象呢？

无论早期智人还是晚期智人，他们所使用的衣料大多都是兽皮毛和植物的叶。旧石器时代晚期的人们，使用其他动物的毛皮作为衣物的生活方式开创了人类衣生活的文明史；发展到了新石器时代，人们又进入纤维的衣生活时代。同时，由于人们学会并且掌握了磨制工具的技能，有了骨针等，具有穿线缝制衣物的技能也就有了长足的进步，衣的制作、穿着方式也开始脱离了原先的原始自然状态，人们对衣的要求也就开始有所提高，这样符合人体尺寸与形状的衣物便出现了。而服装在其实用美与形式美的方面都向前迈进了一大步，这些在人类的社会发展史上具有重大的历史意义。

不少专家提出了种种关于服装起源动机的假说。这些假说都似乎找到了它的根据和合理成分，但这些假说都忽视了这样一个问题，每一种解释所谈到的当时未开化人类的头脑，实际上都没有高出类人猿的水平，他们尚没有能力进行推断和预见行动的结果。正如E.B.赫洛克（E.B.Hunlock）所说："这些稍稍比猴子的脑子发达一点的原始人，难道能意识到挂在身上的这些东西，将随他们的移动而飘动，从而把苍蝇等昆虫赶走，同时又不会有不卫生和使人过分热的感受……当他穿上动物的毛皮时，他是否在心里想，这样做会使我温暖并防御雨季的袭击。当他把兽皮切成条，束在腰部时，他是否能知道，拍打着的东西比静止的东西更能驱赶虫类。他们更不能从道德法典的角度来区分体面和不体面的差异。我们怀疑，原始人类的妇女已复杂到能够想到，用无花果叶、漂亮的羽毛或动物的牙齿做成珠子遮住身体的某些部位，来激起异性的好感。"在讨论服装起源的动机时要发挥所有的想象，从各种不同的角度、不同的思路来研究推理，尽可能地避免用纯现代人的心理去推测原始人的行为和思维。

（一）服装的起源是人类为了维持自己的生存

原始社会的人们在长期的生存行为中，锻炼了自己的双手，又依靠经验逐渐地开发了自己的大脑，他们为了自己的生存需要打制了石器，而后又经过了长时间的发展，原始人过渡到了新石器时代。这时的人类已在劳动中渐渐地完善了自己的双手，长期的劳动让猿人摆脱了动物的被动性，同时具备了人类所特有的创造性和自觉性。从而，人们也就自然地开始尝试性地对与生活密切相关的、感受深刻的事物作探求、塑造和改良。对于探求和改良，人们开始是试探与好奇，逐渐地在生活的实践中得到了肯定，人类就这样进步和发展。正如张竞琼、蔡毅在《中外服装史对览》中描述的那样："文化进步起源于人们对现状的批判性思考，即人们在自己的生命存在和活动过程中，通过自己的劳动实践，已经觉察到某种改变的可能性，当人们把这些想法付诸行动，行动的结果证实了人们原先的'想法'的正确性，或者这种改变确实给人们带来了某些好处，于是就实现了一个'进步'。"人类的发展史就是在劳动的不断重复中由低级向高级过渡。

优化生活、改变现状是人类发展的必然。在改变生活的进步中，人类某方面的进步可能和某一件突发事件（现象）有关，或者说，人们在平时的生活之中由于一件事的出现会让人得到某些行事的启发。例如，在原始人群时期，可能某一次雷电导致了树林火灾，而火灾之后人们在发火的地方偶然吃到了被大火烧熟的动物，他们就这样偶然地尝到了过去从未吃过的美味熟肉，他们会直接体验到用火烧过的动物肉比未烧过的生肉要好吃，于是人类就逐渐由吃生肉演变为吃熟肉；再如，在早期部落战争中总是把俘虏处死，但后来偶然间由于某种原因，用未来得及处死的俘虏来帮他们从事劳动等相关工作，因而觉得不杀掉俘虏而强制其为自己劳动更有利，再后来胜利的一方将战俘变为奴隶，渐渐地也就出现了模仿效应，奴隶越来越多，因而在奴隶社会里，由战俘变为奴隶就成了常见的现象。

从上面的偶发事件中，可以得到一些启发，服装也是起源于漫长的劳动与生活实践，在多种因素的影响下，使人从多种角度运用类似于后来被称为服装的这种手段，而这种手段又在实际生活中满足了人们的种种需求，从而被沿袭下来（图2-11）。正如贝尔纳所说："一部分是因为要随身携带东西，最早限于食物和用具，就养成了习惯，把东西或久或暂时

图2-11　在劳动中服装成了一种自然的需要

地附着于人体的任何便利地方，或藏在发里，或围绕在领、腰和各处。随带的东西转而发生炫耀作用和装饰作用，而鸟羽、骨和皮也参与此列。后来在一次关键性的发现中，晓得用毛皮可以在夜凉或冬寒时保护体温，从此开始有了衣服。"马克思主义认为："心灵上的强大意向是由经验发展起来，是人们在劳动中的实践及其逐渐积累的经验激发和丰富了服装的形式。"根据辩证唯物主义关于物质第一性、意识第二性的观点，可以说是首先有了物的存在的服装，然后才有了关于服装的认识。如果原始人类不是在劳动中不断完善自己，是无法创造出原始的服装艺术。服装实践建构服装意识，服装意识又是服装实践的反映形式。

（二）服装的起源是广义的实用性和机能性所致

贝尔纳说过："先有片断的皮制的披和裙，随后才有缝制的衣裳……再加皮护足，原始人的足迹范围和活动季节就大大扩展。"这说明是服装使人类顺应了客观的环境，并使人类得以很好地生存，它提高了早期人类的生活质量，并由于服装的进步使人类征服自然的能力得到了进一步增强。

恩格斯更是高瞻远瞩地指出："历史中的决定性因素，归根结底是直接生活的生产和再生产。但是，生产本身又分两种。一方面是生产资料即食物、衣服、住房以及为此必需的工具和生产……"韦尔斯用事实更直接地指出了这种生产的物质性和实用性倾向："他们实际上除了天冷时用皮裹身外，其他时间是些裸体文身的野蛮现象。"这充分肯定了服装起源的狭义的实用性的一面，即服装是作为工艺造物活动中的一个门类，作为物质生产活动本身而出现在人类社会生活中的"第一个历史活动"，它对物质功用的追求及其实用性质都构成了本位价值和本质特征。《中外服装史对览》中还写道："以维护人类生命存在基本需要为原始目标的服装物，必然以实用的功能形式来显示并实现其价值。而且，原始服装仅是一块自然的随机形状的兽皮，即便是新石器时代和金石并用时代的成型衣物，也是将类似纺织品的东西织成以后，并不裁剪就直接制成服装——它基本上就是一块长长的合乎体形的布而已。这块布依靠人体而竖着，中间开一个洞，可让头穿过孔内。如此简约的形态其一切都是为了穿用，是为了满足人们的实际的物质需求。"普列汉诺夫说过："那些原始民族用来作装饰的东西，最初认为是有用的，或者是作为一种表明这些装饰品的所有者拥有一些对于部落有益的品质的标记，而只是后来才显得是美丽的，使用价值是先于审美价值。"注意，这里的使用价值不仅表现为防寒护体等物质性的实用性，同时也表现为护符、标识等精神性的实用性。

在人与大自然的共生中，人群中的强者表现出了特殊、勇敢、力量、征服性，这主要包括征服自然、击败威猛的动物，以及为争夺生存环境而对人的征服等。强者折服了众人，人们开始崇拜生活中的勇敢者，把勇猛、力量强大看作一种荣誉，勇者自身也因此而倍感自豪，总是在自己的身体上用某种饰物来装饰自己，比如，用凶猛的兽皮缠在腰间以示自己能征服，以及不惧怕凶猛的野兽；头戴羽毛及各种图案文身等，以示自己与众不同。这种装饰起初可能出于偶然，但是发展到后来就往往包含了一定的寓意（心理因素）。由于强者的行为导致了人们不仅对勇者的敬佩与崇尚，同时对强悍者身上的饰物（包括各种装饰物件和文身等）也会自然地产生一种认同感、崇拜感，随后人们就会模仿强悍者身上的装饰与穿用。模仿使这些配饰逐渐泛化，这种群体模仿行为的出现，使之原有的意义慢慢地消失，从而具有功利目的的象征性装饰也就渐渐地开始转化为纯粹美的装饰。

在原始人看来，装饰本身就具备直接、具体和实用的目的。这样就突破了传统上认为服装的实用性仅仅表现为防寒、护体等物物关系的狭隘观念，而将服装的实用性扩充为包含心理、社会和精神因素在内的综合体。这不仅丰富和完善服装实用性的内涵和表现力，同时也使服装始创于广义的实用性、机能性的观点更趋合理。张竞琼、蔡毅在《中外服装史对览》中认为：在原始人类时期，人们在穿着衣物的实用性和审美性的关系上是比较混浊的。就像人类起源过程中，存在着一个亦人亦猿的过渡环节一样，也存在着一个既非实用品又非艺术品，或既是实用品又是艺术品的过渡环节。套用黑格尔有关"艺术前的艺术"的看法，可以看作处于一种"前服装"状态，这时的"实用"与"审美"的概念不能完全用现代服装意识的定义去衡量。但是，在服装文化尚处于"前服装"的启蒙状态的时期，其实用性与审美性、物质性与精神性之间的包容性与渗透性显得特别突出、犬牙交错。用即美，美即用，也是认为服装起源于广义的实用性的重要理由（图2-12）。

图2-12 原始人的生活状态

（三）对原始两性差异说的思考

中国著名的历史学家吕思勉先生在《先秦史》中说："案衣服之始，非以裸露为亵，而欲以蔽体，亦非欲以御寒。盖古人本不以裸露为耻，冬则穴居或炀火，亦不藉衣以取暖也。衣之始，盖用以为饰，故必先蔽其前，此非耻其裸露而蔽之，实加饰焉以相挑诱。"在中国传统民族意识中两性差异和遮羞蔽体被认为服装的重要起始功能。中国古代哲人说过："食色，性也。"马克思也指出："性欲和饥饿是固定的动力，存在于一切环境之中。"

《现代服装设计文化学》中写道："由于两性生理不同而产生羞耻感可能造成的遮羞心理，加之对原始生殖崇拜引出保护性器官的必要，最终形成遮羞的衣物。"他还具体地描述：在欧亚大陆北部，散布着大量远古时代的文化遗址，其中有多处的妇女雕像，这些雕像多为裸体，仅在大腿根部围一条细带子，著名的有德国勒斯标格雕像。这些衣饰可以肯定不是为了保暖御寒，而是出于性心理差异、道德观念和性意识，这些与服装毫不相干的东西却被客观地用来决定以后服装的审美命运。生活在这些因素的制约下，人类经过漫长的演变和伦理演进，逐渐显示出他们的审美价值，形成以美感为存在形态的性感、羞耻感、审美感的总和，即人体美。例如，残缺的维纳斯亦被称为世界最美的形象之一，它是直观的、可感受的审美形象。

如今现代女性穿上超短裙、裸背装或透体装，无一不是展示人体美丽的曲线，究其原因，应当是对性差异和性吸引说的艺术升华。

（四）服装的起源具有偶发性、无意识性和多元性

心理学家赫洛克(E.B.Hunlock)说过："衣服不是起源于某些仔细考虑的计划，在很大程度上，而是一种偶然的、不完全意识的产物。"

布兰奇·佩尼在推测这种下意识的行为时写道："假如大自然中鲜艳的花朵，或者光滑艳丽的羽毛恰巧使古人极感兴趣。那么试想一下，他能不顺手采摘下来，放在一天的收获之中吗（当时腰上拴上一条皮带以便将一天的收获物牢系在上面）？无疑这是很自然的举动。"玛格丽特·米德（Margaret Mead）发表了她对原始部落的观察结果也证实了这一点：那里的男人们都是漫不经心地系着他们用树皮制成的G形带，妇女们则随心所欲地模仿着一些海滨人的穿戴方式，把草裙随便地吊在大腿根部的绳子上，并用条带束住自己的腰，他们的模仿好像仅仅是外界刺激的一种反射性活动，并不具有动机性质。

在这里思考的是服装的"起源"问题，即人类的"第一批"服装的产生问题，所以这里所认为的服装的起源是偶发的、无意识的，是针对这"第一批"的服装而言。正是自从第一批服装偶发以后，人们在生活中体验到了服装所带来的种种便利性和表现性以后，人们开始把这种自然的赐予转变为自觉的行动。也就是说，在早期人类偶发了服装这种以衣

物包裹自身而改变其天然形象的形式之后，人们在穿用过程中逐渐体验、积累和建构了关于服装的意识。而且这种意识一经形成和丰富，便立即对衣物产生了巨大的能动作用，人们开始有意识地营造为适合各种目的、适应各种条件而存在的不同材料、不同样式的多种服装形式。

但是，也不能仅用单一的理由和现象作为服装首创的学术根据，应考虑到人类进化的复杂过程和各民族、各地区的多样的特殊的生存与生活方式。有人认为：人类第一件服装制品是尼安德特人的毛皮围裙，但是也有人认为：对于波列尼西亚人来说，他们最先有的衣物是草裙。其实任何服装起源的假说都不是唯一的、绝对的，而是不同地点、不同时间、不同生存方式的多种缘由相互交叉作用的结果。所以对于早期人类来说，服装的意义不是一元的，而是多元的。

三、我国原始服饰的起源与发展

（一）我国境内人类的起源

从800万年前的云南腊玛古猿化石，到300万年前的湖北南方古猿的牙齿化石，再到170万年前的云南元谋人化石，证明着中国这块土地上早期人类进化的轨迹。此后170万年的时间里，由旧石器时代到新石器时代，丰富多彩的石器文明遗迹勾画出夏王朝以前中国先民的文明化过程。

80万年前的陕西蓝田人是最早直立行走的人类，50万年前北京周口店的北京猿人已经懂得制作简单的生产工具。他们用打击制造的石器捕猎动物，同时采摘植物的果实。10万年前的大荔人和许家窑人，完成了向智人的过渡。山西、河北、内蒙古、宁夏等地都出土了旧石器时代的石器，山西丁村的三棱尖状器是其中最典型的代表。

（二）衣物的出现与发展

远古时期，人类穴居深山密林，过着非常原始的生活。在当时，人们仅以树叶草葛遮身，后来在长期的发展中，偶然发现了兽皮的柔软和保暖作用，这样才开始用兽皮裹身。《礼记·王制》称："东方曰'夷'，被发文身；南方曰'蛮'，雕题交趾，西方曰'戎'，被发衣皮；北方曰'狄'，衣羽毛，穴居。"可见当时人们用以蔽体的，不过羽皮而已。

生活在旧石器时代晚期的北京周口店山顶洞人、山西朔州市朔城区峙峪人和河北阳原虎头梁人等的遗穴里，曾发掘出用各种兽骨制成的骨针，说明早在万年前，祖先就已经懂得缝制的原理，并能从事简单的缝制。从骨针的尺寸、针眼的大小及其他出土文物来看，这个时期的衣服材料，还没有超出兽皮的范围。人们将猎取到的赤鹿（即马鹿，现为中国国家二级保护动物）、斑鹿、野牛、羚羊、狐狸、猪、兔等野兽皮毛剥下，然后根据需要

图2-13 原始人类用兽皮制作的衣物

拼合缝制成各种衣服，以防御寒流的侵袭（图2-13）。在周口店的山顶洞穴里，还发现有穿孔的砾石、兽齿、鱼骨、贝壳等装饰品，还有用赤铁矿染红的石珠，可见当时的人们已有爱美的观念，并能利用一切天然条件装扮自己。

新石器时代约从公元前6000年开始。这一时期农耕畜牧比渔猎采摘变得更为重要，而服饰现象出现了较大的变化，这是由于新石器时代的人类已经使用了磨制的石器，他们还把骨、角加工制成针、锥、钩等，这样也就出现了缝制的衣物，在服装发展史上是一个巨大的进步。这一时期出现的花纹斑斓的仰韶文化彩陶和龙山文化黑陶成为文明前进的符号。仰韶文化和龙山文化就像黄河和长江一样成为贯穿中国史前文化的两大支流。仰韶文化东到河南，西达甘肃、青海，南到湖北，北达河套地区。从这些地方发掘出的美丽的手制泥质红陶和夹砂红陶，上面绘画着植物、动物与几何图案。山东和江苏地区的龙山文化以黑陶为特征，标志着一个新的文明高度。

中华文明的早期基础，在以母系氏族社会为主调的新石器时代已经逐渐奠定。房屋建构的规制，墓葬的方法仪式，鬼魂、祖先和生殖崇拜的原始宗教萌芽，各种工具的制造，逐渐勾勒出中华文明的粗线条轮廓。

在距今五六千年前，我国原始社会的母系氏族公社达到了繁荣阶段。以关中、豫西、晋南一带为中心，东至山东东部，南达汉水中上游，出现了仰韶文化。在河南渑池县仰韶村、河南三门峡市陕州区庙底沟、西安半坡等地，都发现了这个时期的遗址。人们的生活日趋稳定，出现了原始的农业，继而出现了原始的纺织。最早的织物材料是野麻纤维，经过石、陶纺轮的搓捻变成麻线，然后织成麻布。这个时期织出的麻布，布幅很窄，纱与纱之间的距离也比较疏朗，在西安半坡和华县泉护村出土的陶器底部，还保留着这个时期的麻布印纹，每平方厘米约有经纬线各十根，可见人们的纺织技能已经基本具备，并且发明了织机。用麻布缝制衣服，表明人们生活水平的提高，标志着人类社会的进步。到了四千年前，我国黄河、长江流域的母系氏族公社渐渐进入父系氏族公社时期。这一时期的纺织技术有了进一步的发展，如浙江吴兴钱山漾遗址中发现的麻布织品，每平方厘米的经纬密度各二十四根，有的是经三十一根，纬二十根，每根麻线的直径不及半毫米，可见这时的纺织技术又有了新的发展。

中国是世界上最早发明饲养家蚕和纺织丝绸的国家，在很长时期内，我国人民一直独擅这种技术。钱山漾出土的丝织品，是目前所见的最早实物，距今已有四千七百多年的历史（图2-14）。到了殷商时代，人们已经熟练地掌握了丝织技术，并且改进了织机，发明了提花装置，织造出许多精美瑰丽的丝绸，为我国以后几千年丝织工艺的发展，奠定了坚实的基础。在商代的甲骨文里，已经明确地刻下了"桑""蚕""丝""帛"等字，可见纺织

图2-14　1958年钱山漾遗址出土的绸片

在当时社会中的地位。这个时期的丝绸实物，在安阳殷墟等古墓出土的铜器上还有一些残存，可以文字记录印证。

随着生产力和社会分工的发展，原始社会解体了。出现了人类社会发展进程中的一个重要的质的变化，即从无阶级社会过渡到了阶级社会。从此，衣冠服饰便成了统治阶级"昭名分、辨等威"的工具，尊卑贵贱，各有分别，服饰制度逐渐形成。

第三节　服装的目的

穿用服饰的目的是服装起源的基础。关于为何人类要穿着服装的问题，自从初期人类创始服装以来，已有各种不同的目的和说法，但是依据现代的生活，可大致分为两类：第一类是对人体的目的，第二类是对社会的目的。对人体的目的是指服装能防寒、防暑或保护躯体免受外界伤害，以及穿着舒适，便于工作和生活，能保持身体有效的活动。对社会的目的是指服装能装饰身体，美化自己的形象，表示个人的职业喜好，便于行动完成任务，促使与他人交际更圆满等。

一、服装对人体的目的

服装对人体的目的看起来很简单，实际上却复杂多样，只要实际地考察一下服装的保护功能，就会发现这并不是它本身简单，而是把它想得过于简单。服装的目的最明显的形式一般来说是防寒。现实中也是这样，人们在寒冷的气候中，防御寒冷是最迫切的需要，然而在服装以后的发展中，防寒没有其他保护形式起的作用大。有学者曾这样说：如果不是人类中的一部分人从南部移到北部，也许就不会有裁缝艺术的更高发展，如从宽松型的衣服到紧身型的衣服，再到贴身合理结构的衣服等。

服装不仅可以防寒，还可以抗热，抵御烈日的阳光照射。可以看到，生活在热带国家的人们很喜欢在夏日戴上遮阳帽、墨镜等，就连女士拿把遮阳伞也是一种实用的时髦。

服装可以使我们免受敌人的侵害。人类从原始部落时期就有了各种的冲突与战争，这种战争不可避免地使人们产生了一种制作特殊服装的愿望——防御性的铠甲。各种金属的盔甲在西方国家中一直得到发展，特别是在中世纪时期发展有了突破，盔甲种类有了骑士的专用标准服。后来盔甲的逐步消亡，是由于人类使用火器的改进，这种改进的火器使盔甲的作用发挥不出来。在欧洲，作为一种礼仪服装，盔甲的一些痕迹仍然保存到现在。例如，胸铠就成了卫兵服的一部分，而卫兵服是所有军服中最豪华的。尽管现在战争中铠甲已经成了无用之物，但是铠甲的替代形式也随之出现，那就是现代战争中的防毒面具、航天特制的服装、材料更好的头盔、装甲兵特制的专用防热服、防弹服装等。现实中，不少警察在执行任务时，由于穿用了防弹服而在关键时刻保住了自己的生命，这在本质上与古代的铠甲的目的是一样，只是人们使用的武器有了变化与进步而已。

在现实中，人们除了会受到有预谋的攻击外，更多的是会受到无意引起的伤害。比如，电焊工在操作时会无意中受到微小火粒的伤害，电工在工作时会无意中受到电的伤害，石匠在凿雕石头时会无意中受到燧石对眼睛的伤害，足球运动员在踢足球时无意中会受到自身或外力对腿的伤害等，为避免这些伤害人们便制造出电焊工和石匠特制的服装与防眼罩（眼镜），电工专用的绝缘鞋和绝缘手套，足球运动员专用的护腿套等。

人们还用服装来防止各种动物的侵扰。在大自然中有各种各样的生物，其中昆虫类的小动物就很多，如蚊子、苍蝇、蚂蚁等，它们都会对人体形成威胁和伤害，所以服装可以有效地防御它们的侵扰。不少人认为，为了抵御昆虫的袭击而穿衣服这一因素在人类的服装起源中起了重要的作用（图2-15）。

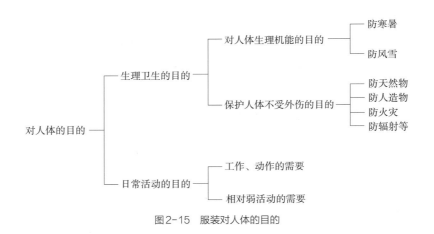

图2-15　服装对人体的目的

二、服装对社会的目的

社会的基本道德保护是服装的主要目的之一。无论从心理上还是从人的生殖器保护上来看，服装对人类道德的保护是客观存在的。僧侣过的是一种朴素的、全封闭的生活，这种生活使他们免受这个世界中邪恶势力的各种诱惑。而服装可以起到这方面的作用，可以帮助人摆脱一定的诱惑。但要起到这种作用，一定要符合特别的要求，如宽松、厚实、坚固、朴实等特点，这些特性在保护价值方面都是有作用的，它构成一种抵抗力量的象征。

在社会生活中，服装的目的有多种，有装饰审美目的：表现趣味、爱好、对美的理解和认识、个性的表现与外露、表现出自己具有美的一种优越感，或欲引起他人的注意与重视；道德礼仪目的：主要为了社交的需要而装扮自己，保持服装上的礼节与尊重，显示自己的品位、风度仪表，向交往者表示友好与敬意等；标识类别目的：为了维持公共秩序，使穿着者能显示出自己的身份、职业、部门、任务等，这样便于自己的正常行为。例如，警察在执勤时要穿着警察制服，或戴警徽以便于让人识别；扮装拟态目的：为了达到表演的目的所需要的各种扮装，如舞台装、戏剧装等（图2-16）。

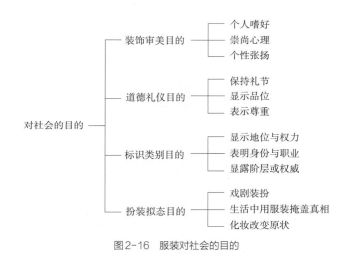

图2-16　服装对社会的目的

 思考题

1. 结合服装起源的诸多学说组织并展开一场辩论赛，对服装起源做进一步的思考与探讨。
2. 从服装的目的角度出发，对社会上不同职业人群做一份调研报告。

第三章

03

服装与人体

课题名称：服装与人体

课题内容：服装是一门与人体有着紧密联系的造型艺术，这种
造型艺术是衣与人体的完美结合。作为一名服装设
计师，了解人体，是实践环节的第一步。

课题时间：3课时。

教学目的：学习人体体型的差异对服装设计造成的影响，掌握
人体造型特征并将设计感带入服装中。

教学方式：理论传授与实践操作。

教学要求：认识人体的基本特征及构造，学会如何量体。

课前课后准备：准备量体工具，并测量不同的男、女体型。

人体是服装的支架，服装在人体上的表现是判断服装优劣与否的最基本的评判标准，在此基础之上，服装的设计因素才会被人们所考虑。服装设计是一门造型艺术，掌握人体造型特征并将设计感带入服装中是服装设计师必须具备的专业素质，这种造型艺术是衣与人体的完美结合。在追求这种人衣完美结合的过程中，不仅要考虑男女不同的性别有着不同的客观要求和主观的艺术风格要求，同时也要将不同年龄段和特殊身材的人群考虑进去，为此需要将不同的人体体型进行分类，并根据这些差异对服装设计产生的影响进行分析和研究。

第一节　人体基本知识

人在生物学分类中属于脊椎动物。人体的脊椎呈垂直状的纵轴，身体左右对称，这是人在形态构造上区别于一般动物的主要特征。

人体的脊椎骨是人体躯干的支柱，连贯头、胸、骨盆三个主要部分，并以肩胛带与骨盆带为纽带，连接上肢和下肢，形成人体的大致构造，所以，可以用"一竖、二横、三体积、四肢"四句话来概括。

一竖——人体的脊柱。

二横——肩胛带横线与骨盆带横线。

三体积——头、胸廓、骨盆三部分体积。

四肢——上肢与下肢。

一、人体的基本结构

人体可分为头部、上肢、下肢、躯干四部分。上肢包括肩、上臂、肘、前臂、腕、手。下肢包括髋、大腿、膝、小腿、踝、脚。躯干包括颈、胸、腹、背。

人体是服装的支架，是展现服装魅力的根本，因此在研究服装的结构和设计之前，必须了解有关人体造型方面的知识。只有熟悉了人体的造型和运动变化，设计师在设计过程中才能做到有的放矢。

从人体工程学的角度看，服装不仅要求符合人体造型的需要，还特别要求服装要符合人体运动规律的需要。评价一套服装的优劣是要在人体上进行检验，服装既是人的第二皮肤又是人体的包装，合理且优质的服装应该舒适合体，便于肢体活动，应给人在工作、娱乐、生活上提供便利。服装在穿着上应在使人感到舒适、得体的同时具有美观的效果，设计时还需注意凸显人体的美感并增强身体的韵律感，使人体与服装真正地统一为一体。当然，要做到以上方面除了需具备服装与人体的专业知识外，还要能够灵活地结合知识运用到实践当中。

人体由206块骨骼组成（图3-1），骨骼外面附着600多条肌肉（图3-2），在肌肉外

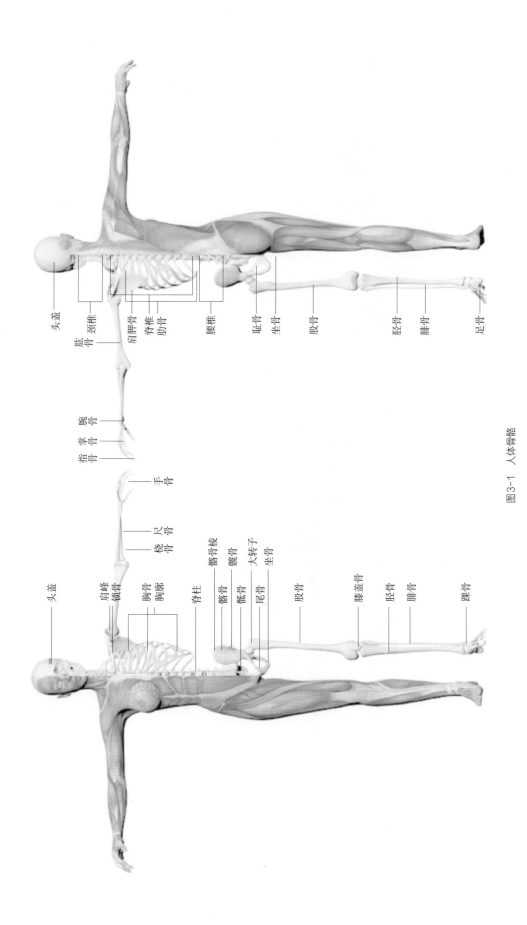

图3-1 人体骨骼

头盖
肩胛骨
颈椎
肱骨
脊椎
肋骨
腕骨
腰椎
掌骨
指骨
耻骨
坐骨
股骨
胫骨
腓骨
足骨

头盖
肩峰
锁骨
胸骨
胸廓
脊柱
手骨
尺骨
桡骨
髂骨棱
髋骨
大转子
坐骨
髂骨
骶骨
尾骨
股骨
膝盖骨
胫骨
腓骨
踝骨

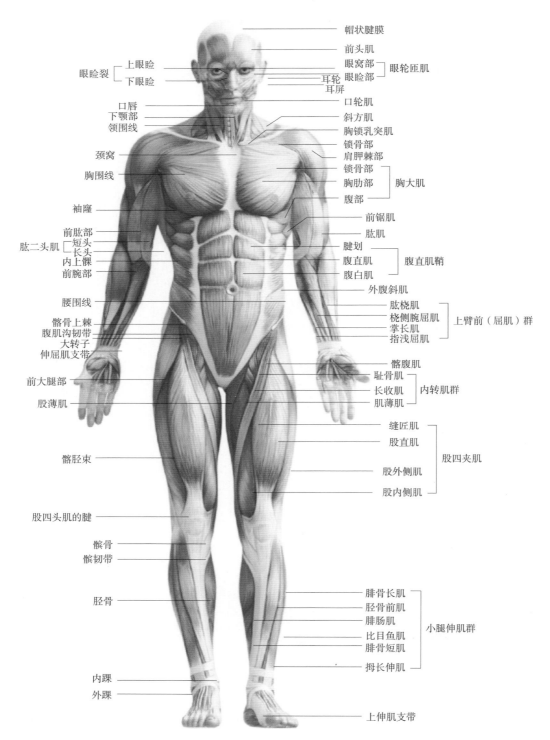

帽状腱膜
前头肌
眼窝部　眼轮匝肌
眼睑部
耳轮
耳屏
口轮肌
斜方肌
胸锁乳突肌
锁骨部
肩胛棘部
锁骨部
胸肋部　胸大肌
腹部
前锯肌
肱肌
腱划
腹直肌　腹直肌鞘
腹白肌
外腹斜肌
肱桡肌
桡侧腕屈肌
掌长肌　上臂前（屈肌）群
指浅屈肌
髂腹肌
耻骨肌
长收肌　内转肌群
肌薄肌
缝匠肌
股直肌
股四夹肌
股外侧肌
股内侧肌
腓骨长肌
胫骨前肌
腓肠肌
比目鱼肌　小腿伸肌群
腓骨短肌
拇长伸肌
上伸肌支带

上眼睑
眼睑裂
下眼睑
口唇
下颚部
领围线
颈窝
胸围线
袖窿
前肱部
肱二头肌　短头
长头
内上髁
前腕部
腰围线
髂骨上棘
腹肌沟韧带
大转子
伸屈肌支带
前大腿部
股薄肌
髂胫束
股四头肌的腱
髌骨
髌韧带
胫骨
内踝
外踝

（a）正面

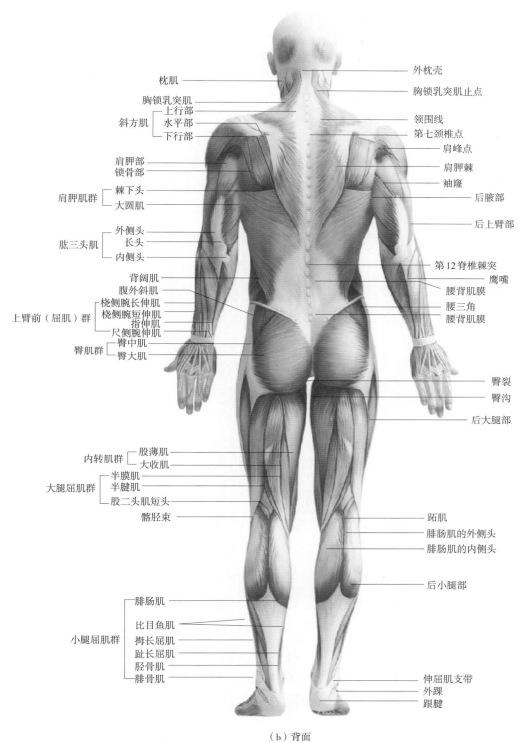

枕肌
胸锁乳突肌
斜方肌
上行部
水平部
下行部
肩胛部
锁骨部
肩胛肌群
棘下头
大圆肌
肱三头肌
外侧头
长头
内侧头
背阔肌
腹外斜肌
桡侧腕长伸肌
上臂前（屈肌）群
桡侧腕短伸肌
指伸肌
尺侧腕伸肌
臀肌群
臀中肌
臀大肌

外枕壳
胸锁乳突肌止点
领围线
第七颈椎点
肩峰点
肩胛棘
袖窿
后腋部
后上臂部
第12脊椎棘突
鹰嘴
腰背肌膜
腰三角
腰背肌膜

臀裂
臀沟
后大腿部

内转肌群
股薄肌
大收肌
大腿屈肌群
半膜肌
半腱肌
股二头肌短头
髂胫束

跖肌
腓肠肌的外侧头
腓肠肌的内侧头

后小腿部

小腿屈肌群
腓肠肌
比目鱼肌
拇长屈肌
趾长屈肌
胫骨肌
腓骨肌

伸屈肌支带
外踝
跟腱

（b）背面

图3-2　人体表层肌肉

面包着一层皮肤。骨骼是人体的支架，各骨骼之间又有关节连接起来，构成了人体的支架，起着保护体内重要器官的作用，又能在肌肉伸缩时起杠杆作用。人体的肌肉组织复杂，纵横交错，又有重叠部分，种类不一，形状各异，分布于全身。有的肌肉丰满隆起，有的肌肉则依骨且薄，分布面积也有大有小，体表形状和动态也各不相同。

二、体型分类

从形态上看，服装与人体有着直接关系的是人体的外形，即体型。人的基本体型是由四大部分组成，即前面讲到的躯干、下肢、上肢和头部。从造型的角度看，人体是由三个相对固定的腔体（头腔、胸腔和腹腔）和一条弯曲的、有一定运动范围的脊柱及四条运动灵活的肢体所组成。其中脊柱上的颈椎部分和腰椎部分的运动，对人体的动态有决定性的影响，四肢的运动方向和运动范围对衣物的造型也起着重要的作用。人体外形的自然起伏和形状变化有其自身规律，这就是人体的凸起、凹进部位及形体特征，都是由于人体内部结构组织变化而表现出来。由于每个人的体质发育情况各不相同，在体型上就出现了高矮、胖瘦之分。还由于发育的进度不同、健康的状况不同、工作关系与生活习惯的不同等，形成了有的人挺胸、有的人驼背、有的人平肩、有的人溜肩、有的人大肚、有的人大臀、有的人腰粗、有的腰细等不同的体型。其中人体比例是从多角度衡量身材好坏的窗口之一，对人的形象起着至关重要的作用。图3-3则是标准的女人体比例。

在进行服装设计时，必须要考虑以上人体的特点并加以科学的修饰。

人体体型的分类大致如下。

（1）理想型：全身发育优秀，高度比例较标准体型者偏高，人体高度理想，整体高度与围度比例非常协调，人体造型视觉效果优美。一般的时装表演模特多是理想型的体型（图3-4）。

（2）标准型：全身发育良好，整个体型比例优美、标准的体型。

（3）正常型：全身发育正常，高度和围度与其他部位的比例均衡，无特别之处。

（4）挺胸型：胸部丰满且挺，胸宽背窄，头部呈后仰状态。

（5）驼背型：背部突出，背圆而宽、胸宽较窄、头部向前，上体呈弓字形。

（6）肥胖型：身体圆厚，腹部异常表达，高于胸部（图3-5）。

（7）瘦体型：身体消瘦单薄，腰围较小，全身骨骼突出，肌肉和脂肪较少。

（8）平肩型：两肩端平、肩斜度较小，基本呈水平状。

（9）溜肩型：两肩肩端过低，基本呈"八"字型。

（10）高低肩型：是指双肩高度不一样的体型（图3-5）。

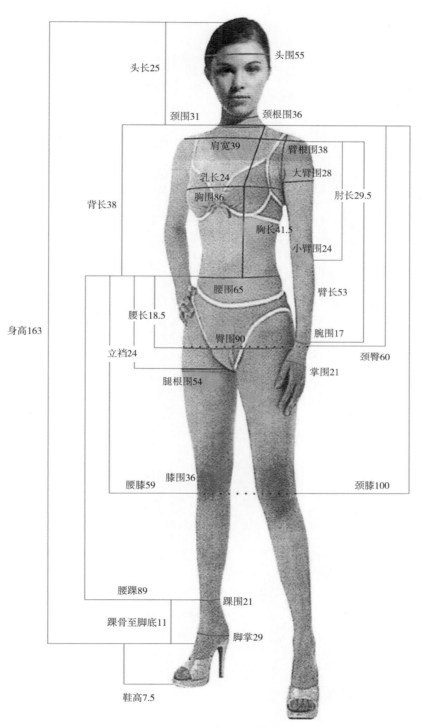

头长25　头围55

颈围31　颈根围36

肩宽39　臂根围38

乳长24　大臂围28

胸围86　肘长29.5

背长38

胸长41.5

小臂围24

腰围65　臂长53

腰长18.5

身高163

臀围90　腕围17

立裆24　颈臀60

腿根围54　掌围21

腰膝59　膝围36　颈膝100

腰踝89

踝围21

踝骨至脚底11

脚掌29

鞋高7.5

图3-3　标准的女人体比例（单位：cm）

图3-4　理想体型

（11）O型腿型：亦称罗圈腿体型，即两腿膝盖向外弯，呈O字型。

（12）X型腿型：双腿造型特征与罗圈腿正好相反的体型（图3-5）。

（13）短颈型：在整个人体的比例中，脖子比例偏短的体型。

（14）大腹型：臀部平而腹部向前凸出的体型。

（15）短腿型：在整个人体的比例中，腿部比例偏短的体型。

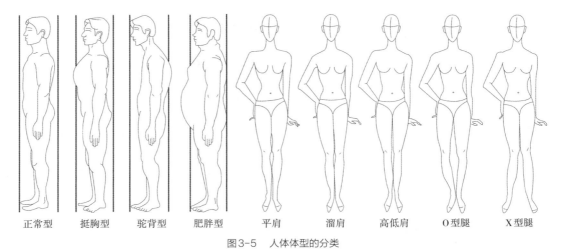

正常型　　挺胸型　　驼背型　　肥胖型　　平肩　　溜肩　　高低肩　　O型腿　　X型腿

图3-5　人体体型的分类

第二节　男女体型差异

男女两性在造型上最本质的区别是体型差别。从外部形态上看，男女两性最明显的差异是生殖器官，这称为第一性差，第一性差以外的差异被称为第二性差。从服装专业的角度一般所说的性差都是指第二性差。

男女人体由于长宽比例上的差异，形成了各自不同的特点。男子体型与女子体型的差别主要体现在躯干部，特别明显的是男女乳房造型的差别。女子胸部隆起，使外形起伏变化较大，曲线较多，男子胸部则较为平坦（图3-6）。

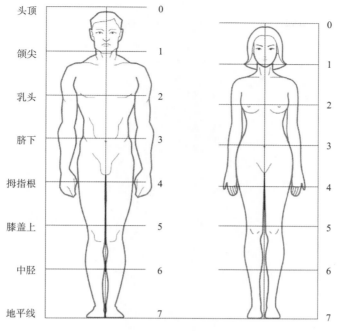

图3-6 男女人体的比较

从两性差异上看，男性肩宽臀窄，女性肩窄臀宽；男性胸部宽阔、躯干厚实，显得腰部以上发达，女性臀部宽阔、大腿丰满，显得腰部以下发达；男性脂肪多半集中于腹部，女性脂肪多半集中于臀部和大腿；男性身体重心位置相对比女性高（图3-7）。

从宽度来看，男子两肩连线长于两侧大转子连线，而女子的两侧大转子连线长于两肩端连线。从长度来看，男子由于胸部体积大，显得腰部以上发达；而女子由于臀部的宽阔显得腰部以下发达。从两肩端连线至腰节线、大转子连线所形成的两个梯形来看，男子呈上大下小的倒梯形状，而女子则呈上小下大的正常梯形状。男子的腰节线较低，而女子的腰节线较高（图3-7）。女体臀部的造型向后凸出较大，男子的臀部则凸出较小（图3-8）。女子的臀部特别丰满圆润且有下坠感，臀围明显大于胸围（婚后成年人），男子臀部明显小于胸肩部，臀部没有下坠感。此外，男子与女子虽然全身长度的标准比例相同，但他们各自的躯干与下肢相比，女性的躯干部较长，腿部较短（但由于女子的腰节线较高、臀部大，故穿的裤子比男子要长），而男子的腿部却较长。

另外，从体格上看，男性身强力壮，体格魁梧，身高较女性高5～10cm，体重也比女性重5～15kg。男、女骨骼上的区别，除男的粗壮、女的纤细以外，骨盆比骨骼的任何其他部分更足以说明男女两性的特征。总的来讲，女子骨盆比男子的宽而浅，因而造成女子臀部较为宽大的特点。骨盆的倾斜度大于男性，这也是女性特征的另一方面。

从皮肤来讲，男子比女子的稍厚，而且体毛多、肤色重。男子喉头隆起明显，女子则几乎不见喉头。男子的脐位也比女子的略低。从姿势上看，女子体略向前倾，男子体则比

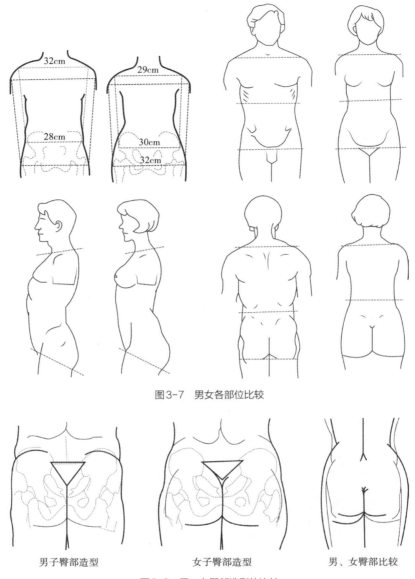

图3-7 男女各部位比较

男子臀部造型　　　　　女子臀部造型　　　　　男、女臀部比较

图3-8 男、女臀部造型的比较

较挺直。男性腰节线较低，女性较高。用会阴高或身高减坐高表示腿长：同身高，女性腿长大于男性；但由于腿身比与身高正相关，身高越大，腿身比也越大；因此，男性的腿身比平均值、马氏躯干腿长指数平均值略大于女性，男性的腿身比极端者略多于女性。

决定体型的因素除了骨骼和肌肉外，还有皮下脂肪的沉淀度，这也是决定体型和衣服形态的主要因素之一。所谓皮下脂肪是指在皮肤的最下层，连接肌肉（或骨头）和真皮的疏松结缔组织内沉着的脂肪。脂肪沉着较多的部位有：乳房、臀部、腹部、大腿部。沉着较少的部位有：关节上、头皮下、肋骨附近。男子的肌肉发达，脂肪沉着度低于女子，因此体表曲线直而方。一般情况下，男子体重约42%为肌肉，约18%为脂肪；女子则约36%为肌肉，脂肪约占28%，因此女子体型要比男子体型线条圆润、柔美。

第三节　体态特征对服装设计的影响

服装美的含义是包括人体造型特征在内的综合之美，这种美感既体现了服装本身所拥有的艺术特征，也展示了人体着装后具有的装饰效果之美，因此服装与人体的和谐与贴合程度体现着服装设计的重要意义。人体作为服装的支架，是服装功能性和装饰性的体现媒介，所以在学习和研究服装造型美时，要从本质上了解人体造型与服装造型的关系，即人体外型是服装造型的基础和依据，服装造型要在尊重人体造型特征的前提下而进行；在进行服装设计的过程中要遵循的规则：人体的美先于服装的美，服装的美要借助人体的美并糅合于人体的美之中才能达到高层次的美，并在人体本身不完美的情况下从视觉上达到修饰身材的效果。

"男装设计要有阳刚之美，女装设计要有曲线之美"，这是人们在长期的历史审美之中所形成的一种大众的审美观，而这种观念的形成与不同性别的体型特征有关联。男性的体型与女性的体型有着很大的差别，除了两性体型的差别以外，男女在行为、走路的姿势、思维方式、审美、心理需求、物质需求上等都存在差异性，所以研究服装美学就需要研究两性体型的特征和两性的其他差异，综合我们的知识才能设计创作出具有美感的服装。

通过男女体型的比较，可以看出女子体型具有曲线感，男子体型具有块面感，这些自然的造型特征都在不同程度上影响着我们的审美观，所以设计师在进行服装设计时要将人体体型特征与专业知识相结合，进行分析与思考。

一、男子体型特征对男装款式设计的影响

（一）对上衣设计的影响

男子由于胸部体积大，显得腰部以上发达，最明显的是肩部宽阔，由于受此特征的影响，所以在设计上衣时夸大肩部造型设计就成为男装上衣设计的一般性的法则，这一设计法则在男装各类上衣中基本可通用，但具体设计手法可以灵活掌握，如可采用分割线设计、加垫肩设计、色彩分割组合设计等。男装上衣主要有夹克、衬衫、西装上衣、中山装、两用衫等，这些款式的男装都需要表现男性的气质、风度和阳刚之美，强调严谨、挺拔、简练、概括的风格。这与男子体型给人的直觉感有着密不可分的联系，同时设计师还要使用各种材料来表现出男装的美感。另外，男子体型的三围比例，即胸围、腰围、臀围，与女子体型的三围比例相比有较大的差异，男子体的三围数值相差较小，而女体的腰围与臀围的数值相差较大，所以男子体型可用"T"型来概括，女子体型可用"X"型来概括，这样可以明显地看出男子体型本身的挺拔、简练的特征和女子体型本身的曲线、变化的优美特

征的对比。将男、女体型概括为"T"型和"X"型在很大程度上影响了不同性别的服装外形特征，从古到今都可以认识到这一点，尤其是西洋服装史上这一特征更为突出。实际上，以上这种视觉观念在人们的思想里已经根深蒂固，只是在设计男、女不同的服装时应认真地研究它，以获得有规律的东西来为设计服务。例如，男式大衣类的设计以筒形和梯形为主，而女式大衣类多以收腰手法进行设计等。男士上衣的设计以突出男士上身轮廓为主，线条清晰干练，色彩也较为沉稳。

（二）对裤装设计的影响

从服装史的角度来看，裤装本来是男性的专利，这与人类对男性的审美标准有直接关系，当然这与不同性别的社会分工也有着根本的联系，也就是这些因素的并存而产生出现实的审美观。裤装便于行动，给人以利落感，以男子体型为基础一般宜设计较宽松的裤型，尤其是横裆和中裆部位。男子体型突出的特征是人体上体部位的"膀大腰圆"，也就是倒三角形，即肩膀和上身较为宽大，受此影响男裤设计一般不予强调腿型和展示下半部的体型特征；而女裤、女裙的设计却正好与男装相反，女性盆骨与胯部突出，腰、臀部线条呈现S型，由于受女子体型特征和审美观念的影响，服装设计师一般都要较多地考虑如何设计优美的女下装才能充分展示出女性的曲线美，通过服装来展现人体的美正是服装设计的真正含义之一。

（三）对风衣设计的影响

男子体型中三围的比例关系决定了男装风衣的基本款式的造型，这类款式主要包括历史上的男子袍服，现代的长、中、短风衣，长、中、短大衣等。这些款式的设计一般都受男子躯干造型固有特征的影响，或多以男子躯干造型为设计参考，所以这类服装收腰设计很少，设计的外形以筒形和梯形居多。

另外，男式礼服设计更要以男性人体的造型特征为根本，强调礼服的完整，整体的轮廓造型简洁且符合男子体型的结构比例，严格、精致的制作工艺，使用优质高档的服装面料，并配以沉着、和谐的服装色彩。而对室内装的设计则是根据男体的特殊性，以大裤裆和宽松袖窿的款式设计为主。

二、女子体型特征对女装款式设计的影响

从女子的体型特征到女子走路的姿势特征都与男子有着很大的差异，而且人们对于不同性别的审美有着不同的要求。女模特走"猫步"那是一种美、一种时尚，这种美是具有性别的要求，这也是一种心理需求，设计师应善于利用服饰心理效应捕捉女性人体体型特

征，设计符合时代审美的服装。欧洲中世纪以后的女装和中国的民国初期的女装都十分注重女子体型的固有性别特征，将细腰、丰胸、夸张臀部的整体曲线造型充分地运用到当时的时装中，为夸张女子体型的曲线性，更有甚者不惜伤害自己的肉体来达到这一目的，如19世纪欧洲服装史上一度出现了紧身胸衣，以此特制的服装来收束女子的胸腰，借此符合当时的审美思想。然而无论进行怎样的设计都要先以女性人体体型的固有特征为参考点，并结合当时的流行审美思想进行综合考虑。不论过去还是现在，给不同性别的人设计服装在一定程度上是要受其体型特征影响，这种影响往往是很主观，这种主观也就是审美观的问题，值得我们去研究。特别是女式裙装的设计更是受女性人体造型审美的影响，看看欧洲"洛可可"（Rococo）服装流行时期的女式裙装，便可清楚女子体型特征对女装设计影响的力度。现代服装设计中仍可频繁见到受欧洲服饰的影响并进行改造的礼服设计，曾经风靡欧洲的"洛可可"风格礼服的明显特征现在仍有保存（图3-9）。

图3-9 "洛可可"风格礼服设计

　　在女式裤装设计方面也是如此，设计师在遵循实用原则的前提下首先考虑的是如何体现女性的臀部和腰部、腿部的美感，所以女式裤的设计多以"收腰显臀"为设计原则（图3-10），即便是宽松式的裤型也往往是将宽松的部分设计在臀围以下，使裤脚管宽松，因为这并不能破坏"收腰显臀"的可视效果，如大喇叭裤和宽脚裤等。

　　在女式礼服的设计方面更是极力凸显女子身形线条，设计师要考虑女性人体体型本身与礼服相互融合而展示女子独特的效果，如晚礼服要以胸围、腰围、臀围造型的比例特征为思考重点，力求要设计出曲线的美且富有女人味的礼服。受西洋文化的影响，中国今日的婚纱、礼服设计同样强调"袒胸露臂""收腰显臀"甚至夸大女性臀部造型，并且对头饰"精雕细琢"，再配以长长的裙子。这样的设计正是女子体型特征本身传达出的"内容"，深深地影响到设计师的设计审美，也正是这些优美的人体给设计师无穷的想象和灵感，从而创造了灿烂的现代服饰文明（图3-11）。

图3-10　女式裤装设计

图3-11　女式礼服设计

三、男女体型差异对服装结构设计的影响

男女体型差异不仅对服装款式设计有着很大的影响，对服装结构设计的影响更加明显和直接。对于以上这些男、女体型上的差别，不仅要进行分析和研究，还应熟知男、女不同体型的表现规律，只有这样才能从根本上来研究服装款式和服装结构，理解服装内在结构的需要和应遵循的变化规则，正确设计出结构合理的男装和女装。

人们对男子体型、男装审美和对女子体型、女装审美有着不同的要求，不同的体型对服装的支撑点也各有所异，这也是结构设计时要考虑的重要因素。一般来说，曲线效果、优美感是女装的象征，而直线效果、强健刚毅感则是男装的追求。在设计过程中，除要考虑男、女本身体型差以外，也必须把男、女肢体运动时的空间计算到结构设计里，同时由于男、女之间的运动幅度差，所以女装上衣围度设计时加放的松度明显小于男装，这也是男女上衣在结构设计时的主要区别之一。

男装和女装在围度结构设计方面，有以下不同：

（1）因为受男子体型的本身特征的影响，男装要求夸张肩部，相对忽略腰部和臀部：例如，男式西装肩宽比例设计正是较典型的夸张肩部设计。一般西装肩宽大于人体实际肩宽的比例数值4～7cm，采用垫肩工艺手法完成其造型要求，使穿着效果符合男子体型肩宽审美的特别要求。而女装则要求强调胸、腰、臀三者的曲线造型关系，以此来体现丰胸、肥臀和细腰的造型美。

（2）上衣省道位置的设计和收省量的不同，是男、女上衣在结构设计上的主要区别之一。首先，受体型的影响男装省道收去的量要小于女装。另外，女装设计相对于男装来说省道多并且省道变化复杂，较多省道的结构设计效果符合女装的审美，又符合了女子体型的曲线特征。而男装则不相同，男体臀围与腰围差数相对于女体来说要小得多，体型的差别也就形成男装特殊的结构要求和不同于女装的审美标准。所以男装外形多以"T"型为设计参考，而女装外形则多以"X"型为设计参考。其次，由于男女人体造型上的差异，省道位置的设计也就有所不同。例如，女装一般可以依乳峰点为中心设计腋下省、前片肩省、前公主线等，男装一般则不设计此类省道。

（3）男装围度结构设计宽松。人们对男装宽松度的审美不同于女装，女装为了强调自身的曲线美，一般多采用围度紧身结构设计手法，而男装则需要夸张围度结构设计，以达到符合男子体型围度较大的特征，这样的结构设计既符合设计原理又具有现代艺术视觉效果。

（4）对男、女装门襟设计有着不同要求，设计时一般要遵循"男左女右"的原则，也就是男装门襟要设计在左边而里襟在右边，女装正好相反。

综上所述，可以说男女体型的不同特征对服装设计的影响是直接的，不论是从审美的角度还是从实用的角度来研究它都很有价值，因此，不仅要正确认识男、女体型特征，还要善于发现规律，不断提高自身的服装设计理论水准。

第四节　人体体型生长变化规律

服装是人体的包装，是人类社会道德文明的体现，也是人体的对外防护，研究人体体型的发育变化规律对于从事服装设计、服装研究的人员来说，是很必要的。从新生的婴儿开始，人的体型就在不停地发育变化之中，而在不同的年龄段，人的体型各有特点，这些特点是在进行服装设计时需要考虑的要素之一。服装设计人员需要掌握各年龄段人体体型变化特点的知识，并结合自身经验，才能设计出具有美感的服装。例如，少年儿童的体型、成年人的体型、结婚前与结婚后的体型等都是各有特点，而且不同年龄段的体型也是各有自己独特的造型美。这些不同年龄段人体体型生长变化的特点，正是设计师必须进行科学严谨研究的对象。

一、人体不同年龄段之比例

人体体型并不是一成不变的，随着人的年龄变化，体型特征也在不断地发生着变化

（图3-12）。人体的发育是有其自身规律的，如幼儿四肢较短、发育较快，头部较大、发育较慢。人的年龄不同，人体胸廓形状也不相同，如儿童期的胸廓前后径小于左右径，呈扁圆形，而老年人胸廓变得扁平。成年人颈部喉结的位置较高，大约与第五颈椎点水平，而老年人的喉结位置较低，大约和第七颈椎相平。

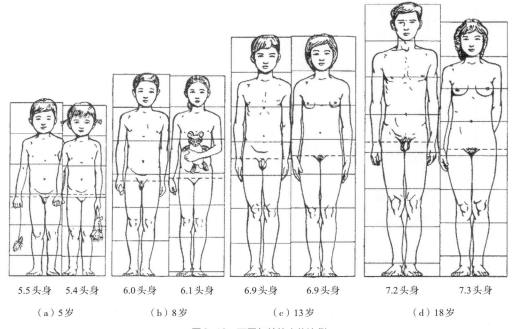

| 5.5头身 | 5.4头身 | 6.0头身 | 6.1头身 | 6.9头身 | 6.9头身 | 7.2头身 | 7.3头身 |

（a）5岁　　　　（b）8岁　　　　（c）13岁　　　　（d）18岁

图3-12　不同年龄的人体比例

老年人胸廓外形的外表特征明显，皮肤松弛下垂；乳部及乳下已有皱纹；腹部凸出且松弛下坠；腰部皮肤也有下垂的皱纹，背部骨骼明显，脊柱间纤维软骨萎缩而失去了弹性，弯曲较大。

人的生长大致分为六个阶段：

（1）婴幼儿、小童阶段：1~6岁，躯干长四肢短，体高4~5.5个头身。

（2）中童阶段：7~12岁，体型逐渐向平衡发展，躯干和四肢各部相应增长，体高5.5~6.5个头身。

（3）少年阶段：13~17岁，全面发展阶段，各部位骨骼、肌肉已基本形成，女孩发育早于男孩（图3-12）。

（4）青年阶段：18~35岁，人体定型阶段，体高7~7.5个头身。

（5）中年阶段：36~49岁，体型较肥胖阶段。

（6）中老年阶段：50~70岁及以上。

二、女子胸部的造型特征与类型

乳房是女性体型的主要特征标记之一，女性乳房的造型特征对女装设计有着很大的影响，是进行女装上衣设计的重要依据，特别是在进行女装结构设计时一定要考虑这一造型特征对结构变化所起的决定性作用。女装上衣结构线的变化及省道的位置、大小等都与女性乳房造型有着直接的关系。女性乳房随着年龄的增长会有明显的变化。少年时期女性乳房尚未发育成熟，因而胸部较平坦；青年时期，女子乳房基本发育，使胸部开始有明显的隆起，胸部截面形状由圆形逐渐变为扁圆形；到成年以后，女子乳房非常丰满、隆起很明显，乳房位置较高；大约到了45岁及以后，女性乳房开始萎缩并且逐步下垂，胸部隆起开始逐渐减小（图3-13）。

乳房由乳体与乳头两部分组成，因乳腺和脂肪发育不同，女性的乳房在外形上差异也较大，一般可分为半球状、圆柱状、圆锥状等类型（图3-14）。

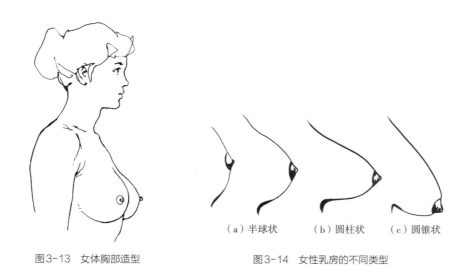

（a）半球状　　（b）圆柱状　　（c）圆锥状

图3-13　女体胸部造型　　　　　　　　图3-14　女性乳房的不同类型

三、人体造型与着衣部位的关系

服装设计，特别是服装结构设计要以人体体型为根本，以款式要求为标准。结构设计要合理，要与人体各部位相吻合，达到合体、舒适之目的。要做到这些就需要设计师充分考虑静态、动态和人体各部位的相互关系，了解和掌握大量的服装结构常规资料和常规款式的标准结构图形。例如，西装上衣袖隆长的资料，西裤前后裆线长的资料、男式衬衫领的资料和肩育克的资料，西装袖结构的标准图形、男式衬衫领结构的标准图形、牛仔裤结构的标准图形等。这些资料与图形都是以人体部位的资料和造型为基础的，所以应掌握人体造型与服装的具体关系，分析研究其中的法则和规律（图3-15、图3-16）。

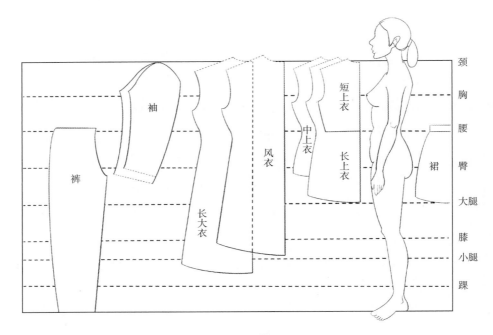

图3-15 女体比例与服装的结构关系

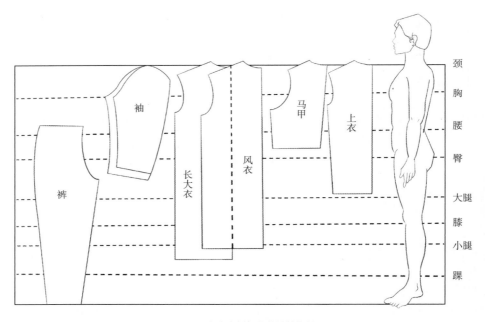

图3-16 男体比例与服装的结构关系

 思考题

1. 人体结构包括哪些？

2. 人体体型有哪些分类？特殊体型在服装设计过程中应注意哪些问题？

3. 谈谈男女体型差异对服装设计的影响。

4. 不同年龄段之间男女人体体型有何差异性？这些差异性如何在服装上体现？

第四章
04

服装的流行与演变

课题名称：服装的流行与演变

课题内容：服装是人类发展史的一面镜子，反映出时代的特征及经济文化的现状。每个不同的历史阶段都有着各具时代特色的服饰，呈现出不同的流变特征，也形成了别具特色的流行趋势。

课题时间：6课时。

教学目的：使学生对中外服装的流行与演变有一个明晰的了解，掌握各个时代的典型服装特点。在历史中寻找灵感，对今后的设计有积极正面的影响。

教学方式：理论授课。

教学要求：了解不同历史时期服装的差别及产生这些变化的原因。

课前课后准备：课外拓展阅读。

服装从诞生起就在不断地变化与发展。服装是人类发展史的一面镜子，宏观上讲，它反映出时代的特征及经济文化的现状。微观上讲，它又能够反映出着装者各个方面的细节。

从空间的角度看，不同的地域、不同的民族、不同的国家，甚至不同的民族习惯，造成了其民俗服装的不同；从时间的角度来看，不同历史时期服装也各不相同，每个不同的历史阶段又都有着各具时代特色的服饰；从服装本身来讲，也有其产生、发展、繁荣、衰退和消亡的变迁过程。服的变化千姿百态，无穷无尽。但在这无穷的变化之中，可以发现其规律性，如产生变迁的起因规律，导致变迁动态的法则，规定变迁形式的原则，暗示变迁归结的通则等。所有的服装都是在这些规律、法则支配下变化和发展的。过去的服装变迁是受之于这些规律，将来的服装变迁也同样要受之于这些规律。

将过去服装变迁的实态和事实进行分类、整理、学习、研究，努力找出其发展的规律性，这样在理论上可以科学地指导今天的服装设计。

第一节　服装的流行

流行是反映人们心理活动的一种社会现象，这种现象与社会生活中一系列的因素相关，是一种比较复杂的存在现象，它还涉及人们生活的许多领域。有人说流行似雾里看花、水中望月、亦幻亦真；也有人说流行如行云流水、变化不定、难以捉摸。流行就是这样，犹如魔术师的手，搅得服饰世界五色繁杂、七彩斑斓。德国哲学家、古典学家康德曾说过："在自己的举止行为中，同比自己重要的人进行比较，这种模仿方法是人类的天性，仅仅是为了不被别人轻视，而没有任何利益上的考虑，这种模仿的规律叫流行。"具体来说，就是在一定的历史时期，一定数量范围的人，受某种意识的驱使，以模仿为媒介而普遍采取某种生活行动、生活方式或观念意识时所形成的社会现象。

流行的源头深植于人类的求新意识之中，其实也就是人们常说的"喜新厌旧"的心理。这种喜新厌旧的心理正是人类社会得以快速向前发展的人的"本能性动力"。但是，任何事物本身总是具有相互制约、相互依存的两个方面，人类及其社会本身，除了创新、求变这种本质的内容外还存在着另外一种倾向，这就是承认既成事实，维护现状的保守倾向。保守，是带有贬义词义，但是，如果客观地考察就会发现，这是社会得以存在和发展的另一个必要的条件。变与不变是一对相互矛盾的统一体，变是绝对的，是主要的，但也看到相对地不变也是极其重要，如果缺少这点，那么一切事物就都成一堆五光十色的肥皂泡，无法把握瞬息万变的幻象。而这正是不可知论者的论调。其实，相对的"不变"正是"变"的温床和孵化器，是产生新的变化的条件和因素，变化正是在一个相对不变的环境中才得以孕育产生，社会的发展也是这么一对矛盾运动的结果。

一、流行的概念

流行，是指某一事物在某一时期、某一地区为广大群众所接受、所喜爱，并带有倾向性的一种社会现象。

服装流行是在一种特定的环境与背景条件下产生的、多数人钟爱某类服装的一种社会现象，具有非常明显的时间性和地域性，它必然是随着时代潮流和社会发展而产生，体现了人们心理上的满足感、刺激感、新鲜感和愉悦感。不同的年代随着当时经济及环境等方面的影响，会逐渐衍生出当下的流行趋势。流行趋势是指一个时期内社会或某一群体中广泛流传的生活方式，是一个时代的表达。它是在一定的历史时期，一定数量范围的人，受某种意识的驱使，以模仿为媒介而普遍采用某种生活行为、生活方式或观念意识时所形成的社会现象。

服装流行是一种客观存在的社会文化现象，它的出现是人类爱美、求新求异心理的一种外在表现形式。

服装流行研究是一门实用性很强的应用科学，它研究流行的特点和流行的条件、流行的过程、流行的周期性规律等，是探讨人类衣文化中的重要精神内容，包括与其相适应的主观因素和客观条件的相互关系问题。

二、流行的产生

服装流行是从服装信息传达与交流之中而产生。现代的世界物质文明高度发达，科技成果日新月异，交通工具日益发达，世界在无形中变得"越来越小"，人们的距离越来越近。人们借助日益加速的交通工具，尖端可视物品，如电视、电影、计算机网络、通信卫星传播等，使整个地球上人类的思想与感情也越趋密切而融合。所以，只要先进国家有了某种新的发现，其他国家和地区紧随着也会加以效仿和研究，服装也是国与国、地区与地区之间的思想文化在相互交流的情况下形成的一个国际共同形式，这也就是国际流行的产生。

现代社会正处在工业化高度发展的时期，在服装方面，人们在经济实惠、节省时间的原则之下，很愿意穿用机械化生产的成衣，这样的服装在高度工业化的大批量生产中，人们爱好猎奇与效仿，以及从众心理与信息传达的综合因素下，就形成了服装的流行，再加上当今快时尚品牌日益增多，可供大众选择的款式及各个价位的品牌丰富多样，服装的消费与流行是一股势不可挡的力量。

现代的服装已不按过去的阶级地位分类，而成为大众化——为多数消费者的需求而制造的工业化生产时代，因此服装款式即操纵在服装设计与制衣业者手中，然而，他们不能凭空标新立异，只有研究人们的穿着心理和消费心理之后，才能设计出迎合大众心理的服装，随着这种符合大众需要的服装的批量化，服装也随之流行开来（图4-1）。

（一）流行的起源

一般来讲，流行的概念最早起源于法国17世纪中叶，当时"巴洛克"（Baroque）风格取代了盛行半个世纪的西班牙风格，并且已风靡整个欧洲。17世纪后期，由于路易十四采取了一系列发展生产、扩大贸易的措施并执行重商主义政策，从而使法国的经济得到了很好的发展，也繁荣了法国的市场和人气，同时法国的纺织业也发展迅速，国内推崇文化艺术成风，"巴洛克"风格服装以豪华并装饰性极强的特色在法国国内自上而下地流行开来。从此，服装的崇拜中心渐渐地从西班牙开始转移到法国。由于当时的意大利非常盛行"巴洛克"艺术风格，使法国服装大受影响。男子服装也发生了一定的变化，如袖口、领口添加很多装饰，显示出一定的贵族风范。女装为显示女性的优美体型，改变过去的胸衣形式，人们开始讲究内衣的变化，在穿着时，上身和手臂大部分裸露。在这样的服装形式中，让服装腰节造型上移，在突出女性胸部的同时也夸张了腰节以下臀部的围度，使裙型呈蓬大松散的风格（图4-2），当时，人们把这种服装潮流的盛行称为流行。

图4-1　18世纪欧洲女士服装的流行

图4-2　巴洛克风格服装

（二）影响流行产生的因素

服装流行是人着装后产生的，服装是衣与人的结合，是人着装后的一种状态。服装的流行风起云涌，潮流更迭不息，这一秒是当下最潮流装扮，下一秒可能已被流行狠狠地甩在末端，感叹时尚翻新的速度惊人。然而，流行也不是凭空想象出来，而是有脉络可循，任何一件与社会脱节的服装都难以生存。人的因素、自然因素、社会因素、社会重大事件等都对服装的流行有不同程度的影响。

1. 人的因素

（1）生理因素：人的生理特征对服装的流行有着直接的制约关系，它主要体现在人体对服装结构的合理性要求和生理本身对服装的物理性（如服装的透气性、吸湿性、防晒性、服装的牢度和强度等）的要求上。由于各种环境不同，如气候条件、地理环境等，使人们在日常的生活中会遇到各种各样的难题，包括人的生理机能因环境而失调，在这种特定的背景下，人们需要靠某种服装来进行调节，这样自然地就会出现某种服装的流行，如世界范围内军用服装的流行就有其一致性的因素。

（2）心理因素：在服装的流行中，如果把生理因素看成是硬件因素的话，那么心理因素则自然是流行产生的软件因素。对于着装心理，绝大多数人都有自己的内心感受和深刻的情绪体验。除了那些完全裸体的部族以外，都包含了每个着装者或深或浅的心理活动，即试图通过自己穿着的服饰来修饰和完善自身形象。

由于服饰无法直接表述着装者的思想状态，所以着装者在采用服饰来塑造自身形象、完成个性行为时，总是充分利用服饰的暗示功能。服饰心理因素的暗示，主要是以服饰的色彩、款式、面料、纹样及整体着装方式，对着装形象受众的心理产生影响，进而使着装形象在受众的心理，形成一种有着装者预先设想的印象，这个印象无疑是有利于着装者在社会生活中确立其地位或是达到其目的的。

心理因素主要表现为以下几个方面：

①喜新厌旧心理：喜新厌旧的心理是一种正常的、健康的心理，正常人都有这种心理特征。它反映在审美活动中就是不断地利用新的流行服装来满足这种心理的愿望。也正是由于人们这种喜新厌旧的心理存在，所以才使服装的流行更具生命力。从唯物辩证法的角度来看，事物本身矛盾着的两个方面表现为从不平衡到暂时的平衡，从暂时的平衡又回到不平衡。人们对服装美的追求也是如此，满足是暂时的、相对的；不满足是不断在发生的、绝对的。因此，服装的社会基础是永远存在，而承担流行的人总是在不断地轮换，无论何时，总是会有新的承担对象产生。正是因为这种特征的存在，才能充分显示出服装流行无限的生命力。

②个性的自我表现心理：追求与众不同是许多人的一种心理反映，这种心理行为表现在服装上即是穿着张扬个性的服装，用服装的语言传达出一种信息——个性与突出自我。这样可以从中得到很大的安慰和心理的满足。

③趋同从众心理：人类的趋同和从众心理是在漫长的生物进化过程中，通过不间断的生存实践而逐步形成的一种心理需求的社会现象。它的存在有着生理和社会的双重属性，由于人类心理上的这种趋势，造就了人们在社会生活中心理需求的趋同倾向。在人类日常

生活的行为规范中，这种行为往往具有害怕孤独而产生统一步调的表现形式，这在服装流行的人类行为中表现得格外突出。从视觉效果看，假如一个人的装束背离群体的行为准则，那样势必会引起社会群体的注意，容易招致非议和责难。如若个体的行为不为世人所了解，则可能在感情上被拒之社会主流之外，造成严重的孤独感和失落感，从而出现不安全的心理倾向。心理上的安全感是人类需求的因素之一。因此，人类的趋同心理对服装流行的产生具有极大的作用。

④效仿心理：效仿也是一种社会现象，它通过行为、意识、概念的统一或类似与对方同化。在服装的流行和服饰审美过程中，服装效仿是一种十分有效的手段，因为有时人们往往对自己应该如何穿着打扮存有疑虑，但是人们却比较善于去评判他人的着装，可见服装的美感更主要的是除自身之外而存在的。所以，人们一旦认定某人的穿着有品位、有美感时，往往有效仿的心理，当人们去效仿时，一般表现为有选择的效仿和有创意的效仿。有选择的效仿是指在看到满意的着装时，十分理智地进行推敲，选择与自身条件相适合的款式、色彩及面料进行模仿；有创意的效仿则是对服装的流行趋势进行筛选，并根据自己的审美情趣和内在气质进行再创造，无论是有选择的效仿还是有创意的效仿，从本质上来说它都是一种效仿行为，当一种效仿在一段时间内流动、扩大时，就形成了流行。

2. 自然因素

（1）地理因素：地域的不同和自然环境的差异，使服装从形成开始就各有自己的特色，并且保持着与地域环境相融合的特点。对于服装流行信息的获取和服装流行趋势的响应程度，也因地理位置和人文特点的不同而各有差异。比如，地处沿海和大都市的人们，由于通信发达、交通便捷，思想意识和审美观念的开放，能够及时地获取和把握服装流行信息，并且能积极参与到服装流行的时代浪潮之中；而地处偏远山区、岛屿或经济欠发达地区的人们，由于受地理位置、自然条件和交通、通信等限制，使其对服装流行信息的接收受到阻碍，因此，这些地区的人们常常是固守自己的风俗习惯和服饰行为。正因如此，在世界范围内形成了一些非常具有地域性特色的民俗服饰文化，如我国西南交通不太发达的山区，那里的少数民族至今还保留着很传统的本民族服饰。

（2）气候因素：某地域的特定气候特点必然形成一种符合此类气候的服装风格和特征。例如，生活在寒带的因纽特人，其服饰要能适应极地寒冷的气候特点；生活在四季分明地域的人们就会自然地穿着符合四季变化的各类服装等。所以，气候因素对服装的流行也起着很大的作用。

3. 社会因素

（1）政治变革因素：纵观历史，任何国家、任何时代的政治变革，都必然影响到服装的变革，《礼记·大传》："立权度量，考文章，改正朔，易服色，殊徽号，异器械，别衣服，此其所得与民变革者也。"可见，政治变革对服装的冲击是十分明显的。在法国大革命时期，王室服装几乎销声匿迹，取而代之成为当时的流行装的是能表现出民主倾向、实用、合理的服装；我国历史上的辛亥革命，将清王朝的旧装抛弃，人们开始穿起了短装，并剪掉了辫子。特别是民国时期，"中山装"广为流行。从历史上可以看到政治变革对服装的影响是巨大的。

（2）经济因素：经济发达地区和经济落后地区的服装流行是不一样的，经济落后地区不可能流行昂贵材料制成的服装；经济发达地区或国家则会使人们对服装的认识也带有特殊性，如服装消费观念的领先等。

经济的发展水平也对整体的制衣机械化程度有着直接的影响，如面料的质量（染色、牢度、多样性等）、制衣的缝制设备（功能的先进与落后、制出服装的质量、制作服装的效率等）、服装的后整理等。所以经济因素对服装的流行起着重要的作用。

（3）科技因素：科学技术的发展对于服装的流行有着很大的影响。古往今来，每一种有关服装技术方面的发明和革新，都会给服装带来重要的促进作用。19世纪初，由英国工业革命引起的第一次技术革命的新潮促进了科学技术的迅猛发展。化学染料和印染技术的问世，化学纤维和合成纤维材料的出现，为服装提供了极为有利的物质基础。同一时期，1841年法国人巴泰勒米·迪莫尼耶（Barthelemy Thimonnier）设计发明了第一台缝纫机，缝纫机的应用对当时的服装工业起到了巨大的作用，不仅大大节省了时间和劳动力，而且提高了服装生产的效率。

（4）文化因素：不同时代的文化对服装的影响可以从历史上看出。例如，我国唐代的服装流行的特点是和当时的文化背景一致，宫廷贵妇流行穿着袒胸高腰裙装，外披一件透明的纱衣，这种服装与唐代繁荣、包容、开放的文化是一致的。宋代以后，由于理学的盛行，以往宽松、飘逸的服装被瘦小、封闭的服装所代替。

总体来讲，西方民族的性情直接、思维"立体"化、将神人化，所以他们的服装奔放、立体设计与剪裁风格明显，教堂多、雕塑多、将神用雕塑人物化；而东方人的性格内向、含蓄，思维"平面"化、将人神化，东方文化强调统一、和谐、对称，偏重于抒情性和内在情感的表述，重视主观意念，追求"天人合一"和神韵，常常带有一种潜在的神秘主义色彩。因此，在服装上倾向于端庄、平稳、持重、宁静，形式上多采取左右对称、相互关联。传统服饰中使用平面剪裁方法，习惯于二维效果，不注重人体的曲线，使身体与织物之间的空间很大而显得宽松，被西方人称为"自由穿着的构造"服装的工艺技巧精良而细腻。不难看出，这些特征与其文化的特征是相融合的。

（5）艺术因素：

①电影、电视的影响：如某热播影视剧中主角的服饰对受众的影响。

②报纸、杂志的影响：报纸、杂志宣传的影响，包括图片的视觉影响和文字的说教影响和诱导。

③绘画艺术的影响：如伊夫·圣·洛朗在20世纪70~80年代先后推出的西班牙艺术和俄罗斯古典艺术及中国古典艺术的系列服装，还有源于毕加索绘画艺术的套装、蒙德里安抽象艺术系列服装等。

④广告艺术宣传的影响：各种广告形式的联动给人们灌输的一种意识，使人们渐渐地接受。

另外还有战争与和平的影响、生活习性的影响、生活方式的影响、社会热潮的影响、名人效应的影响等。

4. 社会重大事件

社会重大事件的发生往往被流行的创造者作为流行的灵感。很多国际上的重大事件都有较强的影响力，能够引起人们的关注。如果服装能够巧妙地运用事件中的元素，就很容易引起共鸣，产生流行效应。

三、流行的可能与研究

一种流行向另一种流行转换时，要想抓住一些紧扣人心的材料和机会，就要多观察、多思考，了解时势综合信息。例如，一些大型社会性活动，众所周知的新闻，文化的进步，社会的改良，生活方式的改变，新科技成果的出现，宗教、道德、思想、习俗等的转变，国家新政策的出台等，这些都成为产生新服装流行的契机。

有人认为，服装的流行很难说有什么规律，时装的产生同样很难与某个特定的时期或事件联系起来，它的产生就像其消失一样令人难以捉摸。罗伯特·路威（Robert Rovio）也认为，"时装是个叛徒，从来不知道什么是法律"。很多人不赞成这类观点，一般来说，服装的流行还是有一定的规律性的。英国服装史学家詹穆斯·拉弗（Jimes Laver）在《品位与流行》（*Taste and Fashion*）一书中，就曾将服装流行的走向编制了一张有趣的时间表：十年前——庸俗；五年前——不知羞耻；一年前——大胆；现在——时髦；一年后——过时；十年后——丑陋；二十年后——可笑；三十年后——滑稽；五十年后——古怪；七十年后——迷人；一百年后——浪漫；一百五十年后——漂亮。他认为，服装大致以150年为一个大周期，周而复始反复流行。日本的服装学者吉川和志根据自己多年的研究发现：大致12年为一个周期，每个周期又分前7年和后5年。他还认为，从1949年开始的三个周期正好是三个国际经济时期，即战后复兴时期、高速发展时期和石油危机时期。从服装史看，18世纪以前的服装是以长裙为主，不露腿部，这与当时的主导思想意识——封建思想观念有关。在19世纪、20世纪资本主义冲击了封建体制之后，裙子的长度由长变短。之后，随着自由主义、人性论和弗洛伊德理论的盛行，开始出现性感服装。受工业化和第二次世界大战的影响，对于服装功能性的强调明显加强，这时的裙长也越来越短，并出现了迷你裙。无论詹穆斯·拉弗和吉川和志的这些论断是否正确，都说明不少服装专家、学者在研究这个课题。

第二节　服装变迁的规律

服装演变的过程是连续性的，与过去、现在和未来都有着密切的联系。不同的时代，不同的社会，人们有着不同的时代观念和不同的物质需求，当然也一定有代表某种意义的时代服装。不同时代的服装各具独特的风格和形式，这种服装的个性在一定程度上反映出当时的社会制度、人们的生活景象。服装变迁的因果关系，是由时间、地域、人、事件等四要素构成，它们彼此相互作用、相辅而成，即服装的变迁。

诱导服装变迁的因素很多，主要包括以下几个方面：

（1）内在因素与外在因素：内在因素指个人或集团对生活的欲求，无论是生理的还是心理的需求，都是以个性为主的原动力，是个人主观意念的外显；外在因素是指由外而来的强制力和规制力，如政治、经济、民俗、习惯等自然环境和社会环境的强制与规制。当内在因素和外在因素相互作用时，就会很顺利地促进服装"改朝换代"；相反，当内在因素和外在因素发生对抗时，如果外在力量较强，或许能一时掌握支配权，但随着时间的推进，外在势力会减弱，内在因素就可能有机会发力，并以优越之势压制外来的因素，从而支配服装的变化。

（2）气候的影响：服装为适应自然环境，直接受气候条件的影响。在气候要素中，因温度与湿度的不同形成了不同的寒暖地带，服装也顺应着气候的不同而变化。服装为顺应气候变化而演变一般有两种现象：一种是在一定地域的气候环境中，随着气候的变化而造成服装顺应气候变化的现象。另一种是服装在向其他地域传播时，在不同的地域气候里，再次顺应了当地的气候而变化的现象。

（3）文化传播的影响：文化传播直接影响着服装的演变。通常是经济发达地区的服装优势影响着经济落后地区的服装，强势文化区域的服装优势影响着劣势文化区域的服装，中央往地方、都市往乡村流传等。一般来说，流传的情形有两种：一种仅是服装的转移，另一种是跟着人的迁移而一起流传。在欧洲服装史中，发生于地中海沿岸的古代西方文化，是逐渐往西欧再往北欧发展，这样形成了现代的西欧文化，服装也随着其转移而不断地演变。在东方服装史中也有许多事例，如我国隋唐时代对相邻的朝鲜、日本有很大的影响，服装同样对其有很大影响。随着西方文化的输入，大量西式服装流入国内，国人穿着西装现在已经是很普遍的现象。受文化传播的影响，航海、通商、远征、留学等地域文化的流动，都伴随服饰的流动导致服装的演变。

（4）实际生活的诱导：上流社会的豪华美丽服饰，无论材质、构成还是形态，多为豪华复杂的形式，装饰性重于实用性。而平民百姓的服装多为不太重视形式或外观的变化，主要是要确保服装的实用性和机能性，强调实用性重于装饰性，与上层社会的服装形成强烈的对比，这种现象在历史上是很普遍的。由于社会制度越来越民主化，各类文化的交流也日益频繁，上层社会的服装与平民百姓服装的差别逐渐在缩小。

（5）战争与和平的影响：由于战争的特殊性，战争也是推动服装变革的因素之一，如我国历史上的"胡服骑射"；还有第二次世界大战期间，由于战争的需要，广大妇女穿起了各种便于活动的裤子等。另外，战争既能破坏旧的事物，也能刺激新文化的产生，各时代的领导者率军远征他乡新土，在征服的过程中，征服国与被征服国之间的服装会相互受到影响，如成吉思汗征战中亚、东欧等，均有助于服装的传播和交流。而在和平盛世的年代，服饰文化也会随着社会的发展而发展，同时服装的发展也会趋于装饰形制复杂化。

（6）政治与禁令的影响：政治制度对服装的发展与变化有很大影响。纵观中外服装发展史，此类实例举不胜举。例如，我国封建社会的帝王服饰制度，从款式造型到服饰颜色都有一整套严格的规定，不论王公贵族，还是平民百姓的服装均不可以使用帝王服装的款式和图案。另外，国家在一定的时期，或统治者认为有必要的时候，往往会以强制的手段发布有关服饰禁令，明确规定人们要遵守的服饰规则等，如清朝剃发易俗的政策等。

（7）科技进步的影响：科学技术的高度发展与高科技成果的运用，改变了人们的生产生活方式，也直接影响到人们的服饰观念。例如，交通的高度发达、通信技术的创新、新材料的不断出现、制衣设备的更新与发展、服装流行的短周期化等，都对服装的发展与演变产生了巨大的影响。

一、服装变迁的形式（表4-1）

表4-1　服装变迁的形式

变化的种别	变化的样式	发生的形式	变化的内容
生态性变化	个体发生	个体变化	发生—发展—兴盛—衰退—退化—结束
历史性变化	系统发生	传承改良	原始—古代—中世纪—近代—现代
地域性变化	习俗发生	传播变化	地域性发生—流行—减退—残存—固定
规律性变化	理论发生	法则变化	变化诱因—动态—形式—固定—再变化

二、服装的生态性变化（图4-3）

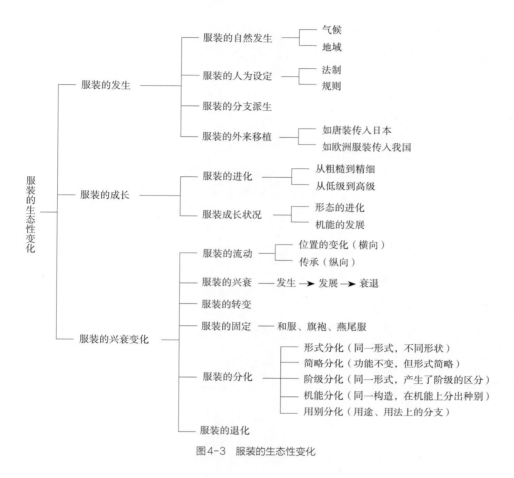

图4-3　服装的生态性变化

三、服装的历史性变化（图4-4）

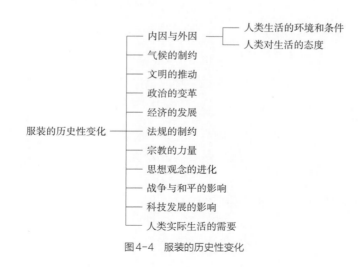

图4-4　服装的历史性变化

四、服装的地域性变化（图4-5）

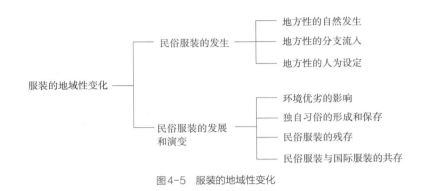

图4-5 服装的地域性变化

五、服装的规律性变化

规律是事物之间内在的必然联系，它决定着事物发展的必然趋势。服装的发展规律是研究服装在发展变化的过程中，人和服装、环境之间的内在关系，以及这种关系是如何运动、如何发展变化的。因地域、时代、民族、文明程度、宗教信仰、民俗等因素，服装的变迁状态是很复杂的。经过研究，把这些变化的原因系统地加以整理，可以发现它们的共通点和同质的东西，从而推断出服装的基本变迁规律，找到这种规律，既能正确认识几千年服装发展史的本质及当今服装发展的由来，也能科学地预测出未来服装发展的方向。

人类从动物进化而来，本身就具有自然与社会的双重属性，无时不受到环境的影响和制约，人类所创造的一切文化，都是在这个自然环境和社会环境交织的状态中孕育、诞生。所以，服装作为一种文化，也必然是放到这种自然与社会环境中考察。在人、服装、环境（自然的、社会的）三种元素中，人是主体元素，本身具有的自然属性和社会属性，是通过服装反映出来，脱离人这一因素而谈论的服装是毫无意义的；服装在三元素中是一种中间介质，它既折射出人所处时期的历史文化状态又反映出环境和人的关系；环境元素因其丰富的内涵，它的变动性极大，它可以制约人和服装，同时也接受人的干预和调节。三个元素间内在的必然联系及彼此间的关系，是构成服装发展规律的主要内容。列宁说："规律就是关系。本质的关系或本质之间的关系。"因此，服装发展规律是研究服装发展共性特征的一个重要方面。从三大元素所构成的关系中，总结出服装变化的一般规律，主要有以下几个方面。

（一）适应环境的规律与内因支配的规律

这里所指的"环境"包括自然环境和社会环境。

在人类发展的历史长河中，人对自然环境的适应与遵从是不容否定的事实，顺应自然环境是维持人类生存、生活的基本前提，顺应社会环境是维护社会稳定无可厚非的手段。所谓"物竞天择，适者生存"也正是这个道理。例如，生活在极地寒带人们的着装必须要使服装具有防寒、暖体的功能；生活在四季分明的温带地域的人们必须要穿着适合四季气温的服装。自然环境除气候、地质、植被等天然环境外，还有人类赖以生活的自然经济环境、劳动环境，它们制约服装样式的变化。适应社会环境是集体生活中不可缺少的重要条件。社会环境中的政治、经济、风俗、宗教、法律、战争与和平等对服装提出意识形态层面的要求，人们一旦接受这种思想意识，服装则是这种意识的直接反映。社会环境的变化比自然环境更显著，直接影响着服装的变化，如第一次世界大战后的欧洲服装式样的改变等。

从人与环境的关系来看，人是内因，当内因受到的制约较小而处于优越地位，即内因的意愿占主导地位时，环境的制约力下降并妥协，服装会受到内因支配，排挤外因环境的影响，以求两者的平衡，往往在这种情况下，服装的变化速度最快。内因和外因交替出现，服装也就得以发展。而当外因的两种因素，出现交织性波动时，内因就会波动起伏，影响服装的发展速度。例如，当政治变革引起科技滞后、思想动荡进而导致环境恶化时，人们对服装的要求会出现抵制心理，反之则欣然接受。

（二）模仿从众与标新立异的规律

模仿和从众都是一种社会心理现象，在人际与社会交往过程中，个体的人通过行为、意识、方式、概念的同一或类似于他人或群体做出一致反应的心理和言论。服装的模仿是个体通过穿着同一种服饰，以达到与被模仿者同样的社会价值的服饰行为，模仿者一多，就会形成社会的流行趋势，这会引起少数人的心理变化，即出现从众心理。他们放弃自我价值而选择群体价值，以求心理平衡。这时社会流行服装成为主流，从而推动了服装的向前发展。到了一定时期，流行的刺激减少或消失，就会出现标新立异的个别服饰行为，创造出新的服装，这种行为得到人们的认可，就会出现新一轮的模仿、流行、消失。

（三）渐变俗化的规律

服装的变化往往是循序渐进的，它在慢慢地变化中能使人们在心理上和习惯上容易接受。李当岐教授认为："服装的进化是受多种因素制约的，所以服装的变化不太会很突然地大变，突然的大变人们会看不惯，有抵触心理。在短的时间内服装也是有变化的，只是不太明显，经过一段历史可以看出服装的变化还是很大的，但是需要一定的时间。"例如，100年前的服装和今天的服装相比，无疑变化还是很大的。

（四）服装"异化"流行的规律

自然产生的服装和人类意识形态下制作的服装，其发源、原型是相反的，其变化的方向也是相反的，其结果是一方的结果正好成为另一方的开始。服饰"异化"流行的规律与哲学中的"事物的异化"规律是共通的，它包含的变化道理可以在哲学中学习、理解和解释。

（五）极致反转的规律

服饰的流行往往是朝着有特色的方向逐渐地进行着。比如，短款是特色，服装便会越来越短，如20世纪60年代超短裙等；露体是特色，也会越来越暴露，像今天的低腰裤，裤腰再低下去就会出现反转，因为低腰裤的低度是有限度的；宽大是特色，就会越来越大，像19世纪的欧洲蓬大的女裙，20世纪70年代的喇叭裤等。这样越来越走向极端的服装，最后一定会达到极点，并随之出现不经济、不美观、不健康、不自然、没效率的状态，于是自生自灭就成了必然，或者又反转发展，向原来的方向回归，这就是极致反转的规律。

（六）内衣外化的规律

随着时间的推移，空间的更迭，人们原来的外衣脱下来被内衣所代替，而这种新的外衣经过一定的时间推移，也逃不掉再次被脱下来的必然，随之更新的内衣将会取代它的地位，正如昆虫和爬虫类的脱皮现象一样。衣服有穿和脱两个操作过程，穿衣是对人体进行包装，是包裹人体的一项活动；脱衣，则是显露躯体，解放人体，使人体自由的一项活动。穿脱这两种逆向的变化，即相当于"逆向变化规律"中复杂装饰化和简单机能化的对比。

（七）形式升级与下降的规律

在逆向变化的规律中，服饰变化有上升和下降两个相反方向的变化，其中朝着上升方向变化时就是"形式升级"。例如，服装从简朴走向奢华、从放纵走向端庄、从粗野走向优雅、从低劣走向高贵等，即一切从低位向高位发生升级的变化。

形式下降与形式升级是相反的变化，两者的关系即是逆向变化的规律。

（八）系列分化的规律

李当岐教授指出："服装的系列分化就如同生物的种类分化一样，在同一品种内，母型生出子型的兄弟姐妹，之后子型又分别会生出孙型。"服装也是如此，它可以从形式上、功能上、精神上、实用性上……来进行系列分化组合。

（九）无缘类同的规律

无缘类同是指地球上隔绝无缘的各地域，存在和发展着几乎类似的文化现象。在服装上，由于环境的类似、文化水平的类似，人类构造机能和营造生存空间的共通性等原因，可能发生无缘类同的现象。

（十）性别对立的规律

人类性别的差异是客观的存在，这种客观的存在必然使人产生主观上的不同认识，那么，为了强调这种主观的内容或表现两性的不同，服饰的性差异就自然地出现。从生活环境上来看，一般平和民富的年代服饰性别对立比较大，战乱贫困的年代服装性别对立相对较小；社会上层集团之间的服装性别对立较大，社会下层百姓之间的服装性别对立相对较小。一般服装性别对立大时，服装的装饰化趋向明显；对立小时，趋向于重视服装的机能化。

从服装史的角度来看，两性服装的相互交流和转换是有的，但极少。例如，19世纪，原男性一直穿的紧身长筒袜就慢慢地过渡为女性所用，直到现在基本成为女性的专用服饰品。

当人们轻视或无视服装的装饰效果而重视服装的功能作用时，两性的服装就有接近的倾向，甚至会出现同化的现象。例如，航天服、潜水服、登山服等，因为工作环境的需要，这时的服装功能性要求指数已经占据了第一位，而服装的装饰性在这时已经相对显得不那么重要。

（十一）融合消化的规律

人是在不断地流动着，有各种各样的交流方式。从古到今人类对于自身的行动是积极的，善于发现新的空间、新的领域，这样也就给人类的相互融合和交流提供了主观上的主动和客观上的存在。当一个地区或民族的生活中出现了外来的服饰时，它会与本地区、本民族的现有服饰存在相互融合或混合并存，在服装史上这是一种普遍的现象。例如，旗袍就是融合了汉族、满族、蒙古族等民族的服饰特点，而今天的改良旗袍更是加入了西方的服饰文化因素；中山装也正是中华民族对于外来服饰文化的创新性接受；同样，日本的和服也是对外来服饰文化的创新性接受。

（十二）停滞残存的规律

在偏僻的地域，人们的服装变化进度十分缓慢，它和精神文化与物质文化高度发达的现代大都市的服饰速度相比是一种典型的对立。都市服装的变化周期短暂，而那些偏僻地区的服饰一般得不到很好的发展，往往是被长时间地停滞下来或发展缓慢，这就使那里的服装长期地旧态残存。因此，许多交通、通信极其落后的地域，至今还保留着、残存着本民族原有的服饰风貌即停滞残存现象，如非洲的桑人服饰和萨尔玛人服饰现象、澳大利亚土著人的服饰现象、南美洲雅诺马米人的服饰现象等。

（十三）孤立烂熟的规律

有的环境相对孤立，但是天然条件优越，又没有来自外界的威胁，长时间处于和平状态，物产丰富气候宜人，物质文化和精神文化在特定的环境中独自地发展很快，逐渐高度地发达，不久就内部成熟，其结果是发酵、烂熟，然后就会走向颓废和分解，这就是孤立烂熟的规律。例如，公元前3000年爱琴文明中的克里特岛服饰、日本德川锁国时代的服饰等都可看出孤立烂熟的倾向。

（十四）不变固定的规律

不变固定的规律和停滞残存的规律有非常相近的因素，它们同属于那种相对不变的现象，但是它们又有着根本的区别。不变固定的规律具体是指服饰的变化流动，在一定的区域出现持续较长时间的停止不变的状态时而出现的服饰风俗化现象。现在存在的民族服饰和民俗服饰大多数都属于这类情况，也可以说不变固定是停滞残存的结果。

（十五）础型复归的规律

服装的根本在于人体，础型就像地球的重力一样，即使远离它，但是最终还是要被吸引回来的，这也是规律性的。

李当岐教授在论述这一规律时说："础型是指以人的体型、生理和心理为基础而形成的服饰本来的基础模式。体型的础型是服饰最初的形式，它也应该是最终归结的形式。"随着社会的发展，服装的造型千变万化，有的庞大、有的长至拖地、有的奇形怪状等，但是它的变化总是不断地、向心性地回归到础型上。

（十六）全球化的规律

"艺术无国界，流行无国界。"不少人都这么认为，从历史上看，世界大同是一个必然的趋势。当今科学技术高度发达，交通工具普及，世界在无形中日渐缩短其距离，借助日益加速的交通工具，以及电视、计算机、卫星等的传播，使整个地球上人类的思想与情感也越来越密切、越来越融合。在衣生活中也是如此，服装的国际同化也是必然的。

第三节　服装发展的主要历程

关于历史，学者们总是要研究一个起点。哲学史有起点，文学史有起点，服装史同样有起点。人类的服装现象有了起点就有了发展与演变，本书就服装的主要发展与演变进行论述。希望能从中了解到有关服装演变的规律。

一、西方服装的发展

（一）古代服装

西方服装中的"西方"，主要是针对东方国家所言，专指西方的国家，而人们往往以西欧为主。西方服装史重点是从中世纪开始，其主角为生活在北欧的日耳曼人的祖先，所以古代日耳曼人的服装即成为西方服装史的出发点。

一般历史上所称的古代时期，是指公元前3000～公元400年这段时间。在此漫长的年代里，各个地域，各个民族穿着其代表性的服装，这一时期的人们是以农耕畜牧业为主，受自然环境的条件影响很大。由于客观条件的限制，人们对许多自然现象无法解释，人们自然而然对于天体（大自然）产生一种崇拜的心理，于是以太阳为中心，滋生崇拜的萌芽而产生一种神灵的抽象概念，这些在服装上也有所体现。经过发展，渐渐地服装也成为显示其穿着者的身份、阶级或不同群体、性别的表征。

1. 古埃及服装

以创造金字塔而著称于世的古埃及，本名源于《荷马史诗》中希腊语的"埃及托斯"，古埃及称自己的国家为"基米"。这是一个古老而文明的国家，公元前3100年上埃及国王美尼斯以武力征服了埃及，并建立第一王朝。古埃及在4000多年的历史中经历了31个王朝。通常把古埃及划分为以下五个时期：

（1）早王朝时期：第1～第2王朝（公元前3100～公元前2686年）。

（2）古王国时期：第3～第10王朝（公元前2686～公元前2160年）。

（3）中王国时期：第11～第17王朝（公元前2160～公元前1580年）。

（4）新王国时期：第18～第20王朝（公元前1580～公元前1085年）。

（5）后期埃及时代：第21～第31王朝（公元前1085～公元前332年）。

男性服装在古埃及前期非常简单，仅在大腿部围一块白亚麻布，于臀后扎紧再围一条斯干特短裙（Skent）。如图4-6所示，即为这一时期的服装，称

图4-6 古埃及男女服饰（取于壁画）

为"腰衣"。在古埃及，特权阶层的腰衣（图4-7）与平民的腰衣是不同的。

古埃及后期，第18王朝的图麦斯二世是一位好战的统治者。他曾几次挥兵巴基斯坦、叙利亚，甚至于美索不达米亚地区，占领了所谓的"月形地带"，把这一富饶的地区掠夺到手，并且把在战争中缴获的战利品运往古埃及，用来刺激特权阶层及其周围的妇女。卡拉西利斯也就是这样传入了古埃及。卡拉西利斯（Kalasiris）筒型衣是一种在女性束腰外衣和男性腰衣上穿用的外衣（图4-8）。

苏美尔人的大围巾式服装也随着与美索不达米亚地区的交往而影响了古埃及时期的男女衣着样式。这种大围巾式又称为"缠身型"。苏美尔人的大围巾式是由一块很长的布料包裹身体而成。古埃及人发展了其缠裹的方式，并特别注重运用他们习惯的褶裥（所表现的明暗层次）来装饰服装。经过变化了的大围巾式带有了护臂的"衣袖"。其服装装饰得较为复杂，属当时复杂的缠裹样式。衣身上下繁多的褶裥所形成的丰富的立体层次和明暗效果，就是构成古埃及服装魅力的重要手段（图4-9）。

图4-7　古埃及法老服饰　　　　　　　　图4-8　穿卡拉西利斯的男女

奴隶　　　　法老　　　　法老的女儿　奴隶　　　出身高贵的女孩　　　奴隶　　　　法老

图4-9　古埃及男性、女性生活服装

2. 爱琴文明中的克里特人服装

"克里特"这个在希腊史诗中被记载的海岛，在近一个世纪以来才被人们所熟悉。过去，很少有人想到在爱琴海诸岛和小亚细亚沿海地区会有一个早于希腊城邦制兴起之前的灿烂文明。而这一文化起源于克里特岛，后来传播到希腊大陆的克里特——迈锡尼文化。这个文化中的染织与服装工艺异常突出，其成果被记录在了遗存的精美的克里特文明时期的王宫建筑、壁画、陶器及工艺品上面。

米诺斯第一王朝时期，腰衣是克里特岛上男子的主要服装。克里特的男子服饰简素而独特，同古埃及人一样，腰衣仍是克里特男子服装的主要样式。这些腰衣与古埃及腰衣大小相同，其长至大腿中部，是一种经过缝合后包裹臀部和胯部的服装，左右腿不对称，左腿暴露较多。腰部是克里特人最重视的部位，对此部位一是加腰带进行装饰，二是追求细腰美，以此体现出男子体形的健美，这正是他们热爱体育的一种表现。克里特岛人穿的腰衣与古埃及时代相比，主要差别有两点：一是腰衣面料僵硬，仿佛上过浆料；二是腰衣经过缝合后包裹臀部和胯部，而不是简单地围裹起来。

克里特妇女服装的典型式样是紧身上衣和钟形裙（图4-10），这是一种贵妇人式的装扮，秀美中不乏典雅，一条腰带把服装分为两个部分。上半部分使后背完全直立并裹住双臂，前胸袒露，这样的着装习俗一直流行于整个克里特的历史。下半部分是钟形的衣裙，有着宽大的下摆，有力地衬托出胸腰部的线条。到公元前1700～公元前1550年的米诺斯三代王朝中期，腰部轮廓更为苗条，扎着金属的腰带。在整个克里特的历史上，这种金属腰带都出现过，它的边缘通常打成卷边以防止摩擦、损伤人体，上部依然袒露。与同时代其他国家、地区的民族服装相比，克里特人天才的裁剪技术创造出女性优美的服装造型和相对宽松的缠裹式服装，克里特女子服装可以说是古代西方服装最为时尚的款式。同时也表现出她们对自然美和女性美的率真追求。这一时期有两件作品非常重要，一是米诺斯第一王朝中期的贵妇人小雕像，二是米诺斯第三王朝中期的持蛇女神像（图4-11）。

图4-10 克里特壁画贵妇所穿的袒领衣

图4-11 克里特出土的持蛇女神像

3. 古希腊服装

古希腊是位于巴尔干半岛南部、爱奥尼亚海、爱琴海诸岛及小亚细亚西岸一带奴隶制城邦的总称。公元前3000～公元前1200年的爱琴文明属于希腊历史的黎明期（也称前希腊时期），公元前2000～公元前1200年陆续从北方迁入的亚加亚人、爱奥尼亚人、伊奥利亚人和多利安人，他们占据了希腊诸岛，毁灭了高度发达的爱琴文化，于公元前8～公元前6世纪分别建立了许多奴隶制城邦，并在黑海和地中海沿岸的许多地区建立了殖民地。公元前5世纪中叶～公元前4世纪中叶，希腊经济、政治、文化高度发展，达到鼎盛期。此后进入希腊化时代，公元前146年，希腊并入古罗马版图。

公元前8世纪以前，古希腊人不太注重服装上的豪华与等级彰显，人们对于不同的服装相对没有尊贵和低贱的观念，即使有这种观念在当时也是极其淡薄。他们更加喜爱和重视的是运动和炫耀肌体的健美。在多种运动的比赛中，无论男女，裸体参与是常见的现象。另外，古希腊的男女服装有时没有严格的区别，服装款式构成比较简单，常见的是用一块长方形的布料，不经任何裁剪，而是直接在人体上披挂、缠裹或系扎固定，塑造出一种多褶、悬垂、波浪、优美的服装形态（图4-12）。

古希腊女装以裙式上衣比较多见，这种裙式上衣是由一块布料制成的直筒状造型，它的长度从肩部到脚跟部，在双肩前后用一种装饰件（曲别针）进行固定。男装多见的款式是短上衣，它由两块长方形的布料在肩部及两侧缝合而成，在固定的过程中留出领口和袖窿。"爱奥尼亚式服装"在希腊奴隶制城邦的"荷马时期"出现，并在以后的希腊历史上一直被沿用下来。"爱奥尼亚式服装"的特征：用一块长方形的布料在肩上扎结而成，如果着装的人将两手臂平伸开来，那么从右手到左手可以全部用布围裹。这类款式使用了布料重叠组合的技术，将腰部收紧且集中折成许多褶皱。它采用薄且柔软的麻或麻与绢的纺织物，所以比较轻便。

（1）多利安式希顿（Doric Chiton）：公元前6世纪之前的希腊居民多穿着"佩普罗斯"（Peplos），也可以称为"多利安式希顿"。用一块长方形的白色毛织物，其长边为一个人伸平双臂后两肘之间距离的2倍，约为183厘米；短边为从颈口到腰线的长度。其穿着方法：先将长方形的一条长边向外折，折的量等于从颈口到腰线的长度，然后把两条短边合在一起对折，将身体包在对折的布料中间，在左右肩的位置上从后面提上两个布角，在前面用约10厘米的别针固

图4-12 古希腊女子装束

定，多余布料自然地垂挂在身上，这样就形成优美的垂褶。

（2）爱奥尼亚式希顿（Ionic Chiton）：爱奥尼亚式希顿原是小亚细亚西岸的爱奥尼亚地区人们穿着的日常服。最初是男子的衣服，后来男女共用。材料是薄麻织物、绢布或加工的其他褶皱布料。颜色以白色为主，还有绿色、咖啡色、金色、黄色等，其中黄色多见于女子的衣服。爱奥尼亚式希顿构成比较简单，展开时是一块长方形的布料。无论是多利安式希顿还是爱奥尼亚式希顿，系腰带都是创造优美造型的通用方法，它可以使服装的形态多变，并富有一定的节奏感。

（3）希玛纯（Himation）和克拉米斯（Chlamys）：

①希玛纯：古希腊男女都可以穿着的一种披风。一般把希顿作为内衣，把希玛纯作为外衣理解，因为希玛纯是披在希顿外面。希玛纯没有固定的造型，大小种类也比较多，颜色多为白色。男性多将希玛纯直接披在身体上，后来才把它披在希顿外面。但大多数哲学家和学者们仍然保留着直接在身体上直接披希玛纯的传统习惯，并以此为荣。

②克拉米斯：比希玛纯小的一种斗篷，可以单独穿用，也可以穿着在希顿外面。克拉米斯是年轻人十分喜欢在室外穿用的服装。克拉米斯最初是骑士们使用的，后来用于士兵和旅行者。

古希腊人非常注重发型，他们没有戴帽子的习惯。女性很少出入公共场合，所以相比较之下女性更注重和关心自己的发型（图4-13）。

古希腊的鞋子是木底或皮革底的凉鞋，人们在室内一般都是赤脚，只有外出时才穿鞋子，下等人和奴隶在室外仍是光脚。

4. 古罗马服装

古罗马有千年以上的历史，曾经是地跨欧、亚、非三大洲的大帝国。其霸业令后人惊叹，它创造的辉煌艺术流传后世。约在公元前1000年，有一族伊特鲁里亚人，由小亚细亚迁居于亚平宁半岛西部和梯伯河北部，尔后，早期古罗马文化受巴比伦和希腊文化影响较多，后来又在广泛吸收地中海周围各民族文化的基础上，形成了具有独自特点的古罗马文化。其繁荣阶段是在古罗马第一个正式皇帝奥古斯都（屋大维）统治时期。

古罗马服装大体上可以分为两部分——前期的共和制时期和后期的帝政时期。

（1）托加（Toga）："托加"是拉丁语，意思是和平时期的服装。古罗马男子服装的代表就是托加，它也是古罗马人的身份证。因为只有那些持有罗马市民权的人才可以

图4-13　古希腊女子的发型

穿用，也是区别穿着者所属及其社会地位的象征物。托加产生于公元前6世纪前后，它的起源有两种说法：一种认为，托加源于伊特鲁里亚人的斗篷；另一种认为，托加源于古希腊的希玛纯。在古罗马的初期，托加还只有希腊的克拉米斯那样大小，不分性别都可以穿用。随着穿法的变化，该款式逐渐变大。到共和制时期，托加已成为男子的服装，形状接近圆形，到帝政时期，托加已变成长达6米、宽2米的椭圆形，演变成一种礼服（图4-14）。

从公元前4世纪左右开始，古罗马兴起所谓的"希腊主义"思潮。古罗马女性的服装在"希腊主义"思潮的影响下，逐渐希腊化，出现了模仿雅典女人的爱奥尼亚式希顿的"斯托拉"（Stola）和模仿希玛纯的外衣"帕拉"（Palla）。总的来说，古罗马的服装缺少新的突破，无论男装还是女装，基本沿袭了希腊的服装造型。尽管他们在形式上比较相似，但是所表现出来的整体造型和精神面貌还是具有特别之处。

（2）大围巾式服装（图4-15）：古罗马大围巾式服装的缠裹程序不完全一样，有的很简单，用料也节省；有的则较为复杂，但成形后式样很优美。

简单的大围巾式服装是从右侧乳房开始缠身一周，通过右臂下方以后再缠一周，使布料在后背形成朝上的夹角，之后由左肩绕到身前，最后斜缠而下，与布料的开始一端打成扣结固定下来。这样，布料覆盖了左肩和右臂，使右臂及右侧上胸部袒露在外。

复杂的大围巾式服装则在复杂的缠绕之中体现了一定的艺术性。将布料仍然从右侧乳房开始向后缠绕，由左臂下方折回，使布料两端在胸前中央结合，同印度的缠裹装

旅行者 公元200年　士兵 公元200年　卫兵 公元200年　侍女 公元200年~250年

图4-14　古罗马装束

图4-15　古罗马女大围巾式服装

束一样，上端边缘结成紧凑的一组褶皱，再用饰针或者不易看见的小皮带系牢。这时，布料仍在左臂下方，沿后背缠绕身体一周，接着向右肩拉紧，至此，形成时髦的褶皱而固定下来。在腰部下方，将布料再翻倒起来，让其饰边露在外面，贴近胸前，然后将衣服饰边绕过颈项，再通过左肩，与开始的一端接合，这两端同时系紧在胸前左侧。

（二）中世纪服装

历史上一般把公元5～15世纪称为中世纪，在服装史上分成西欧与东欧两大地区。从时间上西欧又分成文化黑暗期（公元5～10世纪）、罗马式时期（公元11～12世纪）、哥特式（Gothic，法语称Gothique）时期（公元13～15世纪）三个历史阶段。

1. 东西方文化交汇的拜占庭服装

公元395年，罗马皇帝狄奥多西一世（Theodusius Ⅰ）逝世之后，帝国内部矛盾急剧加大，并分裂为东、西两部分。长子阿卡第得到东部，次子和诺尚获得西部，从此形成东西罗马对立的局面。但西罗马帝国由于北欧日耳曼人的入侵，不久即于476年灭亡。西罗马帝国的灭亡，不仅是古代世界上最大的帝国之一的消灭，而且是古代奴隶制度的崩溃。西罗马帝国灭亡之后，封建农奴制度代替了奴隶制度。从此揭开了阶级社会发展的新的一页——中世纪的历史。

与此相反，东罗马帝国以拜占庭为首都，很快发展起来，并且使人们看到独具特点的拜占庭文化。服装即是这一独特文化的组成部分。

公元330年，罗马皇帝君士坦丁大帝（Constantine the Great），把罗马帝国的首都迁于拜占庭（古希腊的殖民地），并把这一地区改名为君士坦丁堡（现在的伊斯坦布尔）。从地理位置看，这一地区不仅是连接东方和西方、地中海和黑海的要地，而且更重要的是它还是当时欧亚两洲大陆的中心。所以，中世纪的拜占庭是沟通东方和西方的重要贸易和交通中心，又是重要的经济中心、军事中心和历史上有名的文化中心。

东罗马的领地包括巴尔干半岛、小亚细亚、爱琴海、叙利亚、巴勒斯坦、埃及等，另外，还包括黑海北岸地区。因此，对于拜占庭来说，辽阔的疆域不仅确保了物质的丰富性，而且也带来了人种的复杂性。但是，丰富的物产与复杂的民族，反过来又促进了文化艺术的发展。

在拜占庭1000年的历史中，最为鼎盛的是贾斯帝尼安王朝时期，即公元529～569年。当时，拜占庭已经成为世界服装流行的中心。通过来拜占庭朝贡的西欧贵族，把拜占庭的服装式样慢慢地向西传播。此时的西欧，正处于封建制度刚刚兴起的时期，生活水平还很低下。因而拜占庭先进的生活方式和服装对他们来说是非常新鲜的。公元6世纪，拜占庭服装的特点是使用绢纺物、刺绣技术，以及在经线上选用麻、纬线上染上纹样的羊毛缀织的平纹织物。由于当时宗教盛行，教会势力强大。因此，在这些纺织品的图案和色彩上有许多与宗教有关的寓意，比如圆被认为是天穹的象征；羊是基督教的象征；鸽子象征着伟大的精神；十字形是基督教信仰的表白等。另外，白为纯洁、青为神圣、红是神的爱、紫表现威严、绿赞美青春等（图4-16）。

拜占庭文化在中世纪很发达，以罗马文化为基础，又掺杂了浓厚的东方色彩，服装也有其特点。其特质在于精细优雅的希腊式样，加上东方的神秘色彩，可从服装上表现出光与色的变化，而且丝织物极为发达，无论在形式上还是表面上，都增添不少华美神秘之感。服装上体现出古代罗马、日耳曼、拜占庭等各要素的结合，表现为显露的自然曲线、优雅变化的袖子、合身的裁剪方法，以及鲜明的色彩。

早期哥特式的风格方式仍然保留前代的形式，但是裁剪方法多少有所差异，表现出奢侈的倾向，14世纪则表现出对比的形态，为开口很大的暴露服式；15世纪以后，更加奢侈华丽，服装上也表现出类似当时的建筑式样，强调垂直成尖锐的形态，男装与女装的设计装饰成对比的形式，这就是哥特时期的主要特征。

中世纪服装文化的特征与其他文化现象一样，即基督教的影响非常强烈。自从古罗马帝国末期基督教被定为国教以来，在东罗马帝国顺利流传，于公元9世纪前后也普及于日耳曼民族。基督教是神教，它认为人是神创造的，神是唯一的、绝对的存在，人应爱神，因此人与人之间的爱被放在次要位置，甚至成为与对神的爱相矛盾的对立物而被克制，由于基督教的影响，中世纪的社会推行禁欲主义道德观（图4-17）。

图4-16　拜占庭贵族服装

图4-17　9世纪的女贵族（左为法兰克女贵族，右为诺曼女贵族）

2. 哥特式时代——西欧筒型服装

从12世纪中期开始，欧洲进入中世纪的第二大国际性时代——哥特式时代。所谓哥特式，是文艺复兴（Renaissance）时期意大利人对中世纪建筑等美术样式的贬称，含有"野蛮的"的意思，语源来自日耳曼的哥特族（Goth）。这是一种发端于北法兰西，普及于整个欧洲的国际性艺术样式，包括绘画、雕塑、建筑、音乐和文学等所有文化现象。在某些地区一直持续到16世纪末期。哥特式由罗马式发展而来，就建筑样式而言，一反罗马式建筑那厚重阴暗的半圆形拱顶，广泛采用线条轻快的尖形拱顶，造型挺秀的尖塔，修长的立柱或簇柱及彩色玻璃镶嵌的花窗，造成一种向上升华、天国神秘的幻觉。垂直线和锐角的强调是其特征，反映了基督教盛行时代的观念和中世纪城市发展的物质文化风貌。

图4-18　15世纪上半叶西欧宫廷服饰

哥特时期，特别在鞋的处理上，鞋前端造型极尖。哥特艺术是对中世纪人们生活感情的真实反映，正如尖尖的鞋子、高耸的帽子、服装边饰的锯齿纹，这些锐角形的表现都充分体现出了尖顶的哥特式建筑对服饰的影响（图4-18）。

（三）近世纪服装

西方服装史上的近世纪，一般是指从文艺复兴时期到路易王朝结束这一历史阶段，即从15世纪中叶到18世纪末。

近世纪的服装从艺术风格上分为三个阶段：

文艺复兴时期——15世纪中叶至17世纪初。

巴洛克时期——17世纪，以法国为中心。

洛可可时期——18世纪，到1789年的法国大革命为止，以路易十五、路易十六统治下的王朝宫廷服装为主。

1. 文艺复兴时期的服装

在欧洲，天主教会几乎垄断了社会的全部知识教育，严重地束缚着社会的生产力及人们的创造力，阻碍着社会经济的发展。随着资本主义在封建社会内部萌芽、发展，新兴的资产阶级首先要求在意识形态领域里展开反对教会的精神统治和封建神学的斗争。从14世纪末到17世纪初，由意大利首先迸发出一股资产阶级文化的新潮流，然后发展到整个欧洲。许多知识分子从政治、经济、文化等各方面冲击着封建教会的束缚，试图建立资产阶级人文主义世界观。他们要求以人为中心而不是以神为中心来考察一切，强调发展个性、反对神权。文艺复兴时期服饰文化的繁荣，以及洛可可时期服饰走向女性化的纤弱感，都与前者人文主义的影响息息相关。

文艺复兴时期，人们追求个性的解放，反对宗教对人的束缚。中世纪把人的形体层层掩盖的服装，在人文主义的光辉下黯然失色，人们开始通过服装表现人体的形态美、曲线美，开始全新的穿衣时代。禁欲主义的桎梏被打破，人性的本能在极度压抑下猛然地迸发出来，表现男女性别差异的服装成为流行。男子下衣紧裹肢体，上衣宽大雄伟，突出阳刚之美。女子则强调细腰丰乳与肥臀，上衣袒胸低领，下衣裙呈倒扣的钟式造型，尽显女性风流。人们还从神权的阴影中走出，表现人的高贵与尊严。在纺织业日趋发展，交通不断发达的时代，衣料有了更多的选择，各种丝绸、织锦、印花棉布、毛料、皮革及精美的装饰品，都涌现市场，运用于服装之中。人们想以精美的服饰来提高人的尊严和价值。由于上下分开的衣裤或衣裙组合代替了包裹全身的宽大衣袍，服装的裁剪方法也出现变化，运用三维立体的裁剪法来表现人体的美和性别的差异。文艺复兴对服装的影响有积极的一面，它把服装的本质发掘出来并予以美化和世俗化，也有消极的一面，部分服装忽略了使用功能，而盲目追求其视觉享受，为后来西方服装中的夸张形式铺垫了道路（图4-19）。

2. 巴洛克时期的服装

"巴洛克"意为不合常规的，特指各种外形有瑕疵的珍珠。最初是一种艺术批评用语，指那些违反自然规律和古典艺术标准的做法。到19世纪末才用来表示17世纪出现的气势雄伟、生气勃勃、富有动感、注重光和色彩效果的艺术形式。在服装史上，也把17世纪初到18世纪初这一个世纪间服装文化的奇异变迁称作"巴洛克时期"。

17世纪是欧洲历史上一个重要的变革期，王权和贵族、新兴资产阶级和封建君主势力、民众和资产阶级、代表旧宗教的天主教和代表革新派的新教之间，在这个世纪展开了激烈的斗争。王公贵族们过着穷奢极欲的生活，大兴土木建造宫殿和花园，举办大型的游园会、宴会，听音乐、观歌剧、赞助艺术创作，权贵们要么玩弄权术，搞政治阴谋，要么去追时髦的贵夫人，在这样一个男性社会中，必然出现新奇怪异的艺术风格，这就是巴洛克风格产生和形成的时代背景。

路易十四时代的男装变化最有特色，过去被用作军服的宽外衣"卡扎克"（Casaque），到17世

图4-19　文艺复兴时期的女装

纪60～70年代逐渐从背缝和两侧收腰，在两侧摆处取褶，使下摆向外张开，后背缝在底摆处开衩，以便于骑马。到17世纪80年代，这种衣长及膝的长外衣腰身更加合体，名称也改为"究斯特科尔"（Justaucorps），意为紧身合体的衣服。这就形成了19世纪中叶以前男装的基本造型，也是现代男西服的始祖。现在男西服的许多穿着讲究都可追溯到这种究斯特科尔上，如男西服的三件套形式就来自这时的外衣（究斯特科尔）、中衣（贝斯特，Veste，这时是与外衣造型一样的长上衣，18世纪末变成无袖背心）和裤子（克尤罗特，Culotte，裤长及膝下的半截裤）的组合。

17世纪后半叶的女装也以奇特的造型、华丽的缎带、蕾丝和刺绣装饰表现出巴洛克样式的特征。特别是为塑造理想的女性美，曾于16世纪流行过的紧身胸衣这时又一次回到女性身上，因此巴洛克时期的女装也以凸显女性纤细的腰部线条为明显特征（图4-20）。此外，从17世纪80年代起使用臀垫"巴斯尔"（Bustle），把后臀部膨大化，外裙被卷起来集中放在后臀部，然后从这里垂下来形成拖裾。这种巴斯尔样式在西洋服装史上共出现过三次，这是第一次，18世纪末和19世纪末又再次流行。

图4-20　巴洛克时期女装

3. 洛可可时期的服装

历史进入18世纪，西欧各国资产阶级不断发展，资本主义势力逐渐增强，社会结构发生着深刻变化。18世纪中叶，产生于英国的产业革命，大大加速了西欧资本主义的进程。在文化艺术方面，法国仍是西欧的中心。在上流社会，出现了与国王主宰的宫廷相对的资产阶级的沙龙文化（Salon，即"会客室""客厅"）。在这样的沙龙中，人们只追求现世的幸福和官能的享乐，这使人们的感觉异常敏锐，从而形成了与巴洛克那庄重豪华、拘泥虚礼的宫廷文化不同的文化形态，这就是著名的"洛可可样式"。

洛可可一词源自法语Rocaille，意为小石头、小沙砾。其特点是室内装饰和家具造型上，到处都是凸起的贝壳纹样曲线，C形、S形和涡旋状曲线纹饰蜿蜒反复，墙壁与天花板、家具的边角和接缝等分割线都巧妙地用纹饰隐蔽起来，尽量避免直线、直角的交叉和使用，并且打破了文艺复兴以来左右对称的模式，创造出一种非对称的、富有动感的自由奔放而又纤细、轻巧、华丽、繁复的装饰样式。与巴洛克样式那种洋溢着生气、庄重的量感和尊大感的男性风格相对，表现出一种纤弱柔和、艳丽典雅的女性风格。

17世纪的巴洛克风格服装是以男性为中心，以路易十四的宫廷为舞台展开的奇特装束，而18世纪的洛可可风格的服装则是以女性为中心，以沙龙为舞台展开的优雅样式，盛行于路易十五统治期间，因此也被称为"路易十五式"。洛可可式的服装文化从其发展过程上可分为三个阶段：

即1715～1730年从巴洛克向洛可可的过渡期，服装上一面残留着巴洛克的影子，一面向纤弱柔和的女性趣味发展；1730～1770年是洛可可服装文化的鼎盛期；1770～1790年是洛可可文化的衰落期，服装上出现许多转变迹象，预示着新时代的到来。

这时，各种新的服装杂志陆续出版发行，逐渐取代过去的"潘多拉盒子"，成为传播流行的重要媒体。到18世纪80年代，受新古典主义风潮和英国自然主义影响，英国质朴的时装传入法国，使进入穷途末路的洛可可样式为之一变。

洛可可时期的女装上又一次出现裙撑，这是继16世纪文艺复兴时期的裙撑之后第二次使用裙撑来使女装下半身膨大化的现象。这次的裙撑叫作"帕尼埃"（Panier，意为行李筐、背笼），其造型前后扁平，左右横宽，很像马驮东西时的背笼，故得名（图4-21）。历史上，裙撑总是与紧身胸衣同时使用，之所以要使裙子膨大化，就是出于使细腰显得更纤细的目的。而由于紧身胸衣的长期使用，女性躯干极度变形，这大大影响了女性的健康，甚至缩短了寿命。弱不禁风、娇滴滴的姿态成了这个时代女性美的标志。

从外观上看，近世纪服装有一个共同的特征，即十分强调性别的区分，性差的夸张强调度极大，服装的视觉效果很明显地形成了性别对立。男子以上半身的体积感为中心相对变化，女子服装则以下半身的体积感为中心展开各种形式的变化。男子服装通过夸张的上身和紧瘦的下身之对比来表现男子粗犷、雄壮等男性特征；女子服装则通过上半身胸口的袒露和紧身胸衣的穿着效果与下半身膨大的裙子形成对比，突出了胸、腰、臀三位一体的女性特有的曲线美与性感特征。男子服装重心在上半身，这样就呈上重下轻的倒三角形的感觉，有威严、雄壮之感；女子服装的重心正好与男装的式样相反，重心在下半身，视觉效果为上轻下重的正三角形，有着一种静与稳的美。两种不同性别的服装性对立形式是从哥特式以来，西洋窄衣文化发展的重大成果，这种夸大形式的服装不仅与古代服装区别十分明显，而且也与东方的服装造型相去甚远。

图4-21　洛可可时期女装

（四）近代服装

服装史上所指的近代，为1789年的法国大革命到1914年的第一次世界大战。这个时期以法国为主。近代的服装从艺术风格上分为5个阶段：

（1）新古典主义时期：1789～1825年。

（2）浪漫主义时期：1825～1850年。

（3）新洛可可时期：1850～1870年。

（4）巴斯尔时期：1870～1890年。

（5）S形时期：1890～1914年。

19世纪的产业革命使近代进入了工业化社会。由于各种科学文明的发展，人们的生活方式与观念意识也随之改变。1846年服装缝制机器的发明和1856年化学染料的发明，还有1884年人造丝的发明等，都推动了服装的快速发展和人们衣着观念的改变。这时，法国的成衣业也有了很大的发展，巴黎的服装店大量开设，服装设计师也日趋活跃。

1. 新古典主义时期的社会背景和服装文化

18世纪末，法国封建制度极端腐朽，顽固地阻碍各种改革，严重地束缚着社会经济的发展，社会各阶层之间的矛盾日益尖锐。终于在1789年爆发了推翻路易王朝的资产阶级大革命。大革命后，经过数年的混乱，1804年拿破仑称帝，法国又进入第一帝政时代。拿破仑对内重整革命后的混乱局面，强化中央集权，颁布了《拿破仑法典》，确立了资本主义社会的立法规范，鼓励发展工商业，发展教育和科技事业，对外加紧扩张和侵略。1814年，反法联军攻进巴黎，拿破仑帝政结束。第一帝政虽然从此结束，但帝政时代形成的服装样式，特别是女装样式，一直延续到19世纪20年代中期。

另外，自18世纪中叶起，由于意大利、希腊和小亚细亚地区古代遗址的发现、勘察和考古研究的兴起，引起人们对古典文化的兴趣，这就出现了新古典主义思潮。这种思潮与英国的自然主义相呼应，对法国大革命后人们的思想、文化及生活方式影响很大。因此，在服装史上也把1789年到19世纪20年代中期这一段历史称作新古典主义时期。

以自由、平等、博爱为口号的法国大革命的风暴，一夜之间改变了文艺复兴以来三百年间形成的贵族生活方式，一扫路易宫廷的豪奢恶习和贵族特权，摒弃了繁复的人工装饰，过去那以绚烂的贵族男性时装为流行的主要角色的历史，与法国绝对主义王制的覆灭一起打上了休止符。从此以后，一直到现在，一提起"时装"（Mode）就单指女装的流行。总之，革命后的男女装最为显著的变化就是简朴和古典风尚。人们以健康、自然的古希腊服装文化为典范，追求古典的、自然的纯粹形态。特别是女装，造型极为简练朴素，与装饰过剩、矫揉造作的洛可可风格形成强烈的对比。这时用一种白色细棉布制作衬裙式连衣裙，其造型特点是把腰线提高到乳房底下，胸部内侧做成兼有乳罩作用的护胸层，袖子很短，袖型多为泡泡袖，玉臂裸露，作为弥补，长及肘部以上的长手套登场。裙子很长，柔和、优美的垂褶自高腰身处一直垂到地上，而且这种长裙越来越长，以致女士们行走时不得不用手提着裙子，这种优雅的姿态也是一种流行。

1804年，拿破仑称帝后，他非常崇拜古罗马文化，为了尽快恢复国力，他采用鼓励奢华来推动经济的发展，一方面大兴土木营造宫殿，复兴丝绸；另一方面，在着装上追求华美的贵族趣味，他让画家为自己设计礼服，不许上层女性在同一场合穿同样的衣服，这使法国宫廷掀起一股豪奢风潮，同时期的英国及欧洲其他诸国都望尘莫及，只好盲目追随。但帝政时代的女装仍是高腰身的造型，从1804年起，裙长变短，一般长及地面，下摆开始变宽，并出现褶饰、飞边和蕾丝做的边饰，使用的面料也由薄形细棉布改为较厚的缎子等丝织物。这种样式在历史上称作"帝政样式"（Empire Style）。帝政末期，曾在大革命后一度摒弃的紧身胸衣又悄然回到女性身上，女装上的装饰越来越多。拿破仑失败后，随着旧贵族势力的东山再起，女装再次向华美的装饰过剩的重装方向发展，向浪漫主义时代过渡。

2. 浪漫主义时期的社会背景和服装文化

拿破仑帝国覆灭后，一直到1830年法国的七月革命这段时间，以法国为首，欧洲所有国家的反动势力卷土重来，权力重新回到旧贵族手中。1814年回到王位上的路易十八于1824年逝世，极端反动的查理十世继位，在法国疯狂地推行封建专制政策。但历史的车轮不可逆转，反动的政治并没能阻挡以工商业为中心的资本主义的发展，两者的矛盾越来越尖锐，终于爆发了1830年的七月革命。七月革命使法国摆脱了世袭贵族的压迫，却又一次沦于以"钱袋子国王"路易·菲利普（Louis-Philippe de France）为代表的金融贵族的统治之下，最后导致1848年以推翻金融贵族，实现民主为目的的巴黎二月革命，粉碎了资产阶级保留君主立宪制的阴谋，成立了法国历史上的第二共和制。

在这种政治风云变幻的历史时期，梦想资本主义无限发展的资产阶级的浪漫主义和企图向贵族时代复辟的反动的浪漫主义混合在一起，形成这个时期独特的社会风潮。由于长期战争，法国财政极其匮乏，人们心底弥漫着一种不安情绪，因此，许多人缺乏上进心，反对古典主义和合理主义，逃避现实，憧憬富有诗意的空想世界，倾向于主观的情绪，强调感情的优越，以中世纪文化的复活为理想。这种思潮无论在文学、艺术，还是在服装上都有明显表现。特别是女性，为了强调女性特征和教养，社交界的女士们怀里经常揣着药，手里拿着手绢斯文地擦拭眼泪或文雅地遮在嘴上，故作纤弱、婀娜的娇态，好像是久病未愈，弱不禁风。与之相应，女装也创造出一种充满幻想色彩的典雅气氛。甚至男装也受其影响，出现收细腰身的造型。因此，服装史上把1825～1850年这一段历史称作浪漫主义时代（图4-22）。

浪漫主义时代的风俗主要表现在非活动性的女装上，从1822年前后开始，女装的腰线逐渐自高腰身位置下降，于20年代中后期降到自然位置，在用紧身胸衣强调纤腰的同时，裙子又开始膨大化，名副其实地呈X型。

3. 新洛可可时期的社会背景和服装文化

1852年12月2日，路易·波拿巴正式称帝，从此一直到1870年，法国进入近代史上的第二帝政时代。拿破仑三世的第二帝政几乎摧毁了1848年二月革命的一切民主成果。这个政权代表大资产阶级的利益，因而得到工商资本家和金融资本家的支持，也得到天主教势力的拥护。

由于这个时代又一次复兴18世纪的洛可可趣味，因此在服装史上把1850～1870年称作"新洛可可时期"。又因这个时期女装上最大程度地使用裙撑"克里诺林"（crinoline），所以，服装史上也称其为"克里诺林时代"。

另外，1858年，英国青年查尔斯·弗雷德里克·沃斯（Charles Frederick Worth）在巴黎开设了以上流社会的贵夫人为对象的高级时装店（Haute Couture），以用真人模特向高级顾客发表设计新作等崭新的经营方式为时装界树起了一面指导流行的大旗，进一步带动和促进了法国的纺织业和服装业的发展。一个多世纪以来，这面大旗把全世界女人的目光集中于巴黎，进一步巩固了这个世界时装发源地的国际地位（图4-23）。

所谓新洛可可，主要表现在这个时期的女装上，拿破仑三世的第二帝政一方面复辟第一帝政的风习，另一方面推崇路易十六时代的华丽样式。当时，除了因生活所迫而劳作的下层妇女外，女性参加劳动是不被社会认可的，理想的上流女子是纤弱的、面色白皙的、小巧玲珑的、文雅可爱的供男性欣赏的"洋娃娃"。这种女性美的标准，使女装向束缚行动

图4-22 浪漫主义时期晚礼服

图4-23 沃斯礼服设计

图4-24　新洛可可女士服装

图4-25　新洛可可礼服

自由的方向发展，在女装上追求机能性简直不道德。裙子沿着浪漫主义时期出现的膨大化倾向继续向极端推进，新的裙撑"克里诺林"在这时发挥着极其重要的作用。最初的裙撑是圆顶屋形的，1850年底，英国人发明了用鲸须、细铁丝或藤条做轮骨，用带子连接成的鸟笼子状的新型克里诺林。新型克里诺林由过去的圆顶屋形变成金字塔形，裙子越来越大。上面的装饰也越来越多。19世纪60年代末，又一次出现类似洛可可末期的波兰式女装，外裙被用带子卷起，形成几个大布团，接着向后臀部凸起的巴斯尔样式转变（图4-24、图4-25）。

4. 巴斯尔时期的社会背景和服装文化

1870年的普法战争敲响了法兰西第二帝国的丧钟，1870年9月2日普法战争，法军大败，拿破仑三世被俘，欧仁妮皇后逃往英国，豪奢的宫廷生活成为过去。9月4日巴黎爆发革命，人民群众联合起来推翻了第二帝国，宣布成立共和国，这就是历史上法兰西第三共和国。时装界一度消沉，第二帝政时代那巨大的克里诺林（庞大烦琐的裙撑）被反省，便于生活的机能性受到重视，19世纪70年代初去掉了克里诺林，出现了合体的连衣裙式的普林塞斯·多莱斯（Princess Dress），为把长垂下来的长裙整理好后堆放在后臀部的服装形式，也有人认为是受当时发现的非洲西南的霍屯督族（Hottentot）女性凸起的臀部之影响，17世纪末、18世纪末出现过两次的臀垫——巴斯尔又一次复活，流行于19世纪70～80年代，因此，把这一历史时期称为巴斯尔时代。克拉巴特分为大的斯卡夫（Scarf）和小型的耐克塔（Necktie，领带），1890年耐克塔变成今天领带的形式，系扎方法固定下来，这种领带被称作夫奥·印·汉德（Four in Hand，意为四头马车）。男装、女装分化出市井服（逛街服）、运动服、社交服等在不同场合穿用的不同品种。女装除凸臀特征外，另一特色是托裙。紧身胸衣把胸高高托起，把腹部压平，强调"前凸后翘"的外形特征。

5. S型时期的社会背景和服装文化

所谓S型，是指紧身胸衣在前面把胸高高托起，把腹部压平，把腰勒细，把丰满的臀部自然地表现出来，从腰到下摆，裙子像小号似的自然张开，形成喇叭状波浪裙，从侧面看，挺胸收腹翘臀，宛如S型，故得名。艺术领域出现了否定传统造型样式的运动潮流即"新艺术运动"，其主要特征是流动的装饰性的曲线造型，S型、涡状、波状、藤蔓一样的非对称的自由流畅的连续曲线，目标是打破过去的传统，从历史样式中解放出来。男装仍是三件套形式，基莱（Gilet）有个小小的翻领，追求与上衣和裤子的同色、同质的统一美。庞塔龙（Pantalon），仍是宽松的长裤，1910年男装使用垫肩强调横宽，裤子在臀部较宽松肥大，裤口处收窄，呈倒三角形，但1914～1915年又流行宽裤口。衬衣和领带十分讲究。衬衣领有硬立领和翻领，硬立领前面有小折角。女装进入一个从古典样式向现代样式过渡的重要转换期。巴斯尔消失，外形变成纤细、优美、流畅的S型。1908年，女装向放松腰身的直线型转化，裙子开始离开地面，露出鞋。紧身胸衣在构成技术上取得了显著进步，一直到19世纪，少女穿紧身胸衣称为"科尔赛特（Corset）教育"。女装向S型转化时，紧身胸衣也随之变长，拼接布片的数量减少，臀部插入弹性布，上部越来越短，终于乳罩应运而生，紧身胸衣从此上下分离，科尔赛特变成只负责整理腰、腹、臀的内衣（图4-26、图4-27）。

图4-26　S型时期服装

图4-27　新艺术运动插画中的服装

（五）现代服装

随着社会的发展，人们的生活环境发生了很大的改变，人们为了适应现代忙碌生活的需要，很少再使用大裙撑、腰垫等附加物制作服装，体积较大的服装式样逐渐消失，并趋向于简便、实用的样式。服装开始以适合身体的曲线并表现出人体自然的形态美。女性的生活圈子日益增大，生活方式发生了明显改变，她们热衷于各种运动，因此女性服饰在保持女性特有的装饰特性和优美感觉之外，又配合男性的风格，所以出现了类似的套装和各种运动装。第二次世界大战后，人们的生活方式和思想观念改变了对服装的要求，因而服装的机能性大于装饰性，这更适合于女性参加男性的各种社交活动，服装的消费对象已不再是特权阶级的专利了，社会的整体穿衣需求进入了以成衣为主的工业化时代。

现代社会由于服装缝制机械、人造纤维、化学染料的发明，以及其他科学成果的发明

图4-28 现代服装

与使用，促使了人们穿衣方式的极大改变，现代社会新思想、新思潮、政治变革、经济飞跃、文化融合与交流等因素，都使服装的流行变化加速（图4-28）。

二、中国服装发展的主要历程

衣冠服饰是人类生活的要素，也是人类文明的标志之一，它除了满足人们物质生活的需要以外，还代表着一定时期的文化。服饰的产生和演变，与政治、经济、战争，与和平、文化，与宗教、生活习俗等都有着密切的关系，相互间都有着一定的影响。

在漫长的原始社会，人们茹毛饮血，过着极其简陋的穴居生活，大多赤身裸体，还不存在什么服饰。进入石器时代以后，人们掌握了制造工具和使用工具的方法，发明了骨锥和骨针，这样也就开始出现了原始的服饰。

自夏、商朝起，中国开始出现冠服制度，到西周时，已经基本完善。从此，帝王后妃、达官贵人、黎民百姓的衣冠服饰均有严格的区别。

在一定经济基础上形成的社会意识形态，是影响社会风尚、衣冠服饰的一个重要因素。战国时期，诸子兴起，出现了百家争鸣的局面，人们的思想活跃，表现在服饰上也是日新月异。隋唐时期，国家统一，经济繁荣，服饰富丽华贵，服饰形制更加开放，尤其在妇女中间，出现了袒胸露臂的服式。宋明以后，理学泛滥，强调封建伦理纲常，服饰渐趋保守。清朝末叶，西洋文化东渐，服饰日趋适体、简便。从历史上我们可以看出，各个时期思想意识的变化，都会直接或间接地在衣冠服饰上有所反映（图4-29～图4-37）。

图4-29 商周时期服装式样

图4-30 秦汉妇女裙裾

图4-31　魏晋时期女服

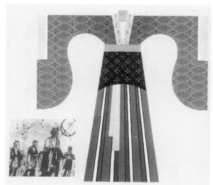

图4-32　隋代短襦长裙　　　　　　　　　　图4-33　唐代早期女装

图4-34　中晚唐女服　　　　　　图4-35　宋代《歌乐图》中的女性服饰（上海博物馆藏）

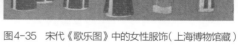

图4-36　明代大红色四兽朝麒麟纹妆花纱女袍（山东博物馆藏）　　　图4-37　清代女装（苏州大学博物馆藏）

纵观5000年的中国服饰史，尽管千变万化各有特色，但在服饰的款式、装饰图案、色彩等方面，仍有一定的规律可循。在服装的款式上，有两种基本形制，即上衣下裳式和衣裳连属式，两种形制的服装交相使用，兼容并蓄。商周以前的服式，一般多用上衣下裳式。上下相连的服装最初出现在春秋战国之交，称为深衣，以后的袍服就是在这个基础上产生的。在整个服饰的演变史中，上衣下裳式的服装，女性穿着较多，使用的时间较长。男子在隋唐以后，一般多穿上下相连的袍服。

在服装的装饰纹样方面，采用最多的一般是动物纹样、植物纹样、几何纹样等。纹样的表现方式，大致经历了写实、规范和抽象等几个阶段。

从我国整个服装发展的过程来看，上古时期的服装色彩比较单纯、鲜艳，那时的服装色彩和同时期的陶罐装饰大体相似。随着社会的发展，经济的繁荣发展和文化的扩展，人们对色彩的理解和认识等都有较大的变化，繁多而协调的色彩逐渐代替了鲜艳和单纯的色调，红绿、黄紫、蓝橙等对比色调逐渐减弱，而红黄、黄绿、绿蓝等邻近色彩开始较广泛地使用。色彩趋向于稳重、整体，但又不失对比。通常采用的是整体协调，局部对比，浑朴大方，富丽堂皇。

（一）史书中有关我国服装起源的传说

1. 伏羲氏时代的传说

古书《易·系辞传》记载有伏羲氏教人结网捕鱼，驯养牲畜，以供庖厨，并用截、磨、钻、挖等技术制作骨器和装饰品，用骨针缝兽皮作为衣服。

2. 神农氏时代的传说

据《中国古代史常识》描述："神农氏用木料砍、削、揉制成起土和锄地的农具等，教人种植五谷。"还有"人们在'耕而食'的同时又能'织而衣'"。这些传说说明，处在母系氏族社会时期，在农业生产发展的同时，人们已经学会织布缝衣，这比以前用兽皮缝制衣服已经有了明显的进步。

（二）缝制衣服的发端——仰韶文化

在距今五六千年以前，我国原始社会的母系氏族公社达到了繁荣阶段。以关中、豫西、晋南一带为中心，东至山东东部，南达汉水中上游，出现了仰韶文化。在河南渑池县仰韶村、河南陕县庙底沟、西安半坡村等地，都发现了这个时期的遗址。人们的生活日趋稳定，继而出现了原始农业和原始的纺织。最早的织物材料是野麻纤维，经过石、陶纺轮的搓捻变成了麻线，然后织成麻布。这时人们的纺织技能已经基本具备，并且发明了织机。

（三）中国冠服制度的建立

中国冠服制度究竟是在什么时候建立的，现在还不能完全确定。稍早一点的史料记载，大多认为在黄帝尧舜时代，如《易经·系辞下》称："黄帝、尧、舜垂衣裳而天下治。"这种说法被历代统治阶级利用了几千年，这实际上并不太可信。传说中的黄帝时代，相当于仰韶文化时期。而这个时期的中国还处在原始社会，人们的衣冠服饰尚未完备。考古发掘证实那时只有简单的纺织，人们刚刚摆脱兽皮裹身的状态，要在这样的情况下制定出一套服制体系，显然是不可能的。

根据文献资料及出土文物分析，中国冠服制度的初步建立，大约是在夏商以后，直至到了周代才逐步趋于完善。西周的社会生产力，比商代有了很大的发展，据《周礼》记载：西周时，纺绩、织造、练漂、染色及服装的制造，几乎都设有专门的机构。

（四）冕服的形成与形制

1. 冕服

在西周以前已经有了冕服。冕服的形制多样，根据不同的地位、不同的穿着场合，冕服的形式各有区别（图4-38）。

2. 十二章纹

以十二图形为鲜明标记的礼服、祭服。这十二种章纹是为宫廷官府而用，经过精选确定，都是寓意深邃、造型独特的图形。在周代以前施之于冕服上，到了周代，因日、月、星已画于旌旗上，乃不复施之于服饰上，所以变其章数为九章。纹饰的次序，除日、月、

图4-38　冕服（汉代）

图4-39 十二章纹

星外的九章，首以龙，次则山、华虫、火、宗彝，皆画之，又次为藻、粉米、黼、黻，借以绣，是为九章。周代前则加日、月、星，乃为十二章（图4-39）。

3. 十二章纹样在冕服上的含义和它的象征性

据《尚书》及后人的注疏解释如下："日、月、星辰，取其临照也；山，取其镇也；龙，取其变也；华虫（雉鸡)取其文也；宗彝，取其孝也；粉米，取其养也；藻，取其洁也；火，取其明也；黼，若斧形，取其断也；黻，为两己相背，取其辨也。"十二章寓意着帝王政治权威的至高无上和道德智慧的完美无缺。具体象征及阐释如下：

日：即太阳，太阳当中常绘有乌鸦，这是汉代以后太阳纹的一般图案，取材于"日中有乌""后羿射日"等一系列神话传说。取其照亮、光明之意。

月：即月亮，月亮当中常绘有蟾蜍或白兔，这是汉代以后月亮纹的一般图案，取材于"嫦娥奔月"等优美的神话传说。

星：即天上的星宿，常以几个小圆圈表示星星，各星星间以线相连，组成一个星宿。

龙：体魄巨大无比，有稳重之感，取其"变化无方"的含义。

山：表示巅。取其能云能雨，稳重的性格，象征王者镇重安静四方。

华虫：一种雉鸡，近似凤。表现文气，取其"文采昭著"之意。表示王者有文章之德。

宗彝：古代宗祠庙宇中的盛酒器皿，是祭祀的器具。在器具内各绘一虎一猴，各取其勇猛和忠孝之意，以表示有勇、有谋、有孝道的意思。

藻：水草，深水中的水草，象征洁净。

火：取其光明，兴旺之意。

粉米：白米，洁白的米粒，取其滋养，有济养之功德。

黼：与"斧"字同音，用黑、白二色绘成斧形图案，表示可以砍断，象征权威。

黻：两兽相背形，常作两弓相背形，用青、黑二色绘成图案，表示可以见善背恶，取其能辨明是非之意。

《尚书》中记载了十二章服之图，说明天子冕服上章纹的分布，是在上衣上画有日、月、星辰、山、龙、华虫六章；在下身的皇裳上绣有水藻、宗彝、火、粉米、黼、黻六章。

这种六对六的纹饰分布，也象征天地乾坤、尊贵无比、至高无上的威严，采用十二章服图案，以区别官品等级。

（五）我国服装史上最早的改革者——赵武灵王

到了战国时期，出现了我国服装史上最早的一位改革者，他就是坚决果断地推行"胡服骑射"的赵武灵王。"胡服骑射"是著名的军服改革创举（图4-40）。

这次服装的改革不是偶然发生的，它是战争方式的发展变化所驱使的。在战国七雄相互征战中，赵武灵王领悟到在山地、丘陵环境中战车不便使用，改用骑战，当时的军装极不适应。他发现胡人着装具有极大长处，毅然倡行"胡装"，改服适宜骑射的短衣装束——窄袖、衣束腰带、长筒靴。

图4-40　胡服骑射

赵武灵王为了这次服装的改革，亲身穿着胡服上朝，却遭到贵族们的反对，但他说服众人坚决推行，军服改革取得成功，疆土扩大，实力壮大。成为七雄中强国之一，也为中原人的生活方式注入了外族的因素。

"胡服"即指西北地区少数民族（当时称"胡人"）的服装，他们的服装与中原地区宽衣博带式的汉族服装有较大的差异，"胡人"一般多穿短衣、长裤和革靴，衣身紧窄，这种装束便于活动。

思考题

1. 试举例说明政治、经济形势的发展是如何影响服装的变迁的。
2. 试举例说明对服装发展起重大影响的历史事件。
3. 试分析流行现象中的着装心理因素。
4. 在经济高速发展的今天，你如何看待服装的民族化与国际化的问题？

第五章

05

服装设计

课题名称：服装设计

课题内容：服装设计不仅要进行衣物的造型及色彩的搭配，还要进行整个着装状态的设计。人的外在形体特征和内在心理因素制约着服装的造型，不同的服装款式是由不同的造型来实现的，不同的造型是由不同的工艺制作方法来实施的。

课题时间：6课时。

教学目的：从理论角度使学生了解服装设计的要素及设计方法，在课程中将理论知识运用于实践。

教学方式：实践教学。

教学要求：将理论运用于实践，要求学生在课堂上进行及时的设计训练。

课前课后准备：以小组为单位进行主题设计实践训练。

服装设计是运用一定的思维形式、美学法则和设计程序，将设计构想以各种手段表现出来，然后选择合适的材料并通过相应的制作工艺手段，使设计构想进一步实物化的一个全过程。与其他造型艺术的设计相比，服装设计的特殊性在于：它是以各种不同的人作为造型的对象。人的外在形体特征和内在心理因素制约着服装的造型，不同的服装款式是由不同的造型来实现，不同的造型是由不同的工艺制作方法来实施。所以，服装设计的各个环节之间是一种相互衔接、相互制约的关系。

正因为服装是人着装后所形成的一种状态，所以，服装设计不仅要进行衣物的造型及色彩的搭配，还要进行整个着装状态的设计。

第一节　正确理解服装设计

服装设计是设计的一个分支，而设计是指创造前所未有的形式和内容的思维和物化的过程。其中，形式和内容构成了事物，仅从学术角度而言，设计所研究的形式成分多于内容成分。没有内容的形式可以独立存在于艺术样式之中，没有形式的内容却未必可以独立成为艺术。当然，所谓"零的内容"也是一种内容，这是一个相对的概念。

提到设计，我们可能会想到"创作"，一般来说，"创作"和"设计"是两个并不相同的概念。在学习服装设计之前，我们应该明白两者之间的差别。多数学者认为"创作"是指纯粹艺术品的发生，而"设计"则是指生活用品的发生。虽然在绝大多数情况下，两者都可以成为商品，都可以适当地兼有对方的某些特性，但是它们之间却存在着一条比较鲜明的界线，两者在生产之前的酝酿阶段、成品后的流通方式，以及使用时的存在方式等方面都有着明显区别。例如，绘画创作，画家可以在画布上不拘形式地进行创作，而服装设计，则要考虑到生产的可能性、结构对人体的合理性、可穿性等诸多因素的制约等。

一、设计的概念

Dessin（法语）和Design（英语）的本意都与"绘"有关，但是，今天他们之间的区别已日渐扩大。Dessin的意义仅仅是指绘画中的素描，而Design的意义却相当广泛：一般是指意匠、图案、设计、在头脑中的想象、打算、企图，就特别的机能提出设想和方案。计划、针对目的，在头脑中描绘出来的计划和蓝图，制作艺术作品、机械及其他人工物时，对其诸要素的整理、考察等意，在日本"意匠"与"设计"是有着同样意义的。

二、服装设计是创作的思维过程

服装设计是一项内在的思维活动。由于各人对生活的观察不同，工作经验有别，知识、审美趣味和艺术修养不一样，因此设计的水平、风格、品位、手法等都有所不同。设计服装要善于向服装设计大师学习，要正确理解服装设计的含义，要不断地学习与研究。要了解生活，分析服装心理。成功的服装设计师，他们在设计中善于观察，一般具有处理面料与人体关系的丰富经验，加上独特的审美趣味，他们的设计往往在平凡之中显出特色，蕴含着超群的魅力。

服装设计的构思通常要经过一段时间的思想酝酿而逐渐形成，也可能由于某一方面的触发，激起灵感而突然产生。无论构思来临是渐进的还是突发的，都不能仅仅依靠冥思苦想而取得。构思必须寻找启发，或是从自然的观察、体验中发现素材，或是从对他人作品的研究、分析中获取感受，或是从具象思维和抽象思维中接受影响和启迪。设计者在构思创作时，思路要活跃、自由，不要自我限制。最好有多种构思方案，设计系列化，然后可将不同的构思效果通过必要的手段表现在画纸上，然后进行比较、思考、选择，使构思不断深化，从中优化出最佳的构思来。

三、设计的创作思维

从服装设计专业的角度来说：设计重要的是思维上的综合、创造、创新，而不是描绘与模仿。设计作品体现了创作者的思想。设计师的设计理念指导着整个艺术创作过程的思维活动，服装设计是艺术创作与实用功能相结合的设计活动，设计者必须具有充分的创新思维能力，这样才能从日常司空见惯的服装形式中创作出更新、更美的服饰来。服装设计的创作构思和一般的艺术创作活动，既有共性，又具个性。其共同点是它们来自生活，来自创作者的思想指导，同时，创作都包含构思与表达两个环节。不同之处在于艺术创作相对有更多的独立性和主观性，而服装设计必须通过生产环节与市场销售才能体现其价值，带有较多的依附性和客观性。由于服装设计的创作活动需要依赖人体，依靠纺织材料和加工生产相结合，所以在创作构思中，必须兼顾到这些必要的因素。

第二节　服装构成的造型要素

服装设计作为一门严谨的科学艺术，它整体美的形成和产生，集中了多种造型要素的合理运用及形式美的基本规律和法则，点、线、面、体作为最基本的造型手段通过形式美法则的运用，使服装的艺术更加精美。服装作为一个空间的物体，首先进入人们视觉的除了色彩就是它的外部形态即服装的造型。服装设计的基本原理同其他艺术形式构成的原理是完全一致的，即以点、线、面、体作为造型元素的核心，也就是说点、线、面、体是一切造型艺术的基础。人体各部位的结点、起伏变化的体态曲线、服装造型中的纯粹性构成了服装外部形象的完整性，其严谨有如建筑，流动有如音乐。没有点、线、面、体的巧妙组合，服装造型的美也就不复存在。

一、点

（一）点的定义

点，是造型设计中最小的元素，是具有一定空间位置的，有一定大小形状的视觉单位，同样也是构成服装形态的基本要素。在服装造型中集中的小面积都可看成点。几何学中的点是指细小的痕迹或物体。点在服装中的主要表现为纽扣、胸花、口袋、首饰、图案、服饰结等较小的形状。

从服装设计的角度可以这样理解：在服装款式构成中，凡是在视觉中可以感受到的小面积的形态就是点。由于点突出、醒目，有标志位置的作用因而极易吸引人们的注意。点在设计中用得恰如其分，可以达到"画龙点睛"的视觉效果，如运用不当，则会产生杂乱之感。

（二）点的性质和作用

点具有活泼、强调、突出、诱导视线的特性。点在空间中起表明位置的作用（图5-1）。

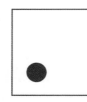

图5-1 点的数目与位置、大小图示

（1）点在空间的中心位置时，会产生扩张、集中、紧张感。

（2）点在空间的一侧有不安定感、游动感。

（3）点在空间等距的位置时，能产生上下、左右、前后均衡的静感。

（4）但在空间中向某一方向倾斜时，具有方向性的运动感。

（5）一定数目、大小不同的点作有序的排列，可产生节奏、韵律感。

（6）一定数目的点作直线排列，有下垂感。

（7）较多数目、大小不等的点作渐变的排列，有立体感和视错感。

（三）点元素在服装设计中的运用

点在服装造型设计中是最小、最简单同时也是最具活跃的元素之一，点的艺术设计和灵活运用可以使服装设计构成更易于吸引人们的视线，提高服装的艺术性和视觉美（图5-2）。

服装中的点不是几何学概念中的点，而是人们视觉感受中相对小的形态。在造型上，点不仅具有位置、大小，当然也具有面积，具有形态，有的还有方向性，只要与周围比较

图5-2　点在服装设计中的运用

显得细小时就会感知为"点"。点是相对的，是相比较而存在的。它的小的感觉，是与服装的整个面积相比较而言。从这个意义上讲，首饰、帽子、墨镜等稍大一些的服装配饰与服装总体面积相比，也可以称为"点"。点在多数时候被认为是小的，并且还是圆的，实际上这是一种错觉。点的形状具有不固定性，可以是圆的，也可以是正方形的，因为点之所以谓之点是它的小而不是它的形状。点在服装上主要表现为三大类：辅料类、装饰品类和工艺类。点元素在服装中的运用主要以下几种。

（1）辅料类：主要表现在纽扣、珠片、线迹、绳头等点的应用，既有功能性又有装饰性。纽扣的材质、大小、位置、多少的不同作为点的效果也不同。

（2）装饰品类：有耳环、戒指、胸针、提包等，相对于服装的整体效果而言，服装上较小的饰品都可以理解成点的要素，饰品的位置、色彩、材质不同对点的装饰效果也不同。

（3）工艺类：主要是通过刺绣、镶嵌、印染、图案等若干工艺处理手段取得不同的设计效果。点的感觉还有错视现象。点由于所处位置和周围环境的影响，就会产生大小、明暗等视觉变化。这种变化常常影响人的视觉观感，产生错觉，有时，甚至成为影响服装设计效果的重要因素。倘若我们有意识地利用这种现象，适当地改变点的大小、位置、形状或色彩的某些特征就会收到意料之外的效果，使服装效果大放光彩。

二、线

（一）线的定义

点的轨迹称为线，它在空间中起着连贯的作用。线又分为直线和曲线两大类。

（二）线的性质和作用

服装设计中的线具有面积、长度和厚度及方向上的变化，还有不同的形态、色彩和质感，是立体的线，如各种形式的腰带。不同特征的线给人们以不同的感受，线条本身没有感情色彩和性格特点，但服装中的线加入了人的情感和联想，线便产生了性格和情感倾向。

（1）垂直线——修长、单纯、稳重、坚硬和男性化的倾向。

（2）水平线——稳重、平和、舒展、安静。

（3）斜线——动感、刺激、活泼轻松、飘逸灵动。

（4）折线——理性、富于表现力。

（5）自由曲线——活跃、奔放、丰富、女性化。

（6）粗线——粗犷、重量、迟钝、笨拙。

（7）细线——流畅、纤细、敏锐、柔弱。

（三）线在服装设计中的运用

服装上的线是服装造型设计中最丰富、最生动、最具形象美的艺术组成部分，不同形态的线、不同视觉的线在服装设计中会产生不同的效果，在时装设计中，运用线的分割，并结合材质、色彩、大小、空间和造型的变化，可产生更为丰富的比例变化。线的组合还可产生服装的节奏感。平行重复的直线，改变其形状为曲线，就会产生空间感；改变长度作渐变处理，就会产生深度感；将线做疏密安排，可产生明暗的层次感；将线作不同的粗细处理，便会产生方向与运动感。服装形态美的构成，无处不显露出线的创造力和感染力。克里斯汀·迪奥（Christian Dior）就是一位在服装的线条设计上具有其独到见解的世界著名时装设计师，他相继推出了著名的时装轮廓线——A型线条、H型线、S型线和郁金香型线条，引起了时装界的轰动。在设计过程中，巧妙改变线的长度、粗细、浓淡等比例关系，将产生出丰富多彩的构成形态（图5-3、图5-4）。

服装中线的表现 —— 结构线（袖窿线、裤裆弧线、领口线、侧缝线等）

装饰线（镶边线、细褶线、缉明线等）

轮廓线（服装外轮廓造型线）

图5-3　服装中线的表现

三、面

在服装中轮廓及结构线和装饰线对服装的不同分割产生了不同形状的面，同时面的分割组合、重叠、交叉所呈现的平面又会产生出不同形状的面，面的形状千变万化。同时面的分割、组合、重叠、交叉所呈现的布局又丰富多彩。它们之间的比例对比、肌理变化和色彩配置，以及装饰手段的不同应用能产生风格迥异的服装艺术效果。

图5-4　线在服装设计中的运用

（一）面的定义

线的移动轨迹构成了面。

（二）面的性质和作用

面具有二维空间的性质。面因表面形态不同分为平面与曲面，面的边缘线则决定面的形状，如方形、三角形、多边形等几何形，以及不规则的自由形等，不同形态的面又具有不同的特性（图5-5）。

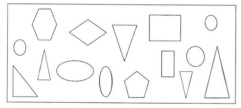
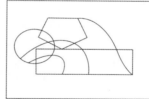
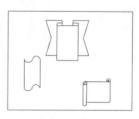

（a）几何形的面　　　　　　　　（b）视觉曲面　　　　　　　　（c）现实曲面

图5-5　面的形态

（1）方形有正方形与长方形两类，由水平线和垂直线组合而成，具有稳定感、严肃感。

（2）圆形可以分割成许多不同角度的弧线，它富于变化，有动感、轻快、丰满、圆润的感觉。

（3）三角形由直线和斜线组成。正三角形稳定而尖锐，有强烈的刺激感；倒三角形则有不安定感。

（4）自由形可由任意的线组成，形式变化不受限制，具有明快、活泼、随意的感觉。

（三）面的分类（图5-6）

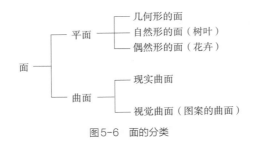

面
- 平面
  - 几何形的面
  - 自然形的面（树叶）
  - 偶然形的面（花卉）
- 曲面
  - 现实曲面
  - 视觉曲面（图案的曲面）

图5-6　面的分类

图5-7　面在服装设计中的运用

（四）面在服装设计中的运用

在服装设计时，设计师常将服装的造型用大的面来进行组合，然后在大的面中设计出小的块面之变化，运用设计的比例关系最后设计完整的服装外轮廓和服装各部位面的协调关系。服装上的面主要表现为服装的零部件，如口袋、领子等通过形状、色彩、材质及比例的变化形成不同的视觉效果。大面积使用装饰图案，图案往往会成为服装的特色，形成视觉的焦点（图5-7）。装饰图案的材质、纹样、色彩、工艺手法非常丰富，可以很大程度弥补面的单调感。服饰品主要有非长条的围巾、装饰性的包袋、披肩等，夸张的帽子也有面的感觉。

四、体

（一）体的定义

面的排列堆积就形成了体。几何学中的体是面的移动轨迹，将面转折围合即成为体。体是具有长度、宽度和体积的多平面、多角度的立体形，如人体、圆柱体、球体等。体有占据空间的作用。服装造型从不同角度观察体，会呈现出不同的视觉形态的面，而服装也正是将有关服用材料包裹人体后所形成的一种立体造型，即以体的方式来呈现。

（二）体在服装设计中的运用

服装设计是对人体的包装，是活动的雕塑，是有意义的艺术造型，所以在设计中设计师要始终贯穿着体的概念。人体有正面、侧面、背面等不同的体面，还有因动作而产生的变化丰富的各种体态。服装设计时要注意到不同角度的体面形态特征，使服装不仅能从内结构设计上符合人体工学的需要，还必须使服装能从整体效果上及各个不同的体面上体现出不同的设计风格和设计思想，让整体比例达到和谐、适中、优美。创造美的服装形态需要依靠设计者的综合艺术修养和对立体形象的感悟能力。所以，树立完整的立体形态概念，培养对形体的感知和艺术的感悟力是服装设计师的专业要求（图5-8）。

图5-8　体在服装设计中的运用

第三节　设计美的形式法则

　　服装设计师们在发挥服饰美的设计中，不仅要熟悉各种形式要素的个性，能根据各种形式要素的"性格"因材施用，而且需对各种形式要素之间的构成关系进行不断地探索和研究，从而总结出构成各种形式要素的潜在规律，这些规律称为形式美法则。在服装设计上运用的美的形式法则主要包括：统一与变化、旋律、比例、对称与均衡、视错、强调、仿生造型等。

一、统一与变化

　　统一与变化是构成形式美的主要法则之一，它不仅是服装设计最基本的法则，也是整个设计艺术中的通用法则。

（一）统一

　　统一是指形状、色彩、材料的相同或相似要素汇集成一个整体而维持的秩序感和整体感，是可以用语言表达出来，是对服装的概括和总结，诸如整体结构的统一、局部结构的统一。服装统一表现在以下两大方面。

　　1. 服装本身的统一性

　　（1）服装整体与局部式样的统一（图5-9）。

（2）服装装饰工艺的统一。

（3）服装配件的统一（图5-10）。

（4）服装色彩的统一。

（5）服装三要素的和谐统一。

（6）服装制作工艺手法的统一。

图5-9　服装整体与局部统一　　　　　　　　图5-10　服装配件统一

2. 广义上服装的统一性

（1）服装与人们活动环境的统一性。

（2）服装与社会的统一性（自然环境与人文环境）。

（3）服装与营销价格的统一（服装的品质与营销策略）。

（4）服装与人的统一性（人体和物的统一与气质修养的互补性）。

（5）服装与文化的统一性。

在统一的前提下，应注意变化的运用，可以产生活泼和新颖感，就如音乐中的和声，不仅主旋律清晰，而且有和谐的变化。与此同时，设计时不宜过分注重统一，使服装产生刻板之感，应注意稍加变化就会显得活泼而协调。

（二）变化

变化主要是指由性质相异的东西并置在一起，造成一种显著的对比感觉。简单地说，就是指多样性和差异性。

变化的特点是生动、活泼、有动感。服装设计时，可用的变化手法很多，如色彩、图案、结构线、装饰线、材料等，关键是设计师如何运用各种元素，用什么样的设计思想将它们进行艺术地组合与变化。

统一与变化是矛盾的两个方面。变化是绝对的，统一是相对的。我们在服装设计中需重视在变化中求统一，统一中有变化。尽量做到服装的整体统一，局部变化。服装的局部变化要服从整体统一，要善于设计出"乱中求整""平中出奇"的效果，发挥设计天赋，艺术地使统一与变化在设计中有机地结合起来。

二、旋律

旋律原是音乐概念，是指声音经过艺术构思而形成有组织、有节奏的连续运动，它作用于人的听觉，也就形成了不同的旋律感。

在造型上，是通过要素的反复和排列表现的。其间隔相同时，形成单调的节奏。间隔按照几何级数变化时，就产生很强的节奏。变化过大，就会缺乏统一，显得零乱。

在服装设计上运用的旋律概念，主要是指服装各种线形、图案纹样、拼块、色彩等有规律、有组织的节奏变化。其形式主要有两种，一种是形状旋律，另一种是色彩旋律。

（一）形状旋律

形状旋律的变化形式包括有规律重复、无规律重复、等级性重复、直线重复、曲线重复等。

1. 有规律重复

有规律重复是指重复的间距相等。有规律重复给人的感觉比较生硬（图5-11、图5-12）。

2. 无规律重复

无规律重复是指重复的距离没有规律。无规律的重复给人有一种相对的动感（图5-13、图5-14）。

3. 等级性重复

等级性重复是指重复的间距有一定的等比、等差变化，渐大或渐小、渐长或渐短、渐曲或渐直。等级性重复给人的感觉比较风趣（图5-15、图5-16）。

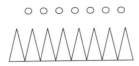

图5-11 有规律重复

图5-13 无规律重复

图5-15 等级性重复

图5-12 有规律重复的应用

图5-14 无规律重复的应用

图5-16 等级性重复的应用

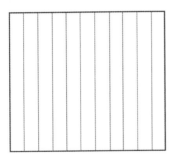

图5-17 直线重复

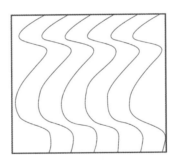

图5-19 曲线重复

图5-18 直线重复在服装中的应用

图5-20 曲线重复在服装中的应用

4. 直线重复

直线重复是指用直线不断排列的组合形式（图5-17、图5-18）。在服装设计上，直线重复是常用的设计手法之一，我国苗族的百褶裙就是典型的直线重复。直线重复给人的感觉比较死板，但是有强烈的节奏感。

5. 曲线重复

曲线重复是指用曲线不断重复的组合形式，包括静态时的效果和动态时所呈现的效果。在服装设计上，曲线重复是常用的设计手法之一，多褶的婚纱礼服就是典型的曲线重复。曲线重复给人的感觉比较温柔、轻盈、美丽（图5-19、图5-20）。

（二）色彩旋律

色彩旋律是指将各种明度不同、纯度不同、色相不同的色彩排列在一起，从而产生一种动的感觉，这种组合形式称为色彩旋律（图5-21）。

构成色彩的旋律至少要三个以上的颜色重复配合，如果只有两种颜色，那么只能称为对比色，而不能产生旋律。

图5-21 色彩旋律

三、比例

比例是指服装的整体与局部或局部与局部之间各要素的面积、长度、分量等所产生的质与量的差别，所产生的平衡与协调的关系。它是服装设计穿着、鉴赏中不可缺少的重要因素。表现方法有色彩在设计中的比例，材料在设计中的比例，以及各配饰在设计中的比例。比例在服装设计中担负重任，既将服装整体进行分割，又连接被分割的几个部分，使整体与各部分之间的关系处于一种平衡状态，令人产生美的感受。艺术形象内部的比例关系一定要符合审美习惯和审美经验。一般情况下，比例差异小，易协调，但是，差异小也易引起视觉疲劳。如果同类量之间的差异超过了人们审美心理所能理解或承受的范围，则会感觉比例失调。

关于比例关系取什么样的数值为美，自古以来，研究者的立场不同所得的结论就不一样。以人体比例这种与服装有着直接关系的比例为例，自古以来大体上有三种情况（指以发现人体美为目的的研究）：一是基准比例法，二是黄金分割比例法（图5-22），三是百分比法。

其中基准比例法较为常用，即以身体的某一部分为基准，求与身长的比例关系。最常用的是以头高为基准，求其与身长的比例指数，称为"头高身长指数"，简称"头身"。

另外，从古希腊时代开始，普遍采用的一种比例是黄金比例（也称黄金律），即1：1.618。因为这种比例与人的视觉范围非常适应，从而能给人一种视觉的美（图5-23）。

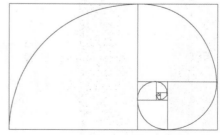

图5-22 黄金比例分割

近似黄金律的作图方法如图5-24所示。ABCD为正方形，取CD的1/2为圆心，OB为半径作弧，交于CD延长线的F，在F作垂直线交AB延长线于E，AEFD即为黄金律形。其中FE：AE=1：1.618。

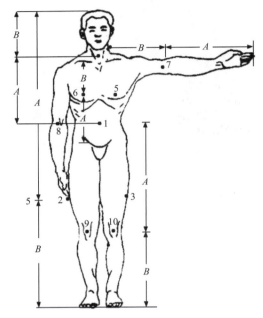

图5-23　人体的黄金比例

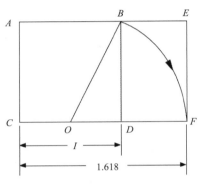

图5-24　黄金比例作图方法

图5-25　对称的表现

图5-26　对称在服装设计中的应用

四、对称与均衡

（一）对称

对称又称为对等，指设计物中相同或相似的形式要素之间相互的组合关系所形成的绝对平衡，对称表现出的效果是成品的各个部位的空间布局和谐，即每个部分相对应。在服装设计中采用得比较多的有左右、回转、局部等对称形式，如图5-25、图5-26所示。

（二）均衡

均衡也称平衡，是指在造型艺术作品的画面上，不同部分和形式因素之间既对立又相互统一的组合关系。表现出的效果为安定、沉稳的高贵感，或放松、愉悦的新鲜感。例如，在花卉的世界里，马蹄莲就是以自己独特的不对称形式赋予了审美者别样的视觉享受。在服装上表现为，虽然左右两边的造型要素不对称，但在视觉上却不会产生失去平衡的感觉。在服装平面轮廓中，要使整体的轻重感达到平衡效果，就必须按照力矩平衡原理设定一个平衡支点。由于人体是对称的，这个平衡支点大多选在中轴线上。对于门襟不对称的款式，门襟上的某一点常常被选作支点。均衡的造型手法常用于童装设计、运动服设计和休闲服设计等，而对称的造型常用于标志服、工装、校服、礼仪服等（图5-27、图5-28）。

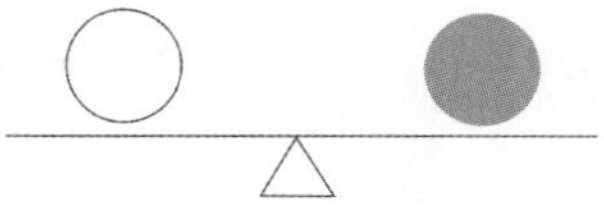

图5-27　均衡的表现

图5-28　均衡在服装设计中的应用

五、视错

（一）概念

由于光的折射、反射关系，或是由于人与物体的视角、方向、距离的不同，以及每个人感受能力的差异，容易造成人们视觉判断的错误，这种现象称为视错。视错从原因上可分为来自外部刺激和对象物上的物理性视错、来自感觉器官上的感觉性视错（或称作生理性视错）以及来自知觉中枢上的心理视错。常见的视错包括尺度视错、形状视错、反转视错、色彩视错等。而正确地掌握各种视错现象，有利于设计师们在设计服装中创造出更为理想的作品。

（二）图形视错常见形式

1. 分割视错（图5-29、图5-30）

服装设计中以横竖线条的分割来体现分割视错，线条的粗细及间距会使人们造成视觉

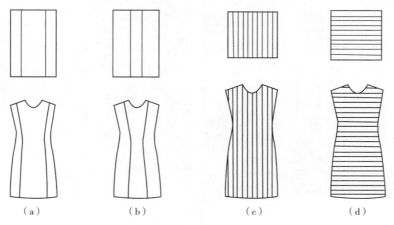

（a）　　　　　（b）　　　　　（c）　　　　　（d）

图5-29　分割视错

图5-30　分割视错在服装中的应用

上的不同效果，通过对条纹的方向及颜色的调整，可以表现出不同的分割视错效果。

2.　角度视错（图5-31、图5-32）

用肉眼观察物体时，因其斜向线条所形成的角度而产生的视觉错误称为角度视错。服装造型中通过斜角缝线、省道、条纹或尖形装饰，可表现出这种角度错视。

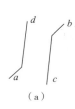

（a）

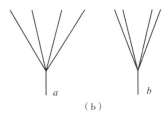

（b）

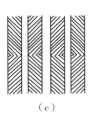

（c）

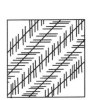

（d）Zollrer图形

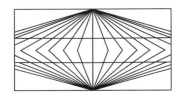

（e）Wundt图形

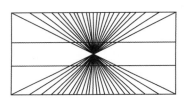

（f）Sander图形

图5-31　角度视错

图5-32　角度视错在服装中的应用

3. 对比视错（图5-33）

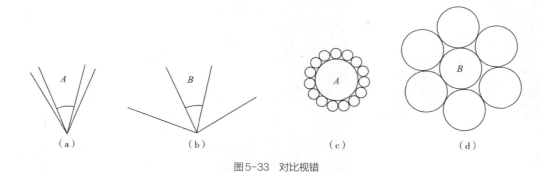

图5-33 对比视错

4. 其他视错（图5-34、图5-35）

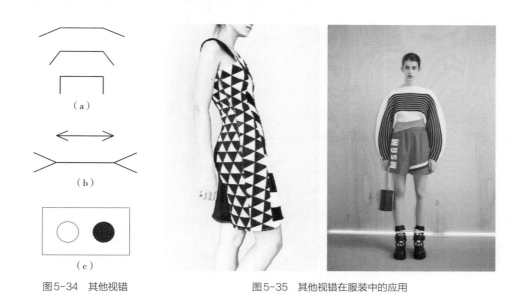

图5-34 其他视错   图5-35 其他视错在服装中的应用

六、强调

强调是设计师有意识地使用某种设计手法来加强某部位的视觉效果或风格（整体或局部的）效果。烘托主体，能使视线一开始就有主次感，有助于展现人体最美丽的部位。是对服装的强调，也是根据服装整体构思进行的艺术性安排。服装重点强调的部位有领、肩、胸、腰等部位，强调的手法有三种，即风格的强调、功能性的强调和人体补正强调。每个新款从酝酿到诞生，皆经过设计者一番苦心孤诣的思考过程，灵感的涌现、风格的表达，无一不体现设计师的创作设计思维（图5-36）。

图5-36　风格强调设计

七、仿生造型

仿生造型是指在进行造型设计时，设计师以大自然的各种生物或无生物等为灵感，或者以它们的外部造型为模仿对象进行的设计。

服装的设计和造型主要是按照人体的体型来进行，在外观造型上虽然要考虑人的体型需求，但是服装的外部造型还要特别注意造型的多样性和艺术性，要从造型的美学角度来综合地考虑服装造型的设计。这就要求在服装设计时，多动脑筋，开阔思路，从大自然和生物界获得启发，用仿生学来丰富设计。

服装仿生学主要是模仿生物外部形状，以大自然、有生物为灵感，从而设计出新颖的服装款式。服装设计时可以模仿生物的某一部分，也可以模仿生物的全部外形。例如，在生活中常见的燕子领、青果领、蝙蝠袖、喇叭裤、蝴蝶结等（图5-37）。

图5-37　仿生造型设计

第四节 服装设计教育单元简介

一、男装设计

男装设计是专指对男性的服装设计。男装设计的要领：

（1）要了解男子的体型特征，了解男性服装审美的共性。男装需表现男性的气质、风度和阳刚之美，设计时强调严谨、挺拔、简练、概括的风格。

（2）男装设计比较注重完美、整体的轮廓造型，简洁、合体的结构比例，严格、精致的制作工艺，优质、良好的服装面料，沉着、和谐的服装色彩，协调、得体的配饰物件。

（3）男装的造型变化比女装的造型变化小，色彩的选用范围也不如女装丰富。男装需要注重小的局部变化设计，如袋口的装饰变化、领子造型的细微变化、镶拼面料的风格设计等。款式设计要求宽松、自然，一般不要求紧身设计，多采用夸张肩部的造型设计，使服装整体造型以"T"型为参考。男装设计还注重材料质地，对面料要求较高，所以男装价格一般比女装高。

男装的品种主要有：正装（西式礼服、西装等）、日常便装、职业装、运动装、浴衣、内衣、室内装等。

二、女装设计

在服装发展演变的过程中，女装一直处于备受重视的地位。女装设计是服装设计中历史最悠久、最具潜力的一个领域。不少服装设计大师都是以设计女装而闻名的。用服装来塑造女性的造型是服装设计师的任务，是一项很好的艺术设计工作。随着社会的高度发展，文明的进程很快，世界各地的女性对服装美的渴望和追求非常强烈，这已经成了她们生活中的一个不可缺少的组成部分。这样，在客观上也就更促进了女装设计的大发展。

女装设计的要领：

（1）要了解女子体型特征，了解女性服装审美的共性特征。女装设计要注重体现女性的曲线造型特征，用服装表现出女子三围的个性特征，特别要夸张胸与腰、腰与臀的对比感。一般女装设计要求比男装稍微紧身，这样便于表现女子的优美体型。

（2）在色彩的运用上要大胆，根据设计的原则充分发挥色彩的组合效果；在款式设计上，女装的变化比男装要多，设计手法和工艺制作手法也相对较多。设计师要善于抓住这些特点创造出美丽的女装。

女装的品种主要有：套装、日常生活装、礼服、内衣、家居服、睡衣、运动装、职业装、休闲装、孕妇装等。

三、童装设计

童装设计要求设计师不但要掌握儿童生理和心理特征，还要了解儿童父母的心理，用家长般的感情去设计、塑造和美化儿童的衣着形象。让服装成为帮助儿童发育成长的保健用品和培养儿童良好生活习惯的伙伴，使儿童获得美的享受，感受到美的陶冶（图5-38）。

四、内衣设计

社会经济和文化的发展，消费水平和消费观念的深化，使人们对于服装的需求越来越个性化和精致化，因此，内衣设计已成为服装设计的重要组成部分。内衣一般可分为三个类别，即贴身内衣、辅正内衣和装饰内衣。

贴身内衣是穿在最里面直接接触皮肤的，也是以卫生保健为目的的，其主要品种有内衣和内裤。为了穿着舒适和肢体活动的方便，设计中多采用纯棉弹性织物，既具有保持和调节体温的作用，又能够阻隔身体分泌物与外衣的接触。款式的设计更注重其适型性和简洁性，色彩多运用白色或者各种淡雅的颜色，以求柔和亲切之感。

辅正内衣主要特征是强化人体的曲线美感，弥补身体的某些欠佳之处。同时，还能够完善人体的外形特征，起到一种协调内外衣整体造型美的效用。辅正内衣主要包括胸罩、束衣等。

装饰内衣在设计上多运用刺绣、抽纱或加饰各种花边等，其功能是使穿脱外衣柔滑便利，防止外衣出现不自然的皱褶，修饰外衣的整体造型美感（图5-39）。

图5-38　童装设计

图5-39　内衣设计

五、服饰配件设计

配件一词是具有附属或补助性附带含义的词汇。服饰配件是和衣服一样在人身上穿戴的东西，既为了整体服装搭配的需要，又是服装的附属品。所以，在设计时要与服装的材料、颜色、目的、流行，以及穿着者的发型、体型、肤色、职业等一起考虑。有效利用服饰配件可以点缀服装或改变服装的式样，起到增加整体美感的作用。服饰配件包括耳饰、项链、手链、胸针、手表、帽子、手包、袜子、鞋子、腰带、围巾、手帕、扣子、徽章、拉链等，佩戴在人身上的全部附属品均属此范畴（图5-40）。

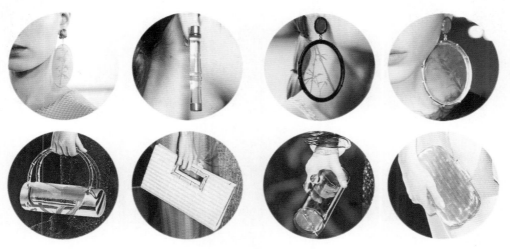

图5-40　服饰配件设计

六、职业装设计

职业装，顾名思义，是标志职业特征同时又是行业人员用于工作时间的专用服装。它在满足职业功能的前提下，具有实用性、安全性、标识性、美观性、配套性等特点。职业装的设计，应使劳动者在工作中免受或尽可能免受伤害，并最大限度地提高职工的工作效率，随着规范化和CI（企业形象设计）意识的加强，具有标示作用的职业装更能确立企业鲜明的形象，有助于在竞争中树立深入人心的个性形象。

职业装的分类方法很多，按照行业类别来分，可大致分为：酒店类职业装、学校类服装、军装制服、行政职能部门职业装、医疗类职业装、商场类职业装、工矿类职业装、公司职员服装、特殊行业服装等（图5-41）。

随着国民经济的飞速发展，各行各业门类的逐渐增多及其相关要求的不断提高，人们对职业装的要求也越来越高。因此，提高职业装设计的水平与产品档次，就成为目前职业装设计的关键，要想实现这一目标，作为设计人员就应好好了解职业装发展的历史，掌握设计原则、设计方法与技巧。

因此，设计职业装时应考虑以下两个方面：

（1）功能上的实用性：包括社会标志鲜明、从业人员便于操作。

（2）形象上的审美性：包括行业精神风貌、职业美感表现。

图5-41　酒店职业装设计

七、成衣设计

成衣设计是成衣销路的关键，成衣设计必须要根据消费者的反应来评定作品的成败，所以在成衣设计之前需要先了解成衣工业的特性，要全面、正确地来理解成衣设计的本质。除以上种类设计外，还有皮装设计、表演装设计、特种服装设计、礼服设计、针织服装设计等。请参看第九章中的第二节"成衣设计"。

第五节　服装整体设计与局部设计

一、服装整体设计

服装整体设计包括两个方面：一是从设计构思到服装成型的全过程，是将有关服装设计知识，运用于具体的设计对象之中，经过必要的程序最终达到设计的目的；二是指完整的套装设计。

服装美重在整体美。服装从设计、制作到最后着装者的感受成功与否，常反映出对服装整体效果的理解，由此产生服装整体美的意识。这不仅是服装设计师必备的专业素质，也是服装穿用者一个不可缺少的审美表现。服装的设计能否整体地反映出美的效果，主要取决于设计中整体与局部之间的艺术关系的处理。这种关系的处理，主要是明确造型因素是多种局部之间按形式美规律的组合与处理，反映出一定的造型特征和风格。同时，也能够理解局部的表现在整体效果中所起到的作用，这是在整体表现中对局部认识的目的。

二、服装局部设计

服装局部设计是指服装的部件设计，主要包括领型设计、袖型设计、袋型设计、衣身设计、局部装饰设计、局部服饰配件设计与装束等，它是服装整装设计的基础。

在服装设计中，局部有一定的内涵表现意义，它不仅具有自身的形态特点和表现语言，而且起到丰富整体的作用。因此，解决好整体与局部的关系，体现服装设计的整体美是设计服装的关键。服装设计的美与不美，只有成为整体才具备美的资格，而没有局部的协调设计也就没有了整体的可能（图5-42）。

图5-42　服装中的局部设计

（一）领型设计

衣领是突出款式的最重要的部分，因为它非常接近人的面部，处在视觉中心。所谓"提纲挈领"，正是道明领子是服装的关键。服装的衣领主要分为有领和无领两大类。有领的可分为关门领（立领、翻领）和开门领（驳领）。无领的衣领只有领线而没有领子（或领面），有领的衣领既有领线，又有领子。设计衣领时主要考虑的是脸型、颈部特征、领型及服装的整体效果。立领使人显得潇洒。由于领线的形状、领子的形态的不同及穿着者不同，使服装产生不同的装饰效果（图5-43）。

图5-43　时装中的领型设计

（二）袖型设计

袖子在服装造型设计中占有重要的地位。它是根据人体上肢结构及运动机能来造型。设计时主要考虑季节的需要和服装整体造型的协调。为了突出严谨大方的风格，多选用装袖；为了表现轻松温和，就采取连袖。同时也常用灯笼袖、柠檬袖表现可爱、轻松，用喇叭袖表现凉爽与优雅。此外，还有披肩袖、斗篷袖、套袖、落肩袖等。

袖型的变化包括袖口的大小、宽窄、粗细和袖口形的变化；袖窿宽窄变化、袖褶变化；开口方式、开口位置、开口长短变化；袖的长短变化、袖连肩变化、袖边形式变化等。

尽管局部的领和袖的形象装饰变化很多，但都是统一于服装整体的变化，包括整体的呼应与装饰的协调（图5-44）。

（三）袋型设计

口袋是服装样式构成内容之一，在服装设计中具有实用和装饰功能。不同式样的口袋有不同的名称。常用的口袋有四种形式：袋布贴缝在衣片上的"贴袋"；将衣片剪开，用挖缝方法制成的"挖袋"；或缝在衣、裤两边的"插袋"；在贴袋的袋布中再做一只挖袋，将两种衣袋形式混合在一起，一袋两用的"挖贴袋"。袋型的设计，包括袋口变化、明暗变化、袋形形象变化、袋形结构变化、口边曲直变化、口袋位置变化、袋口横竖斜角度变化，还有袋形边饰、袋形饰线变化、袋盖变化等（图5-45）。

图5-44 时装中的袖型设计　　　　　　　　图5-45 时装中的袋型设计

在服装设计中，整体与局部的关系是一个既对立又统一的复合体。有了局部的特征而忽略了整体的效果，会显得零乱而没有重点；注意了整体而缺乏必要的局部变化，又会使设计出现呆板、僵化而没有丰富的内容表现，特点与个性丧失，设计的服装没有生命力。所以在服装设计的过程中一定要处理好整体与局部的关系（图5-46）。

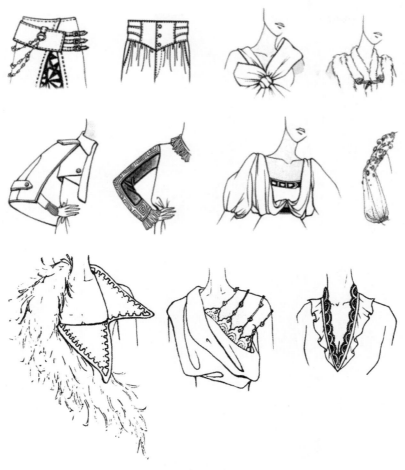

图5-46 服装局部设计

思考题

1. 服装构成的造型要素是什么?
2. 举例说明形式美法则在服装设计中的运用。
3. 图形视错包括哪几种形式?
4. 举例说明服装局部设计的内容。

第六章

06

服装与色彩

课题名称：服装与色彩

课题内容：色彩在影响服装美感因素中占有很大的比重。从介绍色彩的基本知识开始，再介绍服装色彩的特性、服装配色的基本法则、流行色等与服装相关的色彩基础理论。

课题时间：5课时。

教学目的：从服装设计的角度对色彩进行全新的了解，尝试不同的色彩组合，使用色彩表达不同的设计情感。

教学方式：理论＋实践教学。

教学要求：将色彩知识运用于设计实践中，使设计更丰富。要求学生根据不同的色彩组合进行设计。

课前课后准备：收集案例，总结不同的色彩组合及熟悉色彩在服装设计中的应用方法。

服装色彩与配色是服装设计的重要内容，色彩在影响服装美感因素中占有较大比重。服装色彩设计的关键是和谐，作为服装整体的诸要素，上衣和下装、内衣和外套、整装与服饰配件、服装材料和款式、服装造型与人体、着装与环境等，它们之间除了形和材的配套协调外，色彩的和谐必然是设计师必须要考虑的。例如，色彩的主与次、多与少、大与小、轻与重、冷与暖、浓与淡、鲜与灰等。色彩在服装上的表现效果不是绝对的，适当的色彩搭配会改变原有色彩的特征及服装性格，从而产生出新的视觉效果。怎样才能达到和谐的色彩效果？怎样做到色彩搭配得当？怎样通过服饰色彩表达穿衣人的个性？怎样迎接多变的色彩潮流？这些都是一个设计人员或穿衣人事先应该考虑的事情，将考虑、计划这一过程称为服装色彩设计。

服装色彩设计的学习和研究涉及的范围非常广泛，它以色彩学原理为服装色彩设计的理论基础，涉及色彩的物理学、生理学、心理学等多方面；色谱以外的色彩学习对丰富色彩感觉很重要，所以对美学中的创造性美学、大量的源泉色彩也要深入研究；服装作为一面镜子，还要考虑到社会制度、民族传统、文化艺术、经济发展等诸多因素的影响。

纺织面料是服装色彩的载体，从事服装设计时熟悉面料的色彩和质感是设计师必备的基本素质之一。服装色彩的整体设计还牵涉到服装的造型、款式、配饰，以及消费者的性别、年龄、性格、肤色、体型、职业、大环境和小环境等。服装还有其商品特性，有关消费心理学、市场学和流行色的研究也不容忽视。

服装的色彩美感与时代、社会、环境、观念都有着密切的关系，因此在研究服装配色的同时，还要关注时尚、流行、社会观念和审美思潮的变化等诸多因素，这样才能把握时尚、掌握流行，从而设计出契合时代发展的服装。

第一节　色彩的基本知识

有关色彩学研究，一般是先从对色彩的认知然后再从色彩的三属性上考虑。物理学家把色彩视为光学来研究；化学家则研究颜料的配制原理；心理学家研究色彩对生活的影响；医生和生理学家研究色彩与视觉和身体器官的反应关系；画家用色彩来表达思想情感；服装设计师则研究如何融汇以上各家所研究的内容，进行色彩分析再组合，用它在人体上表达、设计出美的综合效果。

一、色彩的认知

色彩学是一门横跨两大科学领域（自然科学和人文社会科学）的综合性学科，是艺术与科学结合的学问。色彩现象本身是一种物理光学现象，通过人们生理和心理的感知来完成认识色彩的过程，再通过社会环境的影响及人们实际生活的各种需求表现于生活之中。

二、色彩的产生

（一）眼睛

太阳光线的物理特征，造就了眼睛这样的特殊感官，使它天然具有光学系统的形式。角膜、房水、晶状体与玻璃体作为屈光介质，像透镜那样，使物体成像于视网膜上。视网膜上的锥体细胞和杆体细胞如同底片上的感光乳剂，分别接受彩色以及明暗的光刺激。视网膜内层含有神经节细胞，与视神经相连，负责把光的信息传递到大脑。脉络膜上布满了黑色的色素细胞，起着吸收外来杂散光的作用，消除光线在眼球内部的乱反射。瞳孔的张缩就像对照相机上光圈的调节，以适应光线强弱的变化（图6-1）。

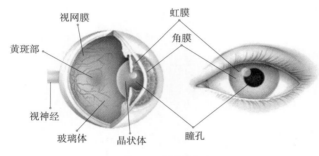

图6-1 眼睛的构造

（二）光与色

色彩的发生是光对人的视觉和大脑发生作用的结果，是一种视知觉。可以说需要经过光—眼—神经的过程才能见到色彩。

光通过以下三种形式进入视觉系统：

（1）光源光：光源发出的色光直接进入视觉，如霓虹灯、蜡烛光、太阳光等。

（2）透射光：光源光穿过透明或半透明物体后再进入视觉的光线称为透射光。

（3）反射光：反射光是光进入眼睛的最普遍的形式，在有光线照射的情况下，眼睛能看到任何物体都是由于该物体反射光进入视觉所致。

光线进入视网膜以前的过程，属于物理作用；继此之后在视网膜上发生化学作用而引起生理兴奋，当这种兴奋的刺激经神经系统传递到大脑，与整体思维相对接，就会形成关于色彩的复杂意识。它不仅引起人们对色彩的心理反映，还涉及对色彩的审美意识。

1. 光源

能自己发光的物体称为光源。光源可分为两种，一种是自然光，主要是太阳光；另一种是人造光，如电灯光、蜡烛光等。

2. 物体色、环境色、光源色

物体色通常是指在白光照射下物体所呈现的颜色。物体色有最基本的两种表现形式：由物体表面反射光所呈现的颜色称为表面色；由透过透明物体的光所呈现的颜色称为透明色。

环境色是指某一物体反射出一种色光又反射到其他物体上的颜色。这种色光虽然一般比较微弱，但是它不同程度地影响周围物体的色彩。物体受环境色影响，一般来说，在背光部分及两种不同物体相接近或相接触部分最为明显。

所有物体的色彩总是在某种光源照射下产生，同时随着光源色及周围环境色彩的变化而变化，但是其中以光源色的影响最大。

相同的物体在不同的光源下将呈现不同的色彩。白纸能反射各种光线，在白光照射下的白纸呈现白色；在红光照射下的白纸呈现红色；在绿光照射下的白纸呈现绿色。可见，不同的光源及光谱成分的变化，必然对物体色产生影响，如白昼阳光下的景物带浅黄色，月光下的景物偏青绿色等。

三、色彩范畴

色彩分为无色彩与有色彩两大范畴。

当投照光、反射光与透过光在视知觉中并未显出某种单色光的特征时，所看到的就是无色彩，即白、黑、灰。相反，如果视觉能感受到某种单色光的特征，所看到的就是有色彩。

无色彩不仅可以从物理学的角度得到科学的解释，而且在视知觉和心理反映上与有色彩一样具有同样重要的意义。因此，无色彩属于色彩体系的一部分，与有色彩形成了相互区别而不可分割的完整体系。

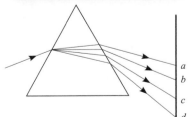

图6-2 光的分散与原色

四、原色、间色、复色

（一）三原色

所谓三原色是指三种色中的任意一色都不能由另外两种原色混合产生，而其他的色彩则可由这三色按一定的比例配合出来，色彩学上称这三个独立的色为三原色（也称为三基色）。

牛顿用三棱镜将白色阳光分解得到红、橙、黄、绿、青、蓝、紫七种色光，这七种色光混合在一起又产生白光（图6-2）。因此，认定这七种色光为原色。其后，物理学家大卫·伯鲁斯特（David Brewster）进一步发现原色只是红、黄、蓝三色，其他颜色都可以由这三种原色混合而得。他的这种理论被法国染料学家席弗尔（Chevereul）通过各种染料混合实验所证明，从此，红、黄、蓝三原色理论被人们所公认。到1802年，生理学家托马斯·杨根据人眼的视觉生理特征又提出新的三原色理论。他们认为色光的三原色并非红、黄、蓝，而是红、绿、蓝（蓝紫）。这种理论又被物理学家马克斯威尔（Maxwell）所证实。他通过物理实验，将红光和绿光混合，这时出现黄光，然后再掺入一定比例的紫光，结果出现了白光。从此以后，才开始认识到色光和颜料的原色及其混合规律是有区别的。

国际照明委员会（CIE）将色彩标准化，正式确认色光的三原色是红、绿、蓝（蓝紫）。颜料的三原色是红（品红）、黄（柠檬黄）、蓝（湖蓝）。

色光混合变亮最后产生白光，称为加色法混合；颜料混合变深最后产生黑色，称为减色法混合。

（二）间色

间色是指由两种原色调和而成的颜色。例如，红＋黄＝橙；黄＋蓝＝绿；蓝＋红＝紫。橙、绿、紫称为三间色（图6-3）。

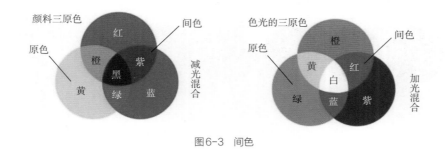

图6-3　间色

（三）复色

复色是指由原色与间色、间色与间色或多种间原色相配而产生的颜色。

五、色彩三要素

（一）色相

色相也称色调，它是指色彩本身的相貌（图6-4）。例如，玫瑰红、橘黄、中黄、墨绿、天蓝……从光学物理上讲，各种色相是由射入人眼的光线、光谱成分决定。对于单色光来说，色相的面貌完全取决于该光线的波长；对于混合色光来说，则取决于各种波长光线的相对量。物体的颜色是由光源的光谱成分和物体表面反射（或透射）的特性决定。

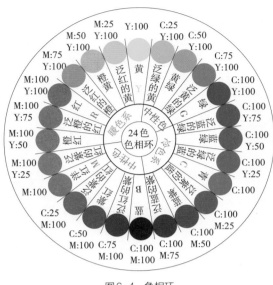

图6-4　色相环

（二）明度

明度是指色彩的明暗（即浅与深）程度。各种有色物体由于它们的反射光量的区别而产生颜色的明暗强弱。

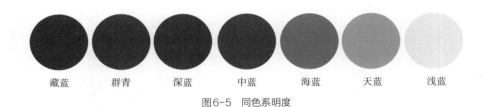

| 藏蓝 | 群青 | 深蓝 | 中蓝 | 海蓝 | 天蓝 | 浅蓝 |

图6-5　同色系明度

色彩的明度有两种情况：一是同一色相不同明度（图6-5）。例如，同一颜色在强光照射下显得明亮，在弱光照射下显得较灰暗模糊；同一颜色加黑或加白以后也能产生各种不同的明暗层次。二是各种颜色的不同明度。当红、橙、黄、绿、青、紫这些颜色放在一起时，如何区分它们的明度，如表6-1所示。

表6-1　颜色明度

色相	白	黄	橙	绿	红	青	紫	黑
明度	100	78.91	69.85	11	4.93	4.93	0.13	0

（三）纯度（色度）

纯度是指色彩的鲜浊程度，它取决于一种颜色的波长单一程度。纯度遇到以下三种情况，常常会发生变化：

（1）将白色混入各种正色后，明度会提高，纯度会降低；白色加得越多，明度就越高，纯度就会越低，这种颜色一般属于"明调"，如蓝色在混入白色后明度逐渐升高。

（2）将黑色混入各种正色后，它们的明度和纯度都会下降，这种颜色一般属于"暗调"。

（3）将白色和黑色同时加入各种正色，它们的纯度会下降，明度则随白和黑所占的比例多少而变化，白多明度高，黑多明度低，这种颜色一般属于"含灰调"。

六、色彩的感觉

色彩的感觉是色彩影响人的感官的科学反映，有的色彩悦目，使人愉快；有的色彩刺眼，使人烦躁；有的色彩热烈，使人兴奋；有的色彩柔和，使人安静。

穿什么颜色服装，尽管每个人都有着自己的爱好，但是就色彩的共性特征还是值得重视。

色彩对人们的感觉主要表现在以下方面。

（一）色彩的收缩感与膨胀感

一般来说，深色有收缩感，浅色有膨胀感（图6-6）。运用在服装上，也就是说，体胖的人适合穿深色的服装，体瘦的人适合穿着浅色的服装。

图6-6　收缩感与膨胀感

（二）色彩的冷暖感

色彩的冷暖感是因为色彩是自然界中的一种物理现象，当人们看到红、橙、黄时，就常常联想到太阳、烈火、阳光，从而产生热感；而看到蓝、紫等暗色，则会联想到大海、夜空等，从而产生冷感。所以，红、橙、黄称为暖色，蓝、紫等称为冷色，黑、白、金、银、灰、绿等被称为中性色（图6-7）。

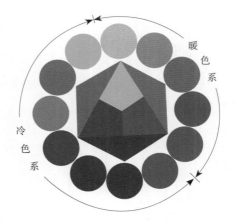

图6-7　色彩的冷暖感

色彩的冷暖运用在服装上会给穿着者带来不同的心理反应，暖色给人以华丽富贵和温暖的感觉（图6-8），因此适合用于冬季服装，对于正常体型、皮肤细白的人，运用暖色能取得较为满意的效果；而冷色服装给人的感觉是沉静、文雅、神秘和清凉感，所以适合用于夏季服装和高级正装等（图6-9）。

图6-8 冷色服装

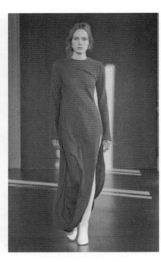

图6-9 暖色服装

此外，色彩还会给人以其他的各种感觉，如明度低的颜色会使人产生沉着感，明度高的使人产生轻巧感，中彩度的色彩能使人产生强硬感，纯正色（红、橙、黄、绿、蓝、紫）能给人以明快和华丽的感觉。

（三）色彩的轻重感

白色的物体给人的感觉轻飘，黑色的物体给人的感觉沉重，这种感觉来自生活中的体验。比如，白色的棉花是轻的，而黑色金属是重的。色彩的轻重感主要决定于色彩的明度，高明度色彩具有一种较轻的感觉，低明度色彩给人一种重量感。色彩的轻重感与知觉度有关，纯度高的暖色具有重感，纯度低的冷色具有轻感。

（四）色彩的强弱感

色彩的强弱决定于色彩的知觉度，知觉度高的明亮鲜艳的色彩具有强感，知觉度低的灰暗的色彩具有弱感。色彩的纯度提高时则强，反之则弱。色彩的强弱与色彩的对比有关，当色彩对比强烈鲜明时则强，色彩对比较微弱时则弱。在有色彩系中，以波长最长的红色为最强，波长最短的蓝紫为最弱。

（五）色彩的软硬感

色彩的软硬感与色彩的明度和纯度有着直接的关系。一般地，高明度的含灰色给人的感觉比较柔软，而低明度的纯色给人的感觉比较硬朗。

色彩的软硬感与色彩的轻重、强弱感觉有关，轻则软，重则硬；弱则软，强则硬；白则软，黑则硬。

（六）色彩的明快感与忧郁感

色彩的明快感与忧郁感主要与明度和纯度有关，明度较高的鲜艳之色具有明快感，灰暗浑浊的颜色一般都具有忧郁之感。

（七）色彩的兴奋感与沉静感

色彩的兴奋感与沉静感取决于刺激视觉的强弱。在色相方面，红、橙、黄具有兴奋感，而青、蓝具有沉静感，绿与紫为中性色。一般地，就色调而言：偏暖色调的色系容易使人产生兴奋感；偏冷色调的色系容易使人产生沉静感。在色彩的明度方面，明度高的色彩有兴奋感，明度低的色彩有沉静感。在纯度方面，纯度高的色彩具有兴奋感，纯度低的色彩具有沉静感。在色彩的搭配使用过程中，对比强的色彩有兴奋感，对比弱的色彩有沉静感。

（八）色彩的华丽感与朴实感

色彩的华丽感与朴实感以色相关系为最大，其次是色彩的搭配效果。色彩的华丽感与朴实感和色彩的三属性都有关联。明度高、纯度也高的色彩显得鲜艳、华丽，如霓虹灯、舞台、新鲜的水果等；纯度低、明度也低的色彩显得朴实、稳定，如古代的寺庙、褐色的衣物等；红橙色系容易产生华丽感；蓝色系列给人的感觉往往是文雅的、朴实的、沉着的。以色调来讲，大部分活泼、强烈、明亮的色调给人以华丽感；而暗色调、灰色调、土色调一般有朴实感。

（九）色彩的舒适感与疲劳感

色彩的舒适感与疲劳感实际上是色彩刺激视觉生理和心理的一种反应。一般来说，纯度过强，色相过多，明度反差过大的对比色的组合很容易使人感觉先兴奋后疲劳。使用邻近色组合的色彩系列一般会使人感到舒适、随和。

第二节　服装色彩的特性

服装给人的第一印象往往是色彩。在服装的三要素排序中，就将色彩排在首位，即色彩、款式、材料。色彩对服装的影响是极大的，常常是根据服装配色的优劣来决定对服装的选择，在观察着衣物件时，也总是根据直观的第一色彩概念来评价着装者的性格、喜好和艺术修养。正像马克思所说的："在一般的美感中，色彩的感受是最大众化的形式。"可以说服装色彩与配色设计在服装设计的大理念中是最为关键的问题之一。服装色彩因现实生活而定，它是活的东西，是从抽象到具体的东西，具有随机应变的能力，不同地域、环境、场所、文化、信仰、习俗、建筑等都能使服装色彩发生变化。

服装色彩设计，包括对组成服装的色彩上形状、面积、位置的确定及其相互关系的处理，是根据穿着对象特征所进行的色彩的综合考虑与搭配设计。服装色彩要和服装整体所要传达的意念保持一致。对服装色彩的研究跨越了物理学、心理学、设计美学、社会学等多个学科，因此，服装色彩设计是一项复杂的工作，服装色彩本身有其特性。

一、色彩的象征意义及其在服装上的运用

（一）红色

红色是典型的暖色调，人们见到红色往往会联想到红日、鲜血、红旗等。当然，由于不同的个体阅历，阅历环境的不同，联想的内容有所不同，所以强调的是群体的共性及共性的感觉。红色象征着生命、健康、热情、活泼和希望，能使人产生热烈和兴奋的感觉。红色在汉民族的生活中还有着特别的意义——吉祥、喜庆。

红色有深红、大红、粉红、浅红、玫瑰红等，深红有稳重感，橙红和粉红比较柔和、文雅，中青年女子用橙红和粉红比较适宜。强烈的红色比较难配色，一般用黑色和白色同它相配能取得很好的艺术效果，与其他的颜色相配要注意色彩纯度和明度的节奏调和配色比例关系是否和谐（图6-10）。

图6-10　红色服装的色彩搭配

图6-11　橙色服装的色彩搭配

（二）橙色

橙色的色感鲜明夺目，有刺激、兴奋、欢喜和活力感。橙色比红色明度高，是一种比红色更为活跃的服装色彩。橙色不宜单独用在服装上，如果通身上下都穿上橙色的服装，则会引起单调感和厌倦感。一般地，橙色宜与黑、白等色相配，这样往往能取得良好的视觉效果（图6-11）。

（三）黄色

黄色是光的象征，因而被作为快活、活泼的色彩。它给人的感觉是干净、明亮而且富丽。黄色与红色相比就算是一种比较温和的颜色。纯粹的黄色，由于明度较高，比较难与其他颜色相配。用色度稍微浅一些的嫩黄或柠檬黄，设计学龄前儿童的服装比较适宜，纯度稍低的黄色更加能体现儿童的干净、活泼可爱。青年女子中体型优美、皮肤较白皙者，用较浅的黄色面料设计服装显得文雅、端庄、有涵养；

但如果皮肤较黑，应穿色感较沉着的土黄或有含灰调的黄色比较合适。黄色色系是服装配色中最常用的色系之一，它与淡褐色、赭石色、淡蓝色、白色等相搭配，能取得较好的视觉效果（图6-12）。

（四）绿色

绿色的色感温和、新鲜，有很强的活力、青春感。绿色常使人联想到绿草、丛林、大草原等，一般给人一种凉爽的大自然的感觉，特别是近几年来的"绿色"概念深入人心，更使人们感到绿色的自然与环保等。绿色是儿童和青年人常用的服装色调，符合青年群体朝气蓬勃的精神状态。绿色配色比较容易，特别是花色图案中的绿色更适合与多种色彩的面料相搭配。在搭配绿色的服装时要特别注意利用绿色的系列色，如墨绿、深绿、翠绿、橄榄绿、草绿、中绿等的呼应搭配，尽量避免大面积地使用纯正的中绿，否则会出现单调的视觉效果（图6-13）。

图6-12 黄色服装的色彩搭配

（五）青色

看到青色人们常常联想到广阔的天空和无垠的海洋，它是象征着希望的色彩。青色属于冷调的色彩，有稳定和沉静的感觉。青色是一种让人比较舒适的色彩，大气、稳重，是适合团体活动时穿着的色彩（图6-14）。

图6-13 绿色服装的色彩搭配   图6-14 青色服装的色彩搭配

（六）紫色

紫色属于富贵的色系，给人华丽而高贵的感觉。它分偏暖和偏冷两种，偏暖的紫色给人以沉着安定感，偏冷的深紫色则给人以凄冷的感觉。紫色系列的浅颜色如浅青莲、浅玫瑰等，是青年女性最喜爱的色彩之一，用来设计衬衫、连衣裙、时装等显得新鲜而文雅。紫色系列的服装配上白色装饰显得优雅、美观、大方（图6-15）。

（七）白色

白色象征着洁白、纯真、高洁、幼嫩，它给人的感觉是干净、素雅、明亮、卫生。白色能反射明亮的太阳光，而吸收的热量较少，是夏天比较理想的服装色彩。白色是明度最高的色系，它有膨胀的感觉，特别是和明度低的色相搭配时效果更明显，所以设计服装时要从专业上认识白色的特性，尽量少给较肥胖的人使用白色的服装，相反体型较瘦小的人适合使用白色的服装。白色的衬衣配上浅蓝或浅绿的裤裙，能给人以整洁、雅致的感觉。白色服装的纯洁感，在人们的日常生活中起着重要的作用，如医院的工作人员、实验室的工作人员和饮食行业的从业人员，所穿用的工作服，都是以白色为较合适的（图6-16）。

图6-15　紫色服装的色彩搭配　　　　　　图6-16　白色服装的色彩搭配

（八）黑色

黑色是一种明度最低的色调，它是具有严肃和凝重的色彩。黑色给人有后退、收缩的感觉。在某些场合可以引起悲哀、险恶之感。黑色比较适合体形较肥胖者穿用，它能使人的视觉产生一种消瘦的视错，但是体型瘦小的人不适合大面积地使用黑色，而应该使用明度较高的颜色来设计服装。夏季室外不宜穿着纯黑色的服装，这是因为黑色吸收太阳光热能的能力较强，会增加穿着者的闷热感。

黑色是东方人的流行色，它与黑头发、黑眼睛属于同类色，所以黑色在我国一直比较流行。可以看到黑色的鞋子、黑色的裤子、黑色的腰带、黑色的手包等在生活中很普遍，这也正是服装设计时需要考虑的色彩呼应关系，但要特别提示的是：使用黑色服装时一定要注意小的装饰设计和服饰配件的整体效果，否则就会产生一种滞傻或恐怖的感觉。黑色毛呢料在国际生活服装中，被认为是代表男性的面料，可以在男式礼服设计中使用（图6-17）。

（九）褐色

褐色是比较典型的西洋流行色。褐色系列的服装与白色人种的发色、肤色、眼睛等比较协调，所以西洋人的服饰中往往有大量的褐色存在，有的是整装、有的是局部、有的是服饰配件等。

褐色有偏黄的、有偏红的，其实它就是咖啡色的系列。所有褐色都能使人联想到秋天，它是一种丰富的、谦让的色彩基调，是高雅、艺术性较强的一种色系。由于褐色明度较低，色彩性格不太强烈，所以容易与其他色彩搭配，特别是与纯色相配时（如黄、青、黑等）能给人一种优雅和鲜明的感觉。褐色系列在我国过去比较少用，现在已经大不一样了，褐色系列在现实生活中已使用得非常广泛了，特别是褐色图案的面料更是广泛，在青年男女的时装中褐色的运用也很是普遍（图6-18）。

图6-17　黑色服装的色彩搭配　　　　　　图6-18　褐色服装的色彩搭配

（十）灰色

中性灰给人以朴素的感觉，一般年纪稍大的人喜欢穿着。灰色系列本身是比较高级的，在设计服装时要注意灰色纯度的变化使用，它比较适合设计职业服和男性服装（图6-19）。

（十一）光泽色系

光泽色系是纺织品、装饰材料、装饰品所拥有的特异色彩，包括金、银、铜、玻璃、塑料、丝光、激光等的色泽。由于这类材料的材质各有不同，所以在设计服装时要考虑材料本身的性能和色彩的特异效果的关系处理。在现代的时装设计中有光泽的涂层、层压面料使用很广泛，特别是适合于舞台服饰（图6-20）。

图6-19　灰色服装的色彩搭配　　　　　　　　　图6-20　光泽色服装的色彩搭配

二、色彩的联想

色彩的联想来自阅历、生活、记忆。"因花想美人，因雪想高士，因酒想侠客，因月想好友"。往往看颜色时会联想到生活中的某种景物，有人看到红色就会想到鲜血，有人看到红色就会想到喜庆和节日，有人看到红色就会想到红旗，有人见到红色则会想到火等。把色彩与生活中具体景物联系起来的想象属于具体联想。有人看到蓝色联想到冷静、沉着；有人看到红色就会联想到热情、革命等，这种把色彩与知识中抽象的概念联系起来的想象属于抽象联想。

色彩的联想与观者的生活阅历、知识修养直接相关，所以在设计服装色彩时要分清对象，善于抓住不同人的个性要点，用色彩来体现设计的内容，使服装真正地具有符合色彩美的原理。

（一）色彩的具体联想（表6-2）

表6-2　色彩的具体联想

颜色	年龄性别			
	小学生（男）	小学生（女）	青年（男）	青年（女）
白	白雪、白纸	白雪、小白兔	白雪、白云	白雪、白婚纱
灰	老鼠、计算机	老鼠、阴天	老鼠、混凝土	阴天、冬天
黑	黑烟、夜晚	头发、夜晚	夜晚、墨水、煤炭	夜晚、墨水
红	太阳、红领巾	太阳、红领巾	红旗、鲜血、红灯	口红、鲜血、西瓜瓤
橙	橘子、西红柿	水果、灯笼	橘子、记号	橘子、红砖头
茶	土、树干	土、巧克力	皮相、土	靴子、咖啡
黄	香蕉、电视画面	菜花、向日葵	皇帝装、家具	柠檬、灯光
黄绿	野草、竹子	野草、树叶	嫩草、秋天的树林	秋天的树林、野草
绿	树叶、绿山	野草、草坪	军装、森林	花草、绿山
蓝	大海、天空	大海、天空、水	大海、秋空	大海、湖泊
紫	葡萄、紫罗兰	葡萄、喇叭花	花卉、葡萄	茄子、紫藤

（二）色彩的抽象联想（表6-3）

表6-3　色彩的抽象联想

颜色	年龄性别			
	青年（男）	青年（女）	老年（男）	老年（女）
白	清洁、神圣	纯洁、干净、卫生	洁白、青春、纯真	纯白、青春
灰	忧郁、绝望	忧郁、苦闷	荒废、平凡	沉静、失望
黑	刚健、神秘	神秘、直接	严肃、沉重	忧郁、冷淡、僵化
红	热情、革命	热情、生命、危险	热烈、喜庆	热烈、愉悦
橙	焦躁、可怜	卑俗、温情	明朗、热闹	欢喜、华美
茶	雅致、古朴	雅致、沉静	雅致、坚实	古朴、素雅
黄	明快、泼辣	明快、希望	光明、明快	光明、明朗
黄绿	青春、和平	青春、新鲜	新鲜、动感	新鲜、希望
绿	永恒、新鲜、活力	和平、永恒、理想	安全、和平、生命	希望、公平、可爱
蓝	无限、理想、空间	永恒、理智、空间	冷淡、薄情	平静、悠久
紫	高尚、古朴	优雅、高贵	古朴、优美、成熟	高贵、消极

三、中国古代的五色体系和色彩美学思想

中国是一个历史悠久的文明古国，有着十分丰富的文化遗产。在色彩科学方面，早在两千五百年前就建立了五色体系，该体系不仅在时间上早于西方千年以上，而且有着丰富的文化内涵。

（一）五行

何谓"五行"？正如黄国松教授在《色彩设计学》中所描述的："《尚书·洪范》载：'五行，一曰水，二曰火，三曰木，四曰金，五曰土'。"殷末重箕子与周武王时所曰，其"五行"意指水、火、木、金、土五种物质；《国语·郑语》载："夫和实生物，同则不继。以他平他谓之和，故能丰长而物归之。若以同裨同，尽乃弃矣。故先王以土与金、木、水、火杂，以成百物。"做过周幽王太史的史伯所语，其意是土与金、木、水、火五种物质结合产生百物，史伯的五行说不仅是指五种具体的物质，而且是指产生万事万物本源性的五种元素。五行说被占星家所利用，提出了"五行相生""五行相胜"的理论。"相生"意味着事物相互依赖和促进，如"木生火，火生土，土生金，金生水，水生木"。"相胜"即"相克"，意味着事物互相对立和排斥，如"水胜火，火胜金，金胜木，木胜土，土胜水"。五行学常常与阴阳学合流，称为"阴阳五行"。所谓"阴阳"，《老子》载："载万物负阴抱阳，冲气以为和。"老子认为："一阴一阳之谓道，道生一，一生二，二生三，三生万物。"《周易》认为，天地万物由太极、阴阳之道所生。"易有太极，是生两仪，两仪生四象，四象生八卦。""四象"乃是四时变化之象，"八卦"乃是"四象"所生的乾、坤、震、巽、坎、离、艮、兑，即天、地、雷、风、水、火、山、泽。

阴阳说认为自然的变化，人类的起源和生生不息之易都根源于阴阳二气的作用，阴阳合而生天地。战国末期阴阳学家邹衍集先秦五行之大成，将阴阳与五行结合起来，从而奠定了中国最古老的哲学体系——阴阳五行说。

（二）五色

阴阳五行说将五行与五色相配属，"金、木、水、火、土"对应"白、青、黑、赤、黄"，并将色彩赋予一定的文化内涵（图6-21）。

阴阳五行说认为"五行"是产生万事万物本源性的五种元素，一切事物皆统一于金、木、

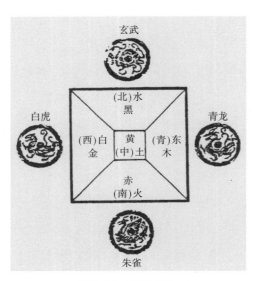

图6-21 五行与五色

水、火、土，当然色彩也不例外，"天有六气，发有五色"。"五色"是色彩的本源之色，是一切色彩的基本元素。五行结合生百物，五色结合生百色，五色论完全符合五行论的理论。

五色与五行相配属，其一是出于维护礼制，建立社会礼仪规范的需要。社会人士、宗教礼仪场合及活动均有非常严格的色彩规范，不得混淆颠倒，"尊尊贵贵，不得相逾"。

五色为五行的象征，是天地四时万物本身色彩的一种高度概括和抽象。

五色代表五方和四时，五方指东、南、西、北、中；四时指春、夏、秋、冬。

东方为木，主春、青色；南方为火，主夏、赤色；西方为金，主秋、白色；北方为水，主冬、黑色；中央为土、黄色。

战国末期邹衍将五行与五气、五方、五色、五帝等的配合与王朝的兴衰更替相联系，提出"五德始终""天道循环"的理论，按照五行相生的顺序，每个朝代均受到一种"德性"支配，每种"德性"又由五色象征：黄帝的虞代为土德，色尚黄；夏代为木德，色尚青；商代为金德，色尚白；周代为火德，色尚赤；秦代为水德，色尚黑。秦所以灭周是"水德胜火德"的结果。邹衍的五行相胜理论被秦始皇采用，秦始皇称帝后，取"水德""以冬十月为年首，色上黑"。

自先秦时期，阴阳五行思想颇为流行，影响甚大，五行相胜理论渗透到社会、政治、军事、天文、地理、医学甚至算命、风水、占星等广泛的领域，并指导人们的社会生产等一系列活动，后经不断发展、推广，几千年的文明，一以贯之，铸成了中华民族特有的思维方式。凡宇宙混沌，自然变化，社会变革，王朝兴衰，治国安邦，人事凶吉，都用阴阳五行理论来解释。

与五行配属相关的事物归纳如下：

五行	木	火	土	金	水
五情	喜	怒	哀	乐	衰
五色	青	赤	黄	白	黑
五官	目	舌	口	鼻	耳
五方	东	南	中	西	北
五声	呼	笑	歌	哭	呻
五神	魂	神	意	魄	志
五气	风	暑	湿	燥	寒
五事	视	言	思	听	貌
五味	酸	苦	甘	辛	咸
五性（常）	仁	礼	信	义	智
五象	直	锐	方	圆	曲

五宫	青龙	朱雀	黄龙	白虎	玄武
五液	泪	汗	涎	涕	唾
五牲	羊	鸡	牛	犬	豕
五体	筋	脉	肉	皮毛	骨
五谷	麦	菽	稷	稻	黍
五腑	胆	小肠	胃	大肠	膀胱
五德	智	信	仁	勇	严
五欲	色	声	香	腥	朽
五服	天子	诸侯	卿	大夫	士服
五脏	肝	心	脾	肺	肾

第三节　服装配色的基本法则

服装配色实际上是服装色彩的组合。在设计服装色彩之前，不仅要弄清楚每一种颜色的性格，还要掌握配色的艺术性与配色的基本方法，要懂得如何确立主色调，或者从什么颜色开始。

服装色彩的搭配与调和的行为主体是人，主体人在特定生理、心理、环境条件下，以具体的社会文化、时代特性为行为执行的背景，对服装色彩搭配效果的评价、选择及使用方式构成了以服装配色行为为宏观的社会基础和审美基础。服装色彩不仅要把握宏观效果，还要从微观上注意色彩与色彩之间的明度、色相、纯度等因素之间的适度关系性，这也就是服装色彩搭配活动中所要遵循的基本法则。

一、同类色组合在服装上的运用

同类色是由同一种色调变化出来，只是明暗、深浅有所不同。它是某种颜色通过渐次加进白色配成明调，或渐次加进黑色配成暗调，或渐次加进不同深浅的灰色配成的。例如，深红与浅红、墨绿与浅绿、深黄与中黄、群青与天蓝等。

同类色组合在服装上运用较为广泛，配色柔和文雅，呈现的效果平和入眼。

二、类似色组合在服装上的运用

在色相环中，相邻接的色彼此都是类似色，彼此间都拥有一部分相同的色素，因此在配色效果上，也属于较容易调和的配色。但临近色也有远邻、近邻之分。近邻色有较密切的属性，易于调和；而远邻色必须考虑个别的性质与色感，有时会有一些微小差异，这与色彩的视觉效果相关联，直接与色差及色相环距离有关。类似色的配色关系处在色相环上30°以外60°以内的范围，这种色彩配置关系形成了色相弱对比关系（图6-22）。

类似色配色特点：由于色相差较小而易产生统一协调之感，较容易出现雅致、柔和、耐看的视觉效果。服装色彩设计采用这类对比关系，配色效果较丰富、活泼，因为它有变化，且对眼睛的刺激适中，具有统一感，因此能弥补同类色配色过于单纯的不足，又保持和谐、素雅、柔和、耐看的优点。但是，在类似色彩配色中，如果将色相差拉得太小，而又在明度及纯度差距接近，配色效果就会显得单调、软弱，不易使视觉得到满足。所以，在服装色彩搭配中运用类似色彩调和方法时，首先要重视变化对比因素，当色相差较小时，则应在色彩的明度、纯度上进行一些调整和弥补，这样才能达到理想的服装配色效果。

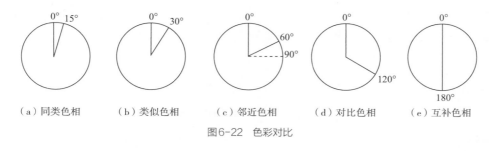

（a）同类色相　　（b）类似色相　　（c）邻近色相　　（d）对比色相　　（e）互补色相

图6-22　色彩对比

三、对比色组合在服装上的运用

对比色组合是指色环上两个相隔比较远的颜色相配，一般呈150°左右排列。它们在色调上有明显的对比，如黄与青、橙与紫、红与蓝。它们给人的感觉比较强烈，不宜太多使用。

对比色运用在服装上能得到鲜丽、明快的效果，用在舞台演出服装、儿童和女性青年服装上其效果更为显著。但是，对比色的搭配显得个性很强，较容易使配色效果产生不统一和杂乱的感觉。所以，这种服装配色，首先要注意其统一调和的因素，特别是对比色之间面积的比例关系，"万绿丛中一点红"给人强烈而清新的视觉刺激，正是红、绿两种对比色在面积上的合理比例所形成的（图6-23）。

图6-23　对比色组合在服装中的应用

四、相对色组合在服装上的运用

相对色组合是指在色环上两个相对颜色的配合，如红与绿、黄与紫、青与橙等，表现在色环上为180°对角。色彩学把相对色又称为"补色关系"。

相对色在服装上的用法与对比色的用法大体相同，也应该注意主从关系。在服装配色时，如上衣用的是相对色配合的花色图案面料，那么裙裤最好选用单色布料，因为这样能取得"闹中有静"的效果（图6-24）。

图6-24　相对色组合在服装中的应用

设计时为了使相对色搭配在服装上取得更加理想的效果，可以酌情加上中间色调，如红色上衣、绿色的裙裤都是纯色，其效果因过于强烈而视觉效果不佳，如果将上衣改用朱红，裤裙改用暗绿色其效果就会好得多。

五、服装配色（表6-4）

表6-4　服装配色参考

主色	适合配色	主色	适合配色
大红色	黑色、银色、金色、白色	青色	黑色、白色、米色、银色
深玫瑰红色	白色、银色、米色	蓝色	红色、淡黄色、白色
酱红色	橙黄色、淡酱色、金色	淡蓝色	银色、深蓝色、白色
桃红色	深红色、藏青色、浅蓝色	青莲色	深青莲色、桃红色、天蓝色、银色
棕色	橘红色、橙黄色、姜黄色	白色	青色、玫瑰红色、淡黄色、黑色、晶蓝色、淡蓝色、粉红色
黄色	银色、黑色、白色、深黄色	黑色	红色、青色、白色、灰色、晶蓝色、深绿色
淡黄色	金色、银色、黑色、深黄色、棕色	灰色	晶蓝色、红色、淡蓝色、银色、青莲色
橘黄色	金色、棕色、橙黄色、黑色	翠绿色	深绿色、蓝色、黄色、金色
金黄色	黑色、银色	墨绿色	黄色、米色、蓝色、黑色、白色、银色
橙黄色	棕色、红色	粉红	红色、黑色、白色、银色、金色
米色	青色、红色、深黄色、棕色	驼色	咖啡色、紫红色

六、色彩的情感属性

对于色彩的感觉，每个人都有自己的体会，上面讲到的是人们在日常生活中共性的一面，但在实际中人们对颜色怀有各种各样的感情。颜色本身是没有感情的，然而当人们看到某种有色彩的物体时，由于色彩的视觉刺激，人们会对色彩产生各种各样的感情。在色彩设计或绘画中，可以通过色彩的运用，使设计作品有明快、喜悦、忧郁等情感。

与其他感情相比，嗜好尤其是跟本人和谐与否具有很高的相互关系。嗜好是由个人主观想法决定，所以每个人的差别还是很大的，但是就存在着共性的一面来看，那是由于受时代、教育、信仰等社会因素的影响而出现的一种必然。人们可能会由色彩联想到水、海、天空等具体的事物，也有联想到理想、革命、勇敢等抽象的概念。个人对色彩的联想受到年龄、性别、民族、时代、习惯、教育程度、生活环境等影响。在非洲，传统上认为黑色与死亡、恶魔联系在一起，由于受这种特殊文化背景的影响，他们在服装上一般不使用黑色，而最喜欢使用的是鲜艳的色彩。

感情是个人主观上产生的东西，但是也有一些让人们从某种颜色共通性中产生出一种相同的感情，这是一种共性的体现，这种共性的元素正是服装设计师要从专业的角度来利用的，如暖色、冷色、兴奋色、稳重色等。

第四节　流行色

一、流行色的概念

流行色（Fashion Color）是一种社会现象，"流行色"是相对于"常用色"而言，它是指在一定的社会范围内，在一定的时间内在多数人中广泛流传的带有倾向性的色彩。如果一种时新的色调受到当地人们的接受并风行开来，这就是地区的流行色；如果这种时新的色调得到国际流行色委员会的一致通过，面向世界发布，这就是国际流行色。

二、流行色的循环周期

在广泛流行之前的阶段，走在流行前沿的时候称为时髦的色彩，已经引起人们的重视和注意，接下来很快就被人们认可成为受大众青睐的流行色。之后，在流行过后服装式样固定下来的就成为式样色彩。流行过的颜色再度流行起来的现象称为流行循环（Fashion Cycle）。

人们在自然界中捕捉到的色彩是有限的，而如果反复接受同样的色彩，此时人们就会感到单调和乏味，于是就希望追求一种新的色彩刺激，从而引发原有色彩逐步开始衰退，而新的色彩慢慢登场。研究结果表明，色彩的流行周期长短不等，从萌芽、成熟、高峰到退潮有的持续3~4年，原有色彩和新色彩可能交替出现。流行色的传播由时尚发达地区传向落后的地区。在流行色的流行期间，高峰期为1~2年，这是真正的产品黄金旺季。

在某一色彩流行时，总有几个色彩处于雏形期，另外几个色彩步入衰退期，如此周而复始地运转。日本流行色研究协会研究得出，蓝色与红色常常同时相伴出现。蓝色的补色是橙色，红色的补色是绿色，所以当蓝色和红色广泛流行时，橙色和绿色就退出流行舞台。由此可见，蓝色和红色是一个波度，橙色和绿色也是一个波度，合起来恰好是一个周期，一个周期大约是蓝色、红色三年，橙色、绿色三年，中间过渡色一年。这种七年周期理论首先是由美国色彩学家海巴比伦提出，以后日本流行色协会常务理事长太作陶夫等专家对此做了证实。每一年度官方都会发布本季流行色供时尚界人士参考。

潘通年度代表色（Pantone Color of the Year）反映出全球性的时代精神，潘通年度代表色的公布已经成为一个流行文化现象，吸引全球设计界的关注，并传达一个指针性的信息给数十亿的色彩爱好者。图6-25为2001~2020年的潘通（PANTONE）流行色。

图6-25　2001~2020年潘通流行色色卡

三、流行色的起因

爱美是人的天性，人们总是喜欢变化与新奇。人们使用一个颜色久了在视觉上就会感到疲劳，在审美上也同样会出现"审美疲劳"，这时，人们内心就会涌动出求变的呼唤，这是事物发展的一种必然，特别是社会物质条件丰富之后，这种心态更是强烈，这也正如人们吃饭需要改变一下口味一样。流行色的产生是一个十分复杂的社会现象，是经济文化的反映，它首先涉及人的生理、心理感受，这是客观的。对于一种新颖的色彩，人的视觉不免兴奋，这是由于人的眼球希望以此得到满足，获得精神上的快感，同时人的系列因素也影响着流行色的产生，当人处于某种状态时，就会倾向于使用某种色彩来表达出不同的心理感受。所以流行色也包含主观的成分。在纺织和服装中流行色的流行周期最为短暂，变化也最快。

流行色是社会的产物，可以反映出一个时代的生活方式和价值取向，所以每个时代都有独具风格和特征的流行色彩。色彩的流行由社会经济、文化发展、科技进步、消费心理、色彩原理等多重因素综合影响而成，大致可以分为以下八个方面：

（1）电影、电视、图书、杂志、报纸等宣传。

（2）对明星、名人（歌星、电影明星、体育明星、商界名人、政界要员）的崇拜与模仿。

（3）国际流行的影响。

（4）商家、媒体的炒作。

（5）新型材料的出现。

（6）国家、政治、经济、文化、科技和重大团体活动的影响。

（7）求新的生理、心理特征。

（8）历史民族地域差异及文化交流。

四、国际流行色组织

"国际流行色委员会"（International Commission for Color in Fashion and Textiles）是国际上最具权威性的、组织比较庞大的研究和发布流行色的团体，简称"Inter Color"。它成立于1963年，组织的发起人是法国、德国和日本，本部在巴黎，每年召集两次委员会会议。从国际流行观点的角度出发，商议流行色及图案并决定下来，在每年的流行服装预测之前，发表近两年之内的国际流行色的预测。这个机构每年1月、7月召开两次选定流行色的会议，根据各成员国提交的提案色并针对当前的社会、经济及气候等各方面因素，提炼出下一季流行色。流行色的出现是与常用色相对而言。各个国家和各个民族，由于种种原因，都有自己爱好的传统色彩，长时间相对稳定不变。但这些常用色有时也会转变，上升成为流行色。而某些流行色，经人们使用后，在一定时期内也有可能变为常用色、习惯色。

每年参加流行色预测的国家有中国、韩国、法国、意大利、德国等20多个国家，每年的流行色由这些国家的公共机关来共同推出。其中，具有世界代表性的色彩情报机关是国际羊毛局（IWS, International Wool Secretariat）、国际棉业振兴会（CIM, Comite de la Coordination des Industries de la Mode）、国际流行色委员会（International Commission for Color in Fashion and Textiles）、日本的流行色协会（JAFCA, Japan Fashion Color Association）等。

五、我国的流行色组织

中国流行色协会经中华人民共和国民政部批准于1982年成立，是由全国从事流行色研究、预测、设计、应用等机构和人员组成的法人社会团体，1983年代表中国加入国际流行色委员会。协会定位是中国色彩事业建设的主要力量和时尚前沿指导机构，业务主旨为时尚、设计、色彩。服务领域涉及纺织、服装、家居、装饰、工业产品、汽车、建筑与环境色彩、涂料及化妆品、美术、影视、动画、新媒体艺术等相关行业。图6-26为中国流行色协会组织架构。

中国流行色协会趋势研究机构专业人员从社会学、心理学等多角度对人们生活方式的现状和变化进行研究和分析，并以此为基础分析研究生活方式变化引发的一系列消费需求

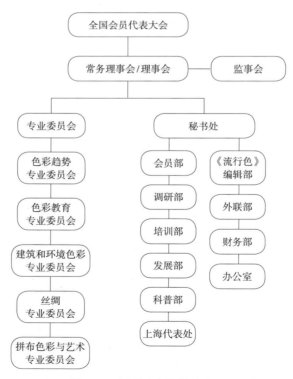

图6-26　中国流行色协会组织架构

和消费行为的变化，从而对市场和产品走向进行分析、预测和发布。

长期以来，中国流行色协会趋势研究机构已搭建起由专业展会、专业活动、专业市场、时尚企业构成的流行趋势发布立体平台，并通过这些发布平台进行色彩、材质、时尚产品流行趋势的发布，促进产业对流行趋势的理解和运用。

中国流行色协会主要业务包括：

（1）组织国内外市场的色彩调研、预测和发布流行色趋势。

（2）根据有关规定，代表中国参加国际流行色委员会会议，提交中国色彩预测提案。

（3）开展色彩学术交流、教育和培训等工作，普及流行色知识，推广现代色彩应用技术和成果。

（4）经政府有关部门批准或委托，开展以下工作：

①主办时尚相关产业大型活动和相关赛事。

②承担有关色彩项目成果鉴定。

③开展中国应用色彩标准研制、应用和推广。

（5）依照有关规定编辑出版流行色期刊和色彩应用工具及资料。

（6）从事色彩及相关时尚产品的设计和咨询服务，推广和普及色彩知识，传播时尚概念。

（7）开展国际交流活动，发展同国际色彩研究及应用机构和组织的友好往来。

💡 思考题

1. 结合市场做一份小范围的流行色趋势报告。
2. 结合书本内容找出自己适合的色系。
3. 选择某一品牌，进行该品牌某年度流行色彩、款式、面料调研。
4. 根据色彩对人感情的影响设计一个系列的主题服装。

第七章

07

服装与材料

课题名称：服装与材料

课题内容：从理论与实践两个层面来学习服装材料，并且注重
　　　　　理论知识与实践操作之间的关联性和互补性。

课题时间：5课时。

教学目的：使学生了解服装材料的基础知识及服装材料创新的
　　　　　意义，并且能够掌握服装设计面料的创新和再造的
　　　　　方法，在实践操作中巩固理论知识。

教学方式：理论加实践操作。

教学要求：了解服装材料的基础知识。

课前课后准备：市场实践调研。

服装材料和服装一样，既是人类文明进步的象征，又是文化、科学、艺术宝库中的珍品，服装材料在国民经济和大众日常生活中占有重要的地位。一般来说，服装材料包括两个方面：服装主面料、服装辅料。在构成服装材料中，除主面料（材料）外均为服装辅料。而服装辅料包括里料、衬料、垫料和填充材料、缝纫线、纽扣、拉链、钩环、绳带、商标、花边、号型尺码带及使用示明牌等。

在研究服装材料时，常以原料、形态或用途来进行分类，并以此来寻求服装材料的特性、使用途径，以及它们对服装的形态、构成、服用性能和穿着效果等的影响，以期设计和制造出优良且令人满意的服装。服装色彩、款式造型和服装材料构成服装三要素。而服装色彩和服装材料两个因素直接由选用的服装面料来体现。服装的款式造型则也需依靠服装材料的柔软、硬挺、悬垂及厚薄轻重等特性来保证。此外，服装材料的装饰性、覆盖性、加工性、舒适性、保健性、耐用性、保管性、功能性及价格等直接影响着服装的性能和销售。因此，服装材料是服装的基础。20世纪90年代以来，服装材料成为人们选购服装的重要因素，每一种新型服装材料，如水洗织物、砂洗织物、桃皮绒、弹力织物、太空棉等出现时，就会掀起新的服装潮流。有了新的材料，就有了新的服装出现，而反过来新潮服装又要求新的服装材料。服装材料和服装两者之间存在着相互促进和相互制约的关系。服装材料作为组成服装的要素之一，是实现服装设计成品化的物质基础，其既要能够满足人们穿衣的各种目的用途，又能够体现服装设计思维上的造型要求。因此，服装专业人才必须学习和正确掌握日新月异的服装材料的有关知识。

第一节　服装材料概述

一、衣料简史

人类在利用纤维做衣料以前的原始时代，寒冷地带的衣料是兽皮，暑热地带的衣料有树皮、植物的叶子等。人类根据自身周围不同的生存环境，选择自然中不同的材料作为防寒护体的材料。在温带和热带地区，当地人类出于各种目的会把树皮、树叶和藤条作为衣料，以叶为衣裙，以草、竹为鞋履；而在气候寒冷或季节变化差异较大的地区，动物的毛皮成了非常实用和贵重的材料。

（一）长纤维时代

人类在长期使用线状体材料的基础上逐渐积累了一些经验。在实践中，人们发现将植物的韧皮剥下来就可以得到又细又长又软，而且具有一定韧性的线状材料，这就是纤维。经过多次的实践，人们发现麻纤维是比较理想的衣料用纤维。所以，在人类历史上，最早被广泛用作衣料的植物纤维是长纤维的麻。在一万年前的新石器时代，人类就开始使用麻织物。

长纤维除了植物纤维外，还有动物纤维的丝。丝早在四千多年前就出现在我国人民的衣生活中。在传说中有黄帝的元妃嫘祖西陵氏教民养蚕的说法。目前发现的实物中，殷商时期已有了丝织物，如带有雷纹的绢等，在甲骨文中也有桑蚕和衣、裘的象形文字，并有玉蚕的发现，帛字在甲骨文中也曾见到。可以说：在公元前2600多年，我国已开始用蚕丝制衣。公元前1世纪，中国商队通过"丝绸之路"与西方建立了贸易往来。这时，人们也开始了对织物进行染色。

（二）短纤维的利用

在利用纤维制作衣料时，需要把纤维接续起来，这就出现了绩麻、捻丝、纺线等技术。绩是通过加捻把长纤维接续起来，纺是通过加捻把平行并列的短纤维集束缠绕在一起接续起来。在技术上，加捻可以把纤维变长，而且可以使纤维变得有一定的弹性，并且比较结实。

由于绩、纺技术的发明，所以将天然的短纤维制作为衣料有极大的可能，最早被利用的短纤维是动物纤维的兽毛，其中羊毛最为多见。后来，被人们利用的短纤维是棉花。最古老的棉花产地是印度，公元前3000年印度已开始使用棉花。

人类在长期的社会实践中，逐渐发现并且很好地利用了四大天然纤维——麻、丝、毛、棉。

（三）人造纤维（化学纤维）的发明

早在1664年，英国人罗伯特·胡克（Robert Hooke）就开始了关于人造纤维的构想。胡克之后，经过法国人莱奥姆尔（Reaumur）等科学家一系列的研究，1884年，法国人查尔东奈（Comét de chàteaunay）才成功地使人造纤维工业化。1890年，法国人迪斯派西斯（Despaisis）发明了铜氨人造丝；1892年，英国人克罗斯（Cross）和比万（Bevan）发明了黏胶人造丝；1894年，克罗斯和比万又发明了醋酯纤维。1938年美国宣布了尼龙纤维的诞生，又在1950年开始生产腈纶，1953年以达克纶命名生产了涤纶。

二、服装材料的内容

服装材料就是构成服装的各种原料，主要包括：服装面料，如棉材料、麻材料、毛材料、丝材料、化纤织品材料等；服装辅料，如服装里料、服装衬料、服装填料、纽扣用材料、拉链用材料、襻带用材料、商标标志用材料等；服装服饰品配件材料，如包所用材料、头饰品所用材料、腰带及装饰挂件所用材料、携带品所用材料、项链手镯等首饰所用材料等（图7-1）。

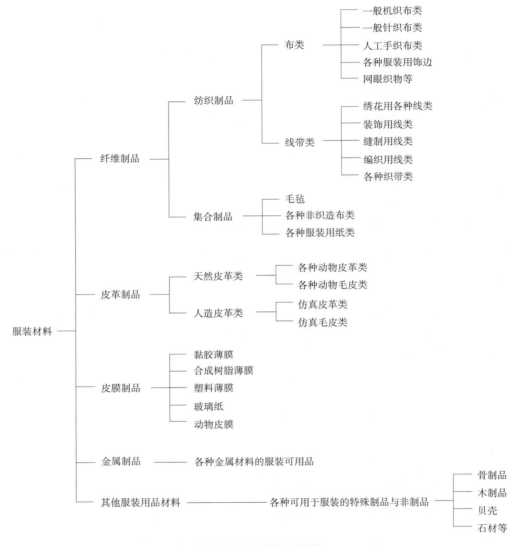

图7-1 服装材料的内容明细

目前，服装材料正在不断开发新的品种，以推动服装的发展与变革，特别是流行服装对材料的要求越来越多、越来越高。例如，仿毛料、仿真丝、仿皮革等，不仅从视觉上要达到以假乱真的效果，从性能上也在大大地提高着它的功能性。

第二节　纤维的易保管性与纤维的鉴别

一、纤维的易保管性

优良的服装材料，不仅外观效果美、视觉适宜、穿着舒适，人们还希望服装易于保管且不需要特别的照料。

服装是否容易存放，需要看它是否容易霉变和虫蛀。天然纤维素纤维和动物纤维都易受霉菌的侵害，特别是温度在20～30℃，相对湿度在70%以上时，霉菌很容易繁殖。这时，如果服装上有油污、汗迹等不清洁处就会给霉菌提供营养从而使霉菌迅速滋生，最后使服装发霉变烂。

合成纤维制品对霉菌和昆虫的抵抗能力较强，所以存放较为方便。各种纤维的抗虫蛀性和抗微生物性如表7-1所示。

表7-1　各种纤维的抗虫蛀性和抗微生物性

纤维名称	抗虫蛀性	抗微生物性	纤维名称	抗虫蛀性	抗微生物性
棉	比较弱	弱	锦纶	比较强	很强
蚕丝	很弱	很弱	偏氯纶	很强	比较强
羊毛	很弱	比较弱	氯纶	很强	比较强
黏胶纤维	比较强	弱	腈纶	比较强	比较强
醋酯纤维	比较强	稍有变色	涤纶	比较强	很强
维纶	比较强	很强			

二、纤维的鉴别

（1）纤维分类及名称：纤维是指长度比直径大好多倍，甚至上千倍，并具有一定柔韧性能的纤细物质。

在自然界中，纺织纤维的种类很多，总的可以分为天然纤维和化学纤维（人造纤维）两大类。

天然纤维是指在大自然中存在的，可以直接得到的纤维。天然纤维又可分为植物纤维、动物纤维和矿物纤维三大类。

化学纤维是指将天然高分子物质经过化学处理或用有机合成法制得的纤维。化学纤维的品种比天然纤维多，但是它总的来讲可以分为两大类：人造纤维和合成纤维（图7-2）。

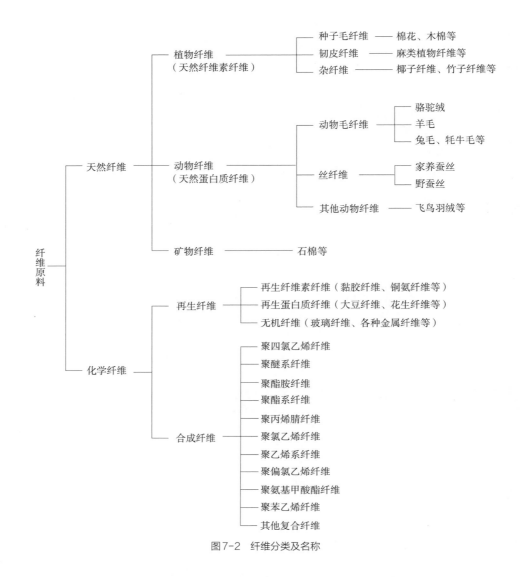

图7-2 纤维分类及名称

（2）纤维的鉴别方法：随着化学纤维的发展，各种纤维原料制成的纯纺、混纺和交织织物越来越多，那么，从本质上来识别材料就很重要。怎样鉴别纺织面料的成分，也就是弄清某种面料是由什么成分的纤维构成。纤维鉴别的方法很多，归纳起来主要有以下几种方法，其中日常使用燃烧法最简便。

（一）感观鉴别法

靠人的眼睛观看材料的颜色、质地、光泽等，用手触摸材料的质感、厚薄等，用耳听材料的丝鸣等来鉴别组成织物的纤维种类。这种方法比较简便易行，但是要求鉴别者要有一些专业知识。

（二）燃烧鉴别法

如果纺织材料经过观感法的观察还不能得出结论，那么可以采用燃烧法对材料进行进一步的鉴别。为防止材料被烧坏，最好揪出一小束纤维或纱线，用它来慢慢接近火焰。仔细观察纤维接近火焰时、在火焰中及离开火焰时，烟的颜色、燃烧的速度及燃烧后灰的特征（表7-2）。

表7-2　常见纤维燃烧特征

纤维名称	在燃烧之中	燃烧后灰烬情况	燃烧时的气味
棉、黏胶纤维	燃烧速度快	残留有灰白色的灰	烧棉花味
麻、富强纤维	燃烧速度快	残留有灰白色的灰	烧棉花味
羊毛、蚕丝	渐渐燃烧	手捻时松脆，呈现黑灰	烧毛发的味道
涤纶	先熔后燃烧，有熔液滴下	玻璃状黑褐色硬球	特殊的芳香味
锦纶	先熔后燃烧，有熔液滴下	玻璃状黑褐色硬球	氨臭味
腈纶	熔融燃烧，有发光的小火花	黑色硬块	有辣味
维纶	燃烧	黑色硬块	特殊的甜味
丙纶	熔融燃烧	硬黄褐色球状	轻微的沥青味
氯纶	熔融燃烧，有大量的黑烟	黑色硬块	有氯化氢臭味

燃烧时观察的主要内容包括如下方面：

（1）燃烧方式。

（2）火焰的颜色。

（3）燃烧时散发出来的气味。

（4）燃烧后灰烬的颜色和形状，包括灰烬的软硬程度。

（三）显微镜观察法

显微镜观察法就是借助显微镜来观察各种纤维的外观和横截面形态，从而达到鉴别纤维的目的。这种方法是鉴别天然纤维的好方法。但就鉴别化学纤维来说，这种方法只适用于湿纺纤维，对干纺纤维或异形纤维很难单独采用显微镜观察法进行鉴别（表7-3）。

表7-3　几种常见纤维的纵面与截面形态

纤维名称	纵面形态	横截面形态
棉	天然扭曲（扁平）	腰圆形，有中腔
苎麻	有横节、竖纹	腰圆形，有中腔及裂缝

续表

纤维名称	纵面形态	横截面形态
亚麻	有竹状横节、竖纹	多角形，中腔较小
羊毛	表面有鳞片	圆形或近似圆形，有的有髓质层
兔毛	表面有鳞片	哑铃形，有髓质层
桑蚕丝	平直竖纹	不规则三角形
黏胶纤维	纵向有沟槽	锯齿形，有皮芯层
富强纤维	平滑	较少齿形或圆形
醋酯纤维	纵向条纹有1~2道沟槽	三叶形或不规则锯齿形
维纶	有1~2道沟槽	腰圆形，有皮芯层
腈纶	平滑或有1~2道沟槽	圆形、叶形或哑铃形
氯纶	平滑或有1~2道沟槽	近似圆形
涤纶、锦纶、丙纶	平滑	圆形或异形

（四）化学鉴别法

不同的纤维对于不同种类的溶剂和在不同浓度溶剂中的溶解程度不同。溶解法就是利用纤维在化学溶剂中的溶解性来鉴别纤维的品种。

另外，纤维的鉴别方法还有药物着色法、熔点法、红外吸收光谱鉴别法等。

第三节　织物的分类与外观质量鉴别

由于科学技术的高速发展，各种纤维原料，特别是化学纤维品种繁多，也使服装面料市场的品种十分繁荣。现在市场上销售的仿棉、仿麻、仿丝、仿毛面料几乎能达到乱真的程度。服装面料的发展为服装设计多样化提供了丰富的选择余地。所以，全面认识和掌握服装面料的特点、风格和性能，合理地选用服装面料，也就成了服装设计师必须具备的专业素质。

一、织物的分类

织物分类的方法有很多，常用的有以下分类方法。

1. 按组成织物的原料分类

（1）纯纺织物：是指织物的经纬纱线是由单一的原料构成。

（2）混纺织物：是指由两种或两种以上化学组成相同或化学组成不同的纤维混纺成纱而织成的织物，如麻棉、毛棉、涤棉等。

（3）交织物：是指织物经纱和纬纱原料不同，或者经纬纱中一组为长丝纱，另一组为短纤维纱，交织而成的织物，如丝毛交织物、丝棉交织物等。

2. 按组织织物的纱线分类

（1）按纺纱加工方式分：棉织物可以分为普梳织物和精梳织物，毛织物可以分为精纺织物和粗纺织物。

（2）按纱线结构分：单纱织物是指由单纱组成的织物，全线织物是指由股线织成的织物，半线织物是指由单纱和股线交织而成的织物，花式线织物是指由各种花式线织成的织物，长丝织物是指以天然长丝或化纤所织成的织物。

3. 按形成织物加工的方法分类

按形成织物加工的方法可分为机织物、针织物、编结物、非织造物四大类。

4. 按印染加工和整理方式分类

（1）原色织物：主要指未进行印染加工的本色织物。

（2）漂白织物：漂白织物是以白坯布经练漂加工后所获得的织物，如漂白棉布、漂白麻布等。

（3）染色织物：是指以坯布进行匹染加工的织物。

（4）色织物：是指纱线染色后而织成的各种条、格及小提花的棉及棉混纺织物。

（5）印花织物：是指以白坯布经过练漂加工后进行印花而获得的花色图案织物。

（6）其他新型织物：现代科技高度发展，新型的织物在现代科技手段中面目多样，如轧花、烫花、发泡起花等。

二、面料外观质量的鉴别

1. 面料正反面的识别

（1）根据织物的组织：纺织面料织物不同，其组织也不同，所以可根据面料的组织不同的特点来识别面料的正反面，如斜纹组织、缎纹组织、平纹组织等。

（2）根据织物的花纹和色泽：一般织物的正面花纹清晰、线条纹路明显、层次分明、色泽较反面入目。

（3）根据织物的提条花纹和提花花纹：凡是正面提条或提花的各种花纹织物，正面比反面清晰明显、均匀入目。

（4）根据织物的布边：一般的织物，正面的布边比反面的布边平整，反面的布边向里卷曲，不如正面平滑。

（5）根据毛绒：双面起毛的织品很难分清正反面，需要仔细观察。双面绒的布料正面绒比较紧密整齐，比反面绒光泽洁净。如果是双幅面料，一般折在里面的是正面。

（6）根据商标：按常规来讲，若是整匹的布，凡是贴有成品说明书（商标）的一面或加盖章印的一面是反面。

2. 正确识别纺织面料的倒顺

有的面料是有倒顺之分的，如毛呢料、灯芯绒等。特别在裁剪的工序时，一定要分清面料的倒顺，要使服装裁片倒顺保持一致，否则制作成的服装将出现裁片不同的颜色，即次品服装。

还有一些面料有闪光的效果，也要注意排板的倒顺，如果倒顺有误，那么闪光的颜色就会不一致。

另外有一些不对称的格子面料，也是有倒顺之分的，在裁剪时也要特别注意。

3. 查出疵点

有无疵点是检验面料质量的重要标准。服装面料产生疵点的原因很多，主要有以下方面：

（1）由于纤维质量的问题而产生的疵点，如纱疵。

（2）由于在纺织时产生的疵点，这些疵点称为织疵。

（3）面料在印染、整理等工艺过程中产生的疵点，这些疵点称为染整疵点。

服装面料疵点的种类很多，包括：经缩与纬缩、蛛网、粗纱、竹节纱、大肚纱、稀弄、稀纬、薄段、双纬、条干不均、密路与厚段、边疵、破洞、棉结杂质、斑渍、色条、轧梭、断经、沉纱、豁边跳花、折痕、脱纱、紧捻纱等。

第四节　服装辅料

服装辅料是指在制作服装时，所用的除服装主料以外的其他一切材料。服装辅料对服装的整体效果有着不可缺少的作用，做服装不能没有辅料。设计师在设计服装时必须要考虑服装的整体，对于服装的辅料使用一定要熟悉，并且要了解各种辅料的性能和使用后的效果，这也是服装设计师的专业素质要求。服装辅料的品种很多，一般包括里料、衬料、线、钩、链、带、花边、黏合剂、商标、吊牌、纸唛等。

一、服装辅料的分类（图7-3）

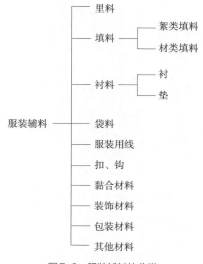

图7-3 服装辅料的分类

二、服装辅料的组成（图7-4）

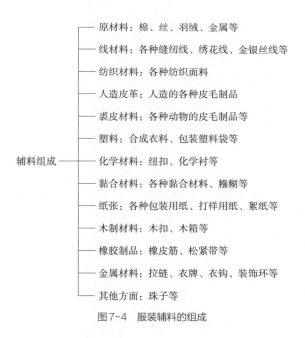

图7-4 服装辅料的组成

三、服装里料

服装里料是服装里层的材料，通常指里子或夹里。

1. 里料的作用

（1）具有保护面料的作用。

（2）具有进一步装饰的作用。

（3）具有衬托服装造型的作用。

（4）具有保暖作用。

（5）可使服装穿脱方便。

2. 里料的分类

（1）根据工艺分类：

①活里子：是指里子经过加工后，里子与面子可以脱开，拆洗较方便。

②死里子：是指里子与面子缝合在一起，不能脱开。死里子的制作工艺一般较活里子简单。

③半衬：是指经常摩擦处，采用局部配里子的方法，一般较适合中低档面料的服装。

④全衬：是指整件衣服全部配衬里。

（2）根据材料分类：

①天然纤维：一般有真丝电力纺、真丝斜纹绸、棉府绸等。

②人造纤维：一般有纯黏胶丝的美丽绸，黏胶丝与棉纤维交织的羽纱，棉纬绫、棉线绫、富春纺等。

③合成纤维：一般有尼龙纺（尼龙绸）、涤丝绸等。

四、服装填料（图7-5）

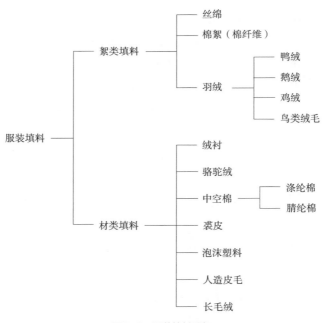

图7-5　服装填料明细

五、服装衬料

服装衬料是指衬在衣领、袖克夫、袋盖、腰头、挂面等部位的一层布，通常是附在衣服里的某一部分的布。

1. 衬料的要求

服装的款式不同，对衬料的要求也不同。衬料不但要硬、挺、平、富有弹性，而且要具有良好的物理、化学性能，要具有色牢度好，吸湿性好，通透性好，牢度好，比较能耐高温。

2. 服装衬料的分类（图7-6）

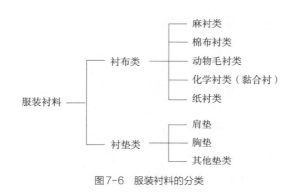

图7-6　服装衬料的分类

六、纺织品缩水率（表7-4）

表7-4　纺织品缩水率参考表

品名	缩水率/%		品名	缩水率/%	
	经向	纬向		经向	纬向
平纹棉布	3	3	人造哔叽	8~10	2
花平布	3.5	3	棉/维混纺	2.5	2
斜纹布	4	2	涤/腈混纺	1	1
府绸	4	1	棉/丙纶混纺	3	3
涤棉	2	2	泡泡纱	4	9
哔叽	3~4	2	制服呢	1.5~2	0.5
毛华达呢	1.2	0.5	海军呢	1.5~2	0.5
劳动布	10	8	大衣呢	2~3	0.5
混纺华达呢	1.5	0.7	毛凡尔丁	2	1
灯芯绒	3~6	2	毛哔叽	1.2	0.5
毛华呢	1.2	0.5	人造棉	8~10	2
毛涤华呢	1.2	0.5	人造丝	8~10	2

第五节 服装对材料的选用

材料是服装的三大要素之一，它对服装造型、服装机能都有着最直接的影响，所以，在设计服装时一定要注重对服装材料的选择。

特别是随着社会的进步和科技的日新月异，服装不仅要具有满足人们遮体、驱寒、保暖的物质性需要，还要满足人们审美、体现个性、表明身份的精神需要，现代还特别要讲究"绿色保健"的服装设计理念。在服装的三要素中，材料是色彩的载体，它的风格，以及它在性能、技术上的突破会对服装产生前所未有的影响，也可以说是革命性的进展。尤其是当代高科技在面料中的运用，为面料提供了崭新的外观和新型的功能，这必然为服装设计增添了丰富的设计语言。

一、服装的使用价值和品质要求

1. 服装的使用价值

服装的使用价值包括两个方面：第一是实用价值，就是保护身体，满足人们的工作和生活需要，包括适应各个季节、各种礼仪等需要。第二是美学价值，就是为实现某种特定的款式所需要的审美，是意识形态的一种需要。根据服装的不同使用价值，设计师在设计服装时要整体考虑，要从多方面进行研究分析。

2. 服装的品质要求

消费者对服装的品质要求，可以按服装的基本性能和其性能的保持性等方面的要求概括为：外观视觉美的要求；服装穿着后的舒适感的要求；服装使用方便及形态稳定的要求；服装耐用性和抗理化性的要求；安全感及特殊防护要求。

二、服装材料的选用依据及原则

1. 根据服装的目的要求选用

（1）保健卫生目的的服装，如夏装、内衣、睡衣等。

（2）生活活动目的的服装，如冬装、雨衣、工作服、睡衣、运动服等。

（3）社交礼仪目的的服装，如日间礼服、晚间礼服、出访服、婚礼服等。

（4）标识类别目的的服装，如职业服、团体服、各类制服等。

（5）装饰目的的服装，如装饰服、休闲服等。

（6）扮装拟态目的的服装，如舞台服、戏装、假装等。

2. 根据服装的心理和生理的需求选用

（1）儿童服装。

（2）男女少年服装。

（3）男女成人服装。

（4）老年装等。

3. 根据服装消费等级的选用

（1）高档服装。

（2）中高档服装。

（3）中档服装。

（4）中低档服装。

（5）低档服装。

三、各类服装对选材的基本要求

1. 礼服

（1）穿着礼服的目的：主要是出于礼仪的、环境气氛的需要。

（2）设计时要考虑的主要因素：遵守社会公德、注意民俗习惯、了解文化背景。

（3）对材料的基本要求：符合礼节，显示品位或表示敬意；显示端庄、高雅或雍容华贵，具有魅力。故要求采用高档材料，一般以素色为主，根据场合的不同可考虑有闪烁的灯光特殊效果。

2. 生活装

（1）穿着生活装的目的：生活的需要，服装要装饰美观或舒适方便。

（2）设计时要考虑的主要因素：符合流行潮流，与时俱进。

（3）对材料的基本要求：外出服装选用的材料要体现个性、艺术修养，要使服装与穿着者的内在气质协调统一。居家服则要求舒适方便、实用。对材料要求广泛而多样。

3. 职业装

（1）穿着职业装的目的：需要有标志性和统一性，要体现集团的风貌。

（2）设计时要考虑的主要因素：注重功能性与统一性。

（3）对材料的基本要求：显示职业特点、职务、身份、任务和行为，如警察制服要求威严，学生服则要求简朴活泼。材料的档次根据职业而定。

4. 运动服

（1）穿着运动服的目的：便于活动舒适。

（2）设计时要考虑的主要因素：注重功能性及标识性。

（3）对材料的基本要求：剧烈的活动要求服装材料具有足够的弹性，并能吸汗、散热、透气，色彩要求鲜艳。游泳装还应注意救生功能等。

5. 劳保服

（1）穿着劳保服的目的：安全防护。

（2）设计时要考虑的主要因素：符合劳保防护要求。

（3）对材料的基本要求：根据操作环境特点选择功能性材料，以达到护体安全的目的。

6. 舞台服

（1）穿着舞台服的目的：扮演、拟态、表演、展示、引导等。

（2）设计时要考虑的主要因素：符合剧情与角色性、符合艺术表演的策划目的。

（3）对材料的基本要求：注意舞台和灯光下效果，材料花色及配件有夸张性，并符合角色及剧情的特殊效果。

7. 老年及婴、幼儿服装

（1）穿着的目的：舒适并有趣味性。

（2）设计时要考虑的主要因素：强调实用性、注重趣味效果。

（3）对材料的基本要求：老年人服装要求轻便舒适，儿童服在选材时注意趣味性和防火等要求，婴幼儿服装则要求柔软和吸湿、耐洗性要好。

8. 内衣

（1）穿着内衣的目的：卫生、保暖、装饰和矫形。

（2）设计时要考虑的主要因素：卫生、装饰、矫形。

（3）对材料的基本要求：内衣要求吸湿、透气、易洗涤，而用作装饰、矫形的衬裙和帮肚等，则要求与外衣配套及符合体型需要。

第六节　材料与服装的保管

一、保管中服装变质的原因

1. 服装变脆的原因

服装在日常的保管之中，有时经过一段时间后会发现服装变脆，出现这些情况的原因大体上有以下几个方面：

（1）虫蛀或霉害的原因。

（2）整理剂和染料因日光及水分的作用，发生水解和氧化等。例如，从硫化染料染色物所释放出的硫酸，会导致纤维发脆。

（3）服装上的残留物对纤维的影响。例如，残留氯的氧化作用能导致纤维发脆。

（4）在长期的保管中，光的作用和一定的热能都会导致服装发脆。

2. 服装变色的原因

（1）着色剂的质量问题。

（2）着色工艺程序的问题。

（3）空气的氧化作用会导致织物发黄。

（4）在保管环境下由于光或热的作用会使服装变色，逐渐会褪掉服装面料原有的光泽效果。

（5）在洗涤服装时，使用化学消污粉等，长期洗涤会使服装色彩淡化。

（6）由于染料的升华而导致染色织物褪色。

（7）由于油剂的氧化和残留溶剂的蒸发而导致织物变色。

二、服装的保管要防潮防霉

服装在保管期间由于有吸湿的自然性，所以容易使天然纤维织物或再生纤维织物发霉。霉菌会使纤维素降解或水解成葡萄糖，使纤维变脆。

服装保管在干燥的地方或装入聚乙烯袋中就可以避免因湿度高而使织物发霉。当然对织物进行防霉整理也是防霉的重要途径。

三、服装保管的注意事项

1. 棉麻服装

棉麻服装具有自然的吸湿性，要特别注意。在放入衣柜或装入聚乙烯袋之前要使服装保持干爽，不同颜色的衣物最好分开存放。服装橱柜和聚乙烯袋使用时要干燥，里面可以放入樟脑，樟脑要用纸包一下，这样避免樟脑与衣物直接接触损坏衣物。放入樟脑可以防止服装被虫蛀。

对棉麻类服装的保管还要注意折叠的方式，要避免长期折叠存放而不整理。不进行一定时段的整理，折叠的服装在折叠处会留下一定的痕迹或明显色旧。

2. 化纤服装

此类服装以平放为佳，不宜长期吊挂在衣柜内，以免因长时间悬垂而伸长。如果与天然纤维混纺的织物，可以少量地放入樟脑丸，用纸或白布包好使樟脑丸不与衣物直接接触。

第七节　服装材料的创新再造

人类对服装材料的选用和开发随着社会生产力、日新月异的科学技术和人类社会的不断演化而改变。从原始社会的兽皮、树叶到经过手动纺纱加工的棉麻布衣等，再到机器自动生产出的各种化学面料、混纺面料等。目前，除了少数非洲的原始部落村民仍穿着树叶、藤条的编织物外，大部分国家的服装所使用的材料是由纤维材料，经过纺、织、染色等工艺手段制成的平面软性纺织面料。这些普遍观念中构成服装的主要材料又可根据不同的分类标准，继续划分为平纹织物、斜纹织物，针织物、机织物、无纺布等。针对这一相对比较稳定的服用材料，服装设计师们对各种面料进行创新再造，面料的再造运用已经成为一种服装设计的趋势，部分奢侈品牌的高定服装都偏爱用手工再造过的面料制作服装。此外，目前国内的服装专业赛事也十分重视设计师对于服装面料的设计与创新。

服装面料的创新主要包括两方面：一方面是通过改变织物的内在化学结构，运用新型材料做成面料织物，以及不同纺织材料重新组合，开发形成新的服装面料；另一方面则是通过外在物理层面，对面料进行二次设计。在服装面料市场上见到的面料已经经历服装面料的一次设计，这一过程是借助服装材料化学结构的开发和不断地采用新的原料、工艺和设备变化织物的品种，改善面料内在性能和艺术效果实现。所谓的二次设计则是在此基础上再进行印染、压褶等其他后整理加工过后实现的。而进行面料再造的目的除了可以使其更加舒适之外，还可以增加设计感和美感，这也是本节的重点内容。目前的服装高校都开设有纺织艺术专业和面料再造的课程，专业的面料设计师在设计面料时，首先会对构成织物的纱线进行选用和设计，包括纤维原料、纱线结构设计，其次还要对织物结构、制造工艺及织物印染、后整理加工等进行设计。

一、服装面料艺术再造的概念

（一）服装面料艺术再造定义

服装面料艺术再造是在了解面料性能和特点，以符合实际、满足设计需要，保证其具有舒适性、功能性、安全性等特征的基础上，结合服装设计的基本要素和多种工艺手段，强调个体的艺术性、美感和装饰内涵的一种设计。它改变了服装面料本身的形态，增强了其在艺术创造中的空间地位，它不仅是服装设计师理念在面料上的体现，更是面料形态通过服装表现出巨大的视觉冲击力。

服装面料艺术再造即服装面料艺术效果的二次设计，是相对服装面料一次设计而言，它是为提升服装及面料的艺术效果，结合服装风格和款式特点，将现有的服装面料作为面料半成品，运用新的设计思路和工艺改变现有面料的外观风格，是提高其品质和艺术效果，使面料本身具有的潜在美感得到最大限度发挥的一种设计。

（二）服装面料艺术再造后产生的艺术效果

1. 视觉效果

视觉效果是指人用眼睛就可以感觉到的面料艺术效果。视觉效果的作用在于丰富服装面料的装饰效果，强调图案、纹样、色彩在面料上的新表现，如利用面料的线形走势在面料上造成平面分割，或利用印刷、摄影、计算机等技术手段，对原有形态进行新的排列和构成，达到新颖的视觉效果，以此满足人们对面料的要求。

2. 触觉效果

触觉效果是指人通过手或肌肤感觉到的面料艺术效果，它特别强调使面料出现立体效果。达到触觉效果的方法很多，如使服装面料表面形成抽缩、褶皱、重叠等；也可在服装面料上添加细小物质，如珠子、亮片、绳带等，形成新的触觉效果，或采用不同手法的刺绣工艺来制造触觉效果。不同肌理营造出的触觉生理感受是不同的，如粗糙的、温暖的、透气的等。

3. 听觉效果

听觉效果是指通过人的听觉系统感觉到的面料艺术效果。不同面料与不同物体摩擦会发出不同响声，如真丝面料随人体运动会发出悦耳的丝鸣声，而很多中国少数民族的服装将大量银饰或金属环装饰在面料上，除了具有某种精神含义外，从形式上讲，也给面料增添了有声的节奏和韵律，"未见其形而先闻其声"，在人体行走过程中形成了美妙的声响。

这三种效果之间互相联系、互相作用、共同存在，常常表现为一个整体，使人对服装审美的感受不再局限于平面的、触觉的方式，而更满足了人的多方面感受。

二、服装面料艺术再造的设计原则

服装面料艺术再造是一个充满综合性思考的艺术创造过程。追求艺术效果的体现是其宗旨，但因其设计主体是人，载体是服装面料，因此在服装面料艺术再造的过程中，首先要把握一些设计原则。

（一）体现并满足服装的功能性

这是服装面料艺术再造的最重要的设计原则。由于服装面料艺术再造从属于服装，因此无论进行怎样的服装面料艺术再造，都要将服装本身的实用功能、穿着对象、环境、款式、风格等因素考虑在其中，可穿性是检验服装面料艺术再造的根本原则之一。不同于一般的材料创意组合，在整个设计过程中都应以体现和满足服装的功能性为设计原则。

（二）体现面料性能和工艺特点

服装面料艺术再造必须根据面料本身及工艺特点，考虑艺术效果实现的可行性。各种面料及其工艺都有特定的属性和特点。在进行服装面料艺术再造时，应尽量发挥面料及其工艺手法的特长，展示出最适合的艺术效果。拿剪切手法来说，由于面料的组织结构不同，其边缘脱散性各异，在牛仔布和棉布上剪切的效果就不同。而在容易脱散的布料上运用剪切手法就要考虑其方向性。方向不同，产生的效果差别很大，并不是任何方向的剪切都能产生好的艺术效果。又如在丝绸上实施刺绣和在皮革上装饰铆钉，两张所运用的实现手法也不同。

服装面料艺术再造过程受到面料性能和工艺特点的影响，因此在设计时需要加以重视。

（三）丰富面料的艺术表现效果

服装面料艺术再造更多的是在形式单一的现有面料上进行设计。对于如细麻纱、纺绸、缎、绸等本身表面效果变化不大的面料，适合运用褶皱、剪切等方法达到立体效果。而对于本身已经有丰富效果的面料，不一定要进行面料再造，以免画蛇添足，影响其原有的风格，因此应有选择地适度再造。

（四）实现服装的经济效益

服装面料艺术再造对提高服装的附加值起着至关重要的作用，但也必须清晰地认识到市场的存在和服装的商品属性、经济成本和价格竞争对服装成品的影响。服装设计包括创意类设计和实用类设计两大类。创意类设计重在体现设计师的设计理念和艺术效果，因而将服装面料艺术再造的最佳表现效果放在首位，而将是否经济、实用，甚至穿着是否舒适、方便等作为次要考虑的因素。但对实用类设计来说，价格成本不得不作为重要的因素进行考虑。

进行服装面料艺术再造时，不仅要考虑到如何适合大众的审美情趣，还要考虑面料选择及面料再造工业化实现手段，这些在很大程度上决定了服装成本价格和服装经济效益的实现，因此再造的经济实用性也是设计者在设计创造中必须考虑的，应适度借用服装面料艺术再造提高服装产品的附加值。

三、服装面料艺术再造的形式美法则

服装面料艺术再造在遵循统一与变化的基本美学规律的基础上，还应遵循形式美法则。服装面料艺术再造的形式美法则主要包括对比与调和、节奏与韵律、对称与平衡、比例与分割等。这些法则不仅适用于面料艺术再造本身，同时也适用于将改造后的面料运用于服装上。

（一）对比与调和

在设计中只要有两个艺术的设计元素就会产生对比与调和的关系。因此这种关系在设计中具有重要地位。

对比是把异形、异色、异量的设计元素并置在一起，形成相互对照，以突出或增强各自特性的形成。对比是一种效果，它的目的在于产生变化、追求差异、强调各部分之间的区别，从而增强艺术魅力。在服装面料艺术再造过程中，可以对设计元素的一方面进行对比，也可以同时对几方面进行对比，其中质感对比和色彩对比是常见的手法。对比容易形成反差，因此可以采用对比强烈的色彩或不同质感的面料组合来强化服装面料艺术再造的形态。

调和是使相互对立的元素减弱冲突，协调各种不同的元素，从而增加整体艺术效果。调和有两种类型：一是相似调和，是将统一的、相似的因素相结合，给人柔和宁静之感；二是相对调和，是将变化的、相对的元素相结合，是倾向活跃但又有秩序和统一的关系。调和是变化趋向统一的结果，但又与统一有区别。例如，在服装面料表面从一种平面形式到另一种立体形式，用一种过渡变形来调和就更容易带给人视觉上的愉悦。在服装面料艺术再造时，对色彩的调和可以通过增加中间色进行过渡；对形状的调和，可以通过使用相同或相似的色彩或运用相同的装饰手法。调和体现着适度的、不矛盾的、不分离的、不排斥的相对稳定状态。

（二）节奏与韵律

节奏是指某一形或色有规律地反复出现，引导人的视线有序运动而产生动感，其中包括有规律节奏、无规律节奏、放射性节奏、等级节奏等。

在服装面料艺术再造中，不同的节奏给人不同的视觉和心理感受，如直线构成的有规律节奏带着男性阳刚之感，重复的曲线通过规律的排列使人联想到女性的轻柔美；放射性节奏的运用，可以使服装展现出光感和轻盈感，这种节奏常用在服装的领口或腰下部位；等级性节奏是一种渐变，通过规律地由大变小的排列，给人强烈的拉近或推远的感觉。这种节奏形式被运用在服装造型中，会表现出更为强烈和丰富的视觉效果。

韵律也是有规律的变化，但更强调总体的完整和谐。在服装面料艺术再造中，韵律与节奏有些相似，都是借助形状、色彩、面料、空间的变化来造就一种有规律、动感的形式。但韵律在节奏的基础上更强调某种主调或情趣的体现，它是节奏更高层次的发展。因此有韵律的服装面料艺术再造是有一定节奏的，但有节奏的服装面料艺术再造未必有一定韵律。在服装面料艺术再造中，有效地把握节奏是体现韵律美的关键。

（三）对称与均衡

对称与均衡是服装面料艺术再造求得均衡稳定的一对法则，符合人们正常视觉习惯和心理需求。对称是指设计元素以同形、同色、同量、同距离的方式依一中心点或假想轴作二次、三次或多次的重复配置所构成的形式。在服装面料艺术再造中，可以采用左右对称、斜角对称、多发对称、反转对称、平衡对称等方式。对称有时能起到聚集焦点、突出中心的作用。服装面料艺术再造采用的左右对称，大多数给人规律的感觉。出于人们对上下或左右对称的视觉和心理惯性，服装经常被设计成对称式，以求给人一种稳定感。然而，过多地在服装面料设计中运用对称，可能会陷入一种单调和呆板的境地，这时不对称的设计手法会以其多变的个性占据上风，于是均衡法则被不可避免地提出。

均衡是在非对称中寻求基本稳定又灵活多变的形式美感。它是指设计元素以异形等量或同形不等量或异形不等量的方式自由配置而取得心理和视觉上平衡的一种形式。在服装面料艺术再造中，包括将设计元素进行大小多少、色彩的轻重冷暖、结构的疏密张弛、空间的虚实呼应等恰当配置。均衡的形式出现在服装上，较对称形式要明显带有意蕴、变化和运动感。

（四）比例与分割

比例是指设计主体的整体与局部、局部与局部之间的尺度或数量关系。通常人们会根据视觉习惯、自身尺度及心理需求来确定设计主体的比例要求，常被广泛使用的比例关系有黄金比例、等差数列、等比数列等。同时分割形式上包括水平分割、垂直分割、斜线分割、曲线分割、自由分割等。

多样分割方式的综合应用既可以改变服装的结构，又可以起到装饰的效果。其中黄金分割比例被公认为是最美的比例形式，它体现了人们对图形视觉上的审美要求与调和中庸的特点，正好符合标准人体的比例关系，它体现了人们对图形视觉上的审美要求与调和中庸的特点，正好符合标准人体的比例关系，即以人的肚脐为界，上半身长度与下半身长度为黄金比。这些美的比例和分割形式不是绝对的、万能的，在应用过程中还必须根据设计对象的使用功能和多方面因素灵活掌握，既符合实用要求又符合审美习惯的比例才是最美的。

四、服装面料艺术再造的构成形式

服装面料艺术再造的构成形式，既包括服装面料再造本身的构成形式，也包括服装面料艺术再造在服装上的构成形式。其中，艺术再造在服装的构成形式中通常表现出服装的构成关系，是决定服装面料艺术再造是否成功的关键。这里按不同的布局类型，根据服装面料艺术再造在服装上形成的块面大小，将其分成以下四种类型。

（一）点状构成

点状构成是指服装面料艺术再造以局部小面积块的形式出现在服饰上。一般来说，点状构成最大的特点是活泼。点状构成的大小、明度、位置等都会对服装设计影响至深。通过改变点的形状、色彩、明度、位置、数量、排列，可产生强弱、节奏、均衡和协调等感受。在传统的视觉心理习惯中，小的点状构成，造成的视觉力弱；点状构成变大，视觉力也增强。稍大的明显点状构成的服装面料艺术再造有个人突出的感觉。从点的数量来看，单独一个点状构成起到标明位置，吸引人的注意力的作用，它容易成为人的视线中心，聚拢的点状结构容易成为人的视线聚焦，而广布在服装面料上的点会分离人的视线，形成一定的动感。

点的组合起到平衡、协调整体、统一整体的作用。由于多个不同的点状构成形成的服装面料艺术再造存在于同一服装设计中，它们之间的微妙变化，很容易改变人的心理感受。大小不同的点状结构同时出现在服装上，大的点易形成视觉的主导，小的点起到陪衬作用。但由于不同的位置变化或色彩配合，可由主从关系变化为并列关系，甚至发生根本变化。在进行设计时，首先要明确设计要表现的点在哪里。无论是要表现主从关系还是等同关系，都需要建立起一种彼此呼应或相对平衡的关系。

在所有的构成形式中，点状构成最灵活，变化性也最强。在服装的关键部位采用点状构成，可起到定位作用。根据设计所要表达的信息，安排和调整点状构成，使其形式、色彩、风格、造型与服装整体相一致。运用点状构成可以造就别致、个性的艺术效果，但在设计中，要适度运用点。点状构成是最基本的设计构成形式。当一系列点状构成有序排列，会形成线构成或面构成的视觉效果。

（二）线状构成

线状构成是指面料再造以局部细长的形式呈现于服装上。其具有很强的长度感、动感和方向性，因此具有丰富的表现力和勾勒轮廓的作用。

线状构成的表现形式有直线、曲线、折线和虚实线。直线是所有线中最简单、最有规律的基本形态，它又包含水平线、垂直线和斜线。服装上的水平线有稳重和力量感；垂直线常运用于表现修长感的部位，如裤子和裙子；斜线可表现方向和动感；曲线令人联想到女性的柔美，运用在女装上衣和裙子下摆，容易给人随意、多变的感觉；折线则体现着多变和不安定的情绪。

线状构成容易引导人们的视线随之移动。沿服装中心线分布的面料艺术再造对引导人的视线起着至关重要的作用。在服装边缘采用线状构成的面料艺术再造是服装设计中很常见的装饰手法。结合线状构成明确的方向性，可以制造丰富多变的艺术效果。同时，线状构成的数量和宽度影响着人的视觉感受。在进行服装面料艺术再造时，利用线状构成的这些特点，结合设计所要表达的意图，可以进行适当的或夸张的表现。在所有构成类型中，线状构成的服装面料艺术再造最容易契合服装的款式造型结构。同时，线状构成有强化空间形态的划分和界定的作用。运用线状构成对服装进行不同的分割处理，会增加面的内容，形成富有变化、生动的艺术效果。但在运用线状构成对服装进行分割时，要注意比例关系的美感。

（三）面状构成

面状构成是指服装面料艺术再造被大面积运用在服装上的一种形式。它是点状构成的聚合与扩张，也是线状构成的延展。在服装设计中，面状构成通常会给人极其强烈的幅度感和张力感，这一点使之区别于前两种构成形式，因而它与服装的结构紧密结合在一起，其风格很大程度上决定了服装本身的风格。所以在进行服装面料艺术再造时，面状构成从形式、构图到实现方法的运用都需要更细致地考虑，使它与服装款式、风格相协调与融洽。面状构成的形式主要包括几何形和自由形两种。前者具有强烈的现代感，后者则令人感到轻松自然，传统的扎染服装常采用后者形式。

相比前两种构成，面状构成更易于体现时装的性格特点，如个性、前卫或华贵，其视觉冲击力较强。在服装上进行面状构成的服装面料艺术再造时，可运用一种或多种表现手法，但要注意彼此的融合和协调，以避免视觉上的冲突。

（四）综合构成

综合构成是将上述类型构成综合应用形成面料艺术再造的一种形式。多种构成形式的运用可以使服装展现出更为多变、丰富的艺术效果。点状构成与线状构成同时运用在服装面料艺术再造中，会令服装呈现点状构成的活泼明快的同时，兼有线状构成的精巧与雅致。由于服装是被穿着在人体上，展现出来的是一个具有三维空间的立体，因此在设计时，需要进行多角度的表现和考虑，而不应只满足表现正面的艺术感染力，还应注意前后侧面综合构成、相互协调，以达到整体的美感。

五、服装面料艺术再造的工艺方法

针对服装面料创意设计的工艺多种多样，其中主要有加法工艺、减法工艺和立体造型等最普遍的工艺方法。经过这些方法再造后的面料更加立体丰富，使人从视觉和心理上感受到一种趣味性，从而增加服装的设计感。

（一）加法工艺

加法工艺，顾名思义就是在原本平面化的面料上做添加工艺，使其观感、触感发生变化。具体的工艺方法有刺绣、印花等工艺方法。其中的刺绣，也俗称"绣花"，是以绣针引彩线按设计的花样，在面料织物上绣出图案纹样或文字，是服装面料的主要装饰和再造手段之一。刺绣的种类有很多，不同国家的刺绣方法和效果也不同，如法式刺绣、俄罗斯刺绣和中国传统刺绣等。我国传统刺绣古称"黹""针黹"，因刺绣多为妇女所作，故又名"女红"。其中，苏州的苏绣、湖南的湘绣、四川的蜀绣、广东的粤绣各具特色，被誉为中国的四大名绣。如今刺绣的材料和形式越来越多样化，早已不再拘泥于传统刺绣的工艺，如镂空绣、毛线绣、珠片绣、贴布绣等工艺方法也在服装的市场上得到了应用（图7-7）。

（二）减法工艺

减法工艺，顾名思义就是通过破坏原面料的某些部分，从而产生另类的肌理效果。具体的工艺方法有抽纱、镂空、撕扯、做旧和激光雕刻等（图7-8）。

图7-7　服装面料中的加法工艺

图7-8　服装面料中的减法工艺

（三）立体造型与综合运用

立体造型主要是通过折叠、皱褶、绗缝、填充和挑缝等手段改变面料的平面结构，形成立体造型的感觉效果（图7-9）。经过立体再造，面料的质地会呈现出一种特殊纹理，从而达到面料二次设计的效果。其中折叠、皱褶、绗缝和挑缝又有机械处理和手工处理两种

图7-9 服装面料中的立体填充工艺

方法。机械处理的优点在于速度快，可以对面料进行批量处理，并且通过高温湿定性等工艺处理后的面料能达到永久定型。手工处理的优点则是更加灵活多变，再造的艺术性更强，花费的时间和成本也更高。

💡 思考题

1. 在市场中找出20种不同的面料。
2. 利用燃烧法鉴别5种不同材质的面料。
3. 找5种不同面料计算其缩水率。
4. 写出10种面料的特性及其适合制作的服装。
5. 动手制作10种不同的面料小样。

第八章

08

服装结构与
工艺管理

课题名称：服装结构与工艺管理

课题内容：服装结构是将造型设计所确定的立体形态的服装轮
廓造型分解为平面的衣片。本章主要介绍服装结构
设计原理、基础制图步骤及各类结构的变化原理等
内容。

课题时间：5课时。

教学目的：学习服装结构，使设计更立体可行。

教学方式：实践教学。

教学要求：熟练掌握各类服装的基本原型，并能灵活变化。

课前课后准备：课前预习并在课后对服装结构制板进行变化
练习。

随着我国服装产业升级和改革的不断深化，其产业模式开始由制造型向设计研发型转变，由加工型向品牌型转变。服装结构设计是将造型设计所确定的立体形态的服装轮廓造型分解为平面的衣片。通过对服装结构的设计，可以得到服装细部的形状、数量吻合的关系、整体和局部的组合关系，从而使服装造型臻于合理完美。服装结构原理主要包括人体结构知识、服装结构制图及各类结构的变化原理等。

第一节　服装结构设计概述

一、服装结构定义

服装结构是指服装各部位的组合关系，包括服装的整体与局部的组合关系，服装各部位外部轮廓线之间的组合关系，服装各部位内部的结构线及各层服装材料之间的组合关系。服装结构由服装的造型和功能所决定。

结构线是指能引起服装造型变化的服装部件、外部和内部缝合线的总称。

二、服装结构设计的性质

服装结构设计是研究服装结构的内涵和服装各部件的相互组合关系，包括服装装饰性与功能性的设计，分解与构成的规律，分解与构成方法等学科单元。服装结构设计理论和实践是服装设计的重要组成部分，其知识结构涉及人体解剖学、人体测量学、人体工程学、服装卫生学、服装设计学、服装生产工艺学、美学和数学等。所以说，服装结构设计是艺术和科技相互融合，理论和实践密切结合并且实践性较强的学科单元。

国内在传统的教学中，常将服装结构设计划归于服装工艺学，这样简单划分不太科学，应该说服装结构设计是介于服装款式设计与服装工艺学之间的衔接学科单元，其内容既有服装设计学也有服装工艺学，可以理解为服装结构设计本身就是一门独立的专业学科单元。

服装工程一般由款式造型设计、结构设计、工艺制作三部分组成。结构设计作为服装工程的重要组成部分，既是款式造型设计的延伸和发展，又是工艺设计的准备和基础。首先，结构设计将款式造型设计所确定的立体形态服装效果和局部造型分解成平面的衣片，确定出服装局部的形状与数量吻合关系、整体与局部的组合关系，修正造型设计图中不可分解的部分，改正费工费料不合理的组合关系，从而使服装造型更加合理与科学。其次，结构设计又为工艺制作提供了成套的规格齐全、结构合理的系列样板，为部件的吻合和各层材料的形态配置提供了必要的参考，有利于高产优质地制作出能充分体现设计风格的服装成品。服装结构图，不仅是对制作的指导，而且是向人们表达完整设计构思的有效手段，及制作方面的可行性与可靠性，它还可以帮助人们避免制作上的一些误差和反复。

三、如何学好服装结构设计

学习服装结构设计，必须要通过一定数量的实践才能深入理解和掌握，要加强实践环节的训练，提高实际操作能力。学习结构设计要系统地掌握服装结构的内容，包括整体与部件结构的解析方法，相关结构线的吻合，整体结构的平衡，平面与立体构成的设计方法，工业用系列样板的制定等基本方法，以此培养出从款式造型到纸样的结构设计能力。此外，还要熟知人体体表特征，掌握人体与服装点、线、面、体的关系，性别、年龄、体型差异与服装结构的关系，成衣规格的制定方法和表达形式，号型的制定和表达形式。

学习服装结构设计要求深入理解服装结构与人体曲面的关系，掌握服装适合人体曲面的各种结构处理手法，包括结构的整体性和相关的结构线、点的吻合，功能性和结构形状的关系等内容。通过对人体曲面的了解，要正确设计出各部位的省道并且掌握省道的转换原理。

四、常见的服装结构设计方法

服装的款式千变万化，结构设计的方法也各不相同，将它们从最基本的特点差异来分，结构设计的方法分为两类：平面结构设计方法和立体结构设计方法。常见的平面结构设计方法有：比例分配法、定寸法、胸度式分解法、D式结构分解法、原型结构分解法、基本样板结构分解法、综合结构分解法。

第二节　服装结构制图

一、理解服装结构制图

服装结构制图：是指对服装结构进行分析计算，在纸张上绘制出服装结构线组合图的过程。结构制图比例可根据结构制图的目的而灵活制定。

服装示意图：为表达某部位的结构组成，加工时的缝合形态、缝合类型，以及成型后的外部和内部形态等而制定的一种解释图。

二、服装制图符号（表8-1）

表8-1　服装制图符号

序号	符号形式	符号名称	说明
1	⌐	直角	在绘图时用来表示90°角的标记
2	——	细实线	在结构制图时用来表示基础线和辅助线
3	——	粗实线	在绘制结构图时用来表示轮廓线和结构线
4	⌒⌒⌒	等分号	表示线的同等距离，虚线内的直线长度相同
5	—·—·	点画线	表示裁片连折不可裁开
6	—··—··	双点画线	表示裁片的折边部位
7	········	虚线	表示不可视轮廓线或辅助线、缉明线等
8	|←→|	距离线	表示服装某部位的长度
9	↕	经向标记	表示服装材料织纹纹路的径向
10	→	顺向标记	表示服装材料表面毛绒是顺向，箭头的指向与毛绒顺向相同
11	▯	正面标记	表示服装材料的正面
12	⊠	反面标记	表示服装材料的反面
13	╫	对格标记	服装的裁片注意对准格子或其他图案的准确连接
14	⊇	省略标记	省略裁片等部位的标记，多用于长度较长而结构制图安排有困难的部分
15	✕	否定标记	表示制图中不正确的地方
16	～～	缩缝标记	表示服装裁片的局部需要用缝线抽缩
17	⊢⊣	扣眼标记	表示服装裁片扣眼位置的定位
18	⊠	交叉线	在制图中表示有共用的部分
19	⫿⫿	单折标记	表示服装裁片需要打折的部分，单折又分为左单折和右单折
20	⫿⫿	阴对折标记	表示服装裁片上需要缝制阴对折的部分
21	⊔⊔	双阴对折标记	表示服装裁片上需要缝制双阴对折的部分
22	⊔	阳对折标记	表示服装裁片上需要缝制阳对折的部分
23	⌂	合并标记	表示服装纸样上或裁片上需要对准拼接的部分
24	▮▮	褶份标记	表示服装裁片上需要打褶的部分

序号	符号形式	符号名称	说明
25	◊▼	省道	表示服装裁片等部位需要缝制省道
26	WWW	相等标记	服装制图中表示线的长度相同，有同样符号的线长度相等
27	▨	罗纹标记	表示服装裁片需要缝制罗纹的部位
28	⬢	净样标记	表示服装裁片是净尺寸，不包括缝份
29	⫼	毛样标记	表示服装裁片是毛尺寸，包括缝份在内
30	╪	对条标记	表示服装裁片应对准条纹
31	◠	归拢标记	表示服装裁片的部位需要熨烫归拢
32	△	拔开标记	表示服装裁片的部位需要熨烫拔开
33	⊙	钻眼标记	表示裁片某部位的定位
34	⬗	引出线	在制图过程中将图中某部位引出图外
35	⋯⋯	明线标记	表示服装裁片某部位需要缉明线
36	⊗	纽位标记	表示服装上钉纽扣的位置

三、服装结构部位名称（图8-1）

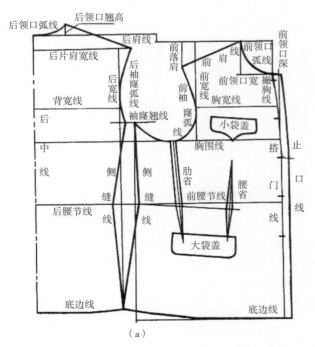

（a）

（b）

图8-1　服装结构部位名称图

四、服装结构设计实例（图8-2、图8-3）

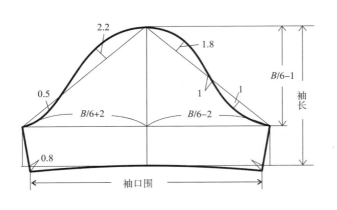

正面款式图

背面款式图

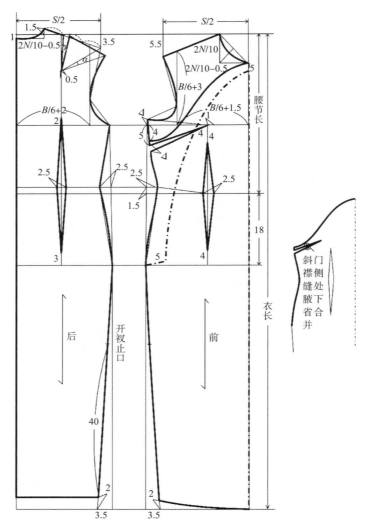

图8-2 服装结构设计实例1（单位：cm）

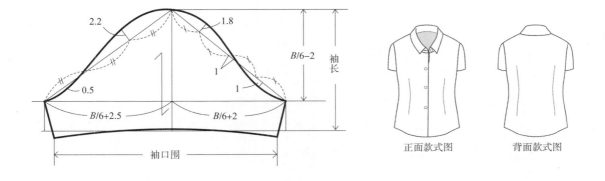

2.2　　　　1.8

0.5

B/6-2　袖长

1　　1

B/6+2.5　　*B*/6+2

袖口围

正面款式图　　背面款式图

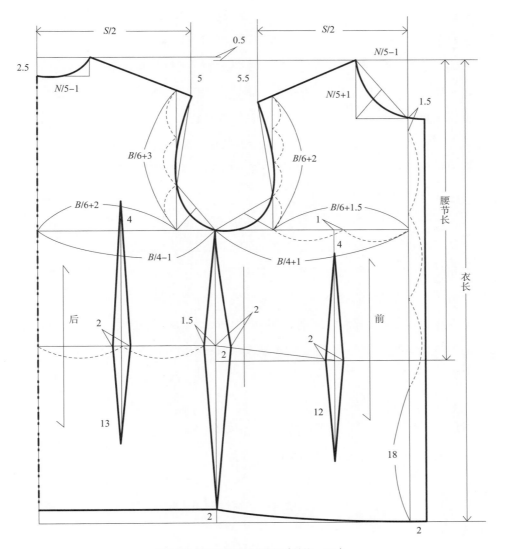

S/2　　　0.5　　　*S*/2

2.5　　　　　　　5　　5.5　　　　　　*N*/5-1

N/5-1　　　　　　　　　　　　*N*/5+1　　1.5

B/6+3　　　　　*B*/6+2

腰节长

B/6+2　　4　　　　　　　　1　　*B*/6+1.5

B/4-1　　　*B*/4+1　　4

衣长

后　　2　　1.5　　2

2　　2

前

13　　　　2　　12

18

2　　　2

图8-3　服装结构设计实例2（单位：cm）

第三节 人体测量

一、人体测量的意义

世界上几乎没有两个人的外形在任何部分都完全相同，但人类正常的外形有其基本组成部分、基本比例和基本特征。人体测量是为对人体体型特征有一个正确的、客观的认识，将体型各部位资料化，然后再用精确的数据来表示人体各部位的体型特征。要取得人体各部位的具体资料，就要进行人体实际测量，只有这样才能正确把握体型特征。

人体测量是进行服装结构设计的必要前提，"量体裁衣"就是指通过人体测量，掌握人体有关部位的具体资料之后再进行结构分解，这样可以保证各部位设计尺寸的可靠性，也只有这样才能使设计出的服装适合人体的体型特征，穿着舒适、外型美观。

人体测量的重要性还表现在它是服装生产中制定号型规格标准的基础。服装号型标准的制定是建立在大量人体测量的基础上，通过人体普查的方法，对成千上万的人体进行测量，取得大量的人体资料，然后进行科学的资料分析和研究，在此基础上最后制定出正确的服装号型标准。可以看出人体测量是服装结构设计和服装生产的十分重要的基础性工作，因此必须要有一套科学的测量方法，同时要有相应的测量工具和设备。

二、人体测量的基准点与基准线

人体形状比较复杂，要进行规范性测量就需要在人体表面上确定一些点和线，然后将这些点和线按一定的原则固定下来作为专业通用的测量基准点和基准线，这样便于建立统一的测量方法，测量出的数据也才能有可比性，从长远看更有利于专业的规范发展。基准点和基准线的确定是根据人体测量的需要，同时也考虑到这些点和线应具有明显性、固定性、易测性和代表性的特点。由于测量基准点和基准线无论在谁身上都是固有的，不因时间、生理的变化而改变，因此一般多选在骨骼的端点、凸起点和肌肉的沟槽等部位。

1. 人体测量的基准点（图8-4）

（1）头顶点：头顶部最高点，位于人体中心线上。

（2）第七颈椎点：颈后第七颈椎点。

（3）肩颈点：称为侧颈点，是位于颈侧根部与肩线的相交处。

（4）肩端点：称为肩侧点，是指肩部的两端顶点。它是确定衣袖袖山的基准位置，也是测量肩宽和袖长的基准点。

（5）前腋点：当人体左右手臂下垂时，位于臂根与胸的交接处的点，是测量胸宽的基准点。

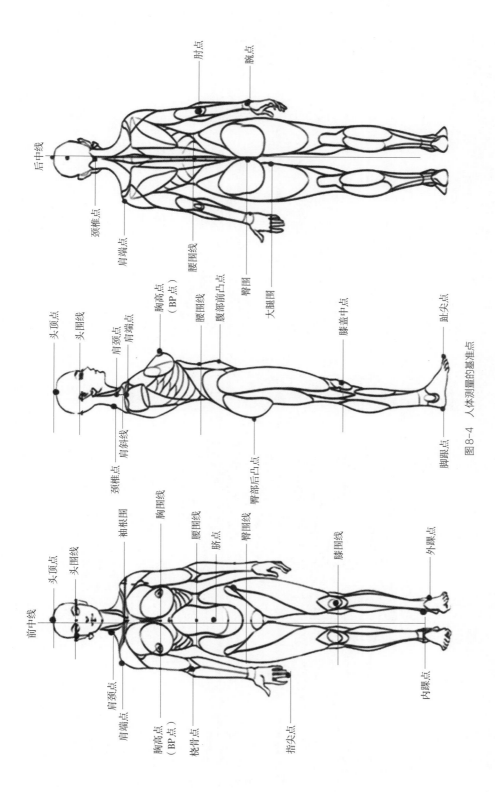

图8-4 人体测量的基准点

（6）指尖点：中指的最顶端，上肢在自然下垂时的最低点。

（7）肘点：上肢肘关节向外凸出的点，也就是上肢弯曲时最凸点。

（8）胸高点（BP点）：称为乳峰点，它是测量胸围的基准点，也是确定胸省的长度和大小的参考点。

（9）脐点：肚脐的中心。

（10）腹部前凸点：腹部中心线上最向前凸出的点。

（11）后腋点：当人体左右手臂自然下垂时，位于臂根与背的交接处的点，是测量背宽的基准点。

（12）臀部后凸点：臀部向后凸出的点，是测量臀围的基准点。

（13）外踝点：踝关节向外侧凸出的点，是测量裤长的基准点。

（14）膝盖中点：膝盖骨的中心点。

（15）大转子点：大腿股骨上端向外凸出的点，是测量臀围的基准点。

2. 人体测量的基准线（图8-5）

（1）背中线：经第七颈椎点、后腰中点的人体纵向左右分界线，是服装后中线的定位依据。

（2）大腿根围线：大腿根部的水平围线。

（3）颈围线：经前颈点、侧颈点、后颈椎点围绕一周。

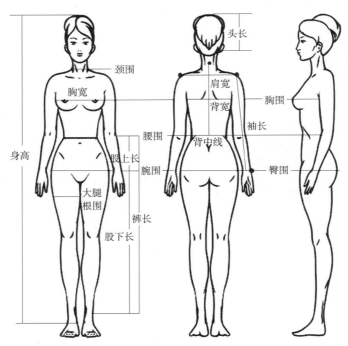

图8-5 人体测量的基准线

（4）胸围线：在胸部最丰满处的水平围线。

（5）腰围线：在腰部最细处的水平围线。

（6）臀围线：在臀部最丰满处的水平围线。

（7）肘围线：经过肘关节围量一周的线。

（8）腕围线：经过腕关节围量一周的线。

（9）膝围线：经过膝关节的水平围线。

三、人体测量项目

人体测量项目是由测量目的所决定，测量目的不同，所需要测量的项目也有所不同，如制作上衣和裤子时所需测量的项目就不同。根据服装结构设计的常规现象，进行人体测量的主要项目一般有：身高、裤长、头围、手臂长、头围、颈围、胸围、腰围、臀围、大腿根围、膝围、腕围、肩宽、前胸宽、后背宽、前腰节、后腰节、股上长（立裆）等（图8-6）。

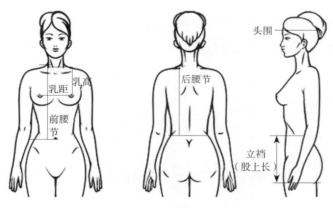

图8-6　人体测量项目

四、人体测量注意事项

（1）被测量者穿好合适的内衣，然后正确测量所需部位。根据服装品种类别和季节要求适当加入放松量，服装的放松量可根据实际需要增减。

（2）被测量者要自然立正站好，双臂下垂，姿态自然，身体不得前倾后仰或侧斜。皮尺不要过紧或过松。

（3）被测量者要注意观察被测量者的体型特征，并做好记录。

（4）在测量时要注意测量部位的准确。

（5）被测量者要注意具体的测量目的。

（6）在测量腰围时要注意根据具体款式合理设定放松量。

（7）在测量完毕后要进行资料综合分析。

第四节 平面结构设计理论研究

一、上衣结构设计要点

上衣结构比较复杂，其设计方法多样、结构变化灵活，如果不对此进行一定的研究很难真正理解上衣结构的内涵。

上衣结构设计是研究上衣结构内涵和上衣各部件的相互组合关系，是将造型设计的效果，用平面的形式全面展开，并按一定的规则绘制完成服装结构纸样的设计过程。它对上衣的穿着效果有着举足轻重的作用，而且结构设计的合理性和科学性还直接关系到穿着者的舒适程度和设计者对造型设计的正确理解。在日常生活中，都有这样的体会，同样一件上衣，造型款式和尺寸规格完全相同，但是，由于生产的厂家不同，而穿着后的舒适感完全不同，穿着效果也不一样，这主要取决于结构设计的合理性和科学性。所以服装设计师有必要对结构进行分析和研究，正确认识结构重点，把握结构变化规律，只有这样才能真正设计出符合"实用、美观"原则的服装来。

（一）胸围设计与应用

胸围是上衣结构设计的重点，它的数值设计要求特别合理。因为在结构设计时，上衣其他部位的数据设计往往是以胸围的大小为参考，甚至有的数据是直接用胸围求出来。所以胸围数值设计得准确与否将直接关系到款式的整体造型和穿着的舒适度。以男式西装上衣为例，对上衣结构进行具体分析，以把握胸围设计在上衣结构中的作用和意义。

男式西装上衣在结构设计时，可以胸围数值为基础来进行整体结构设计，并推算出所需部位的结构数据。具体设计方法：

（1）正确设计出胸围数值，胸围 = 实际胸围 + 松量（16～20cm），松量的大小要根据款式的需要来设计，设计冬装时松量稍大，反之略小。

（2）肩宽 =1/2胸围 － （7～12cm）。这种设计肩宽的方法能较好地协调上衣肩宽与胸围的比例关系，整体效果美观、穿着舒适，还可以避免结构畸形。

（3）后背宽 =1/5胸围 －1.3cm、前胸宽 =1/5胸围 －2.5cm。后背宽较前胸宽略大 1.2cm 左右，这是由人的上肢运动规律所决定的。

（4）领口宽 ≈ 1/20 胸围 +3cm。

（5）袖隆深（自前片肩颈点向下量）≈ 1/6 胸围 +8cm。

（6）前片落肩 ≈ 1/20 胸围 −0.5cm、后片落肩 ≈ 1/20 胸围 −1cm。

通过这些数据的变化可以看出，设计上衣结构时，当胸围加大或减小后，上衣的肩宽、袖隆、领宽、前胸宽和后背宽等都要相应地随胸围的变化而加大或减小，否则，不仅款式造型会有问题，穿着时也会感到不舒服。以上这些设计方法也可以作为其他上衣款式结构设计的参考。可以肯定，胸围设计是否正确对整个上衣的结构合理度具有重要的影响。以上这些基本公式是如何得来的？又该如何来验证它的正确性呢？现在结构设计方法很多，有美式的、英式的、日式的、中式的等，另外还有按具体结构分解法来分，如原型法、比例分配法、D式法、基样法、立体法等。但是，无论哪种设计方法，它的内在结构空间都必须要符合人体造型的需要，这也是服装结构设计最基本的原则。

胸围在上衣结构中特别重要，需要着重研究和分析。服装离不开人体，不管什么样的服装都是要穿着在人体上来体现，这也正是服装内在结构设计的重要性所在，可以说：内在结构是服装结构设计的核心。正因如此，服装是人的"第二皮肤"，人体测量也正是为了保证"第二皮肤"与人体造型在数据上和结构上能够合理协调，而测量胸围则是上衣结构设计的重要环节。上衣胸围的数值不仅关系到整个上衣的内在结构与人体的舒适度，还关系到整个上衣的造型。通过对上衣结构的研究分析，可以发现上衣胸围设计有一定规律。对胸围的设计，首先要考虑胸围放松量的设计，人每天要做各种各样的动作，而且千奇百怪，因此服装要满足人的日常运动就必须要加一定的松量。所谓松量即放松量，即指在人体原有的数据上，根据需要另外添加一定的数值，使服装符合人体活动的要求和款式的特殊要求。在进行上衣结构设计时，不同的款式其胸围的放松量也各有不同，除个别弹力面料的紧身装有时可不加放松量外，其他款式均要添加一定的放松量。一般男装胸围的放松量稍大，女装略小，这是从造型美学的要素来考虑的。女装要体现曲线美所以款式要相对贴体，胸围的设计就不能太大，当然强调曲线效果，除胸围的设计外，还需要有正确的省道设计、腰围设计等。一般的男式衬衫胸围的放松量为 18 ~ 22cm、女式衬衫胸围的放松量为 8 ~ 12cm；男式西服胸围的放松量为 16 ~ 20cm、女式西服胸围的放松量为 12 ~ 16cm；男式风衣类胸围的放松量为 26 ~ 30cm、女式风衣类胸围的放松量为 22 ~ 26cm。另外，合体旗袍胸围的放松量为 4 ~ 7cm、连衣裙胸围的放松量为 5 ~ 8cm。

胸围放松量的大小还直接关系到穿着者的动作幅度，所以在测量和设计胸围尺寸时一定要准确合理。胸围的尺寸直接关系到整件上衣各部位的合理变化，特别是以胸围数值为推算依据的部位，故而，对胸围的设计要有足够的重视。

（二）领口与领脚线的设计

服装衣领款式繁多、千姿百态，是服装结构的重要部位之一，在一定程度上表现着成品的美感及外观质量。从结构角度来看，领子的造型（可视外型）变化主要是指外形上的变化，在设计领子款式时相对也可以随意些，外形结构设计时也比较容易。领子结构的难点也是重点在于它的内在结构，即领脚线与领口线的协调设计，也是衣领与衣身结构衔接的根本。其设计的正确与否直接关系着穿着效果和领部的合体性，所以对领口部位的结构设计要进行多种方法的探究，以求达到根本上的理解。

首先，合理地设计领口。服装款式不同领口的宽度和深度也有所不同，而领围的大小是根据领口宽和领口深的变化而变化。这在每个人穿衣时都可以体会，如立领类、无领类、驳领类等。但就常规款式结构而言，一般较合体的上衣类，前衣片领深略大、领宽略小，前领深 ≈ 1/5领围 +0.5cm，前领宽 ≈ 1/5领围 −0.5cm，前领深和前领宽相差约1cm，这是由人体颈部的造型所决定，这样设计基本符合颈根的造型需要和围度。可以做一个简单的实验：做一件合体的男式衬衫，使前衣片领深等于前衣片领宽进行结构设计，然后缝制成品，结果会出现领宽偏大或者前门襟上端多出一定的余量，穿着效果很不美观，这样的结果就属于不合理设计。但在宽大的上衣设计中，领宽大于领深也是常有的，所以在结构设计时要视不同的款式而灵活运用结构设计原理，不能生搬硬套。

其次，用胸围或前胸宽来推算领深和领宽又是一种方法。一般款式的前领深 =1/20胸围 +3.3cm、前领宽 =1/20胸围 +2.3cm。采用以领围求领宽的方法，是因为在进行结构设计时用领围的数据来求得领宽和领深更准确一点。有时在做具体款式时，为了协调胸围、肩宽、袖隆深、前胸宽、后背宽等也采用一些综合的结构设计方法，如设计西装上衣时可以在前胸宽的1/2处画垂直线然后定为领口宽。但作为设计师应该知道用何种方法会产生何种穿着效果，而这种综合的、灵活的结构设计法也是设计师应该掌握的专业技能。

再次，设计后衣片领口。后衣片领口宽 = 前衣片领口宽，后衣片领口深 =1/3后领口宽，或设为定数2.5cm。另外，在设计后衣片上翘时一般不小于1cm，否则在穿着后就会出现"前片后走"现象。特别需要说明的是，当设计完整领口后，一定要实际测量 ± 领口线是否等于领围数值，误差可在 ±0.5cm之内，如果误差较大就要进行结构修正，直至领口线等于领围数值为止。

最后，领口设计完成之后再设计领子。领子的关键结构在于领脚线，领脚线也是领子结构中首先要设计的。但要在设计领口线后设计领脚线，这也是结构设计的基本顺序。

（1）领脚线的造型须与领口线的造型保持型上的相对协调。

（2）领子结构须在领口结构的基础上进行设计，否则领子将失去设计的依据。

（3）领脚线的长度需要与领口线的长度协调。领脚线的长度等于领口线的长度或稍长于领口线0.5cm，但是领脚线一般不可以短于领口线，否则会出现领圈褶皱现象，使结构设计失败。

（三）肩斜设计

结构上的落肩是根据人体的肩斜度而设计的，不管用什么方法设计都要使穿着者感到舒适，上衣外观可视效果美观。一般人的肩斜度为19°~21°，女性多为20°，男性多为21°。根据这个数据在原型设计时，落肩可以选用定寸，即前衣片落肩=5.5cm、后衣片落肩=5cm，基本符合人体的肩斜度。同时，也可以用肩斜度的度数来确定落肩（肩斜度=19°~21°），还可以用胸度式来求得落肩，即落肩=1/20胸围。以上设计方法均符合原型结构的要求。当设计其他较宽松的款式时，要遵循这样一个原则：沿着原型肩斜线的斜度去伸缩放收肩斜线。如无袖女式上衣、特别宽松式外套、风衣等。

上衣设计垫肩时一定要在结构上适当地调整落肩的大小，因为垫肩的设计在着装效果上改变了正常的肩斜度，所以垫肩厚度的大小直接关系到落肩大小的设计，同样也就关系到肩斜线的绘制。另外，除了人的肩斜度有大有小外，人体上的肩线也不是一条规则的直线，而是带有曲线度的造型，因而用什么面料制作服装对落肩也有一定的关系。如用柔软的丝绸面料，在设计时落肩可稍大一点。从造型美学的要求来说，加垫肩时上衣肩斜线的结构造型最好设计为弧线，设计弧线的规则：前衣片的肩斜线呈外凸形，后衣片的肩斜线正好相反。

（四）袖窿的设计

袖窿的造型有圆袖窿、尖袖窿、方袖窿和不规则袖窿等。通常讲的袖窿主要是指圆袖窿。袖窿深的大小直接关系到款式的造型及袖窿线的长短，一般袖窿深=1/6胸围+7cm（6~10cm），原型袖窿深=1/6胸围+6cm，衬衫袖窿深=1/6胸围+7cm，一般外套袖窿深=1/6胸围+8cm，宽松夹克袖窿深=1/6胸围+9cm，大衣袖窿深=1/6胸围+10cm。在设计袖窿深时，除了掌握基本的公式外还应该熟记一些基本款式袖窿长的具体数据（其他部位的设计也一样），这种记忆款式局部数据的方法称为"服装数理概念"。数理概念对于结构设计很重要，在很多时候都离不开数理概念。结构设计中的一些定寸设计实际上就是数理概念的运用。例如，在常规款式中，后衣片领口深可设计为2.5cm，前衣片落肩为5.5cm，标准男衬衫肩育克宽为10cm，袖克夫宽为5.5cm，男式西装领宽为7.5cm等，因此一定要掌握正确的学习方法。

袖窿宽的确定方法：

（1）确定前胸宽和后背宽，前胸宽≈1/6胸围，后背宽≈1/6胸围+1cm，袖窿宽自然得出。

（2）从整体结构设计来看，袖窿宽要保持与前胸宽、后背宽的比例协调关系，袖窿宽度不可过宽或过窄。为了使整体结构协调，一般多采用以胸围为依据来推算出肩宽的方法，即总肩宽=1/6胸围−8cm（7～12cm），然后以肩端点为依据来推算出前胸宽和后背宽。一般前衣片肩端点向前中线方向平移3cm即为前胸宽线，后衣片肩端点向后中线方向平移2.5cm即为后背宽线，前胸宽线与后背宽线的间距即为袖窿宽。

人体的厚度不完全相同，有的较厚、有的较薄，不同的体型对袖窿宽的要求也不一样。袖窿宽的设计依据要遵循一个基本原则：人体厚度越大袖窿宽越宽，人体厚度越小袖窿宽越窄。

（五）男、女上衣结构设计的不同要求

在款式设计上男装和女装有着不同的要求，在结构设计上同样如此，需要掌握一定的人体知识。男子体型与女子体型相比有很大差别，由于长宽比例上的差异形成了各自的特点。其主要差别体现在躯干部，特别明显的是男女乳房造型的差别。女子胸部隆起，使外形起伏变化较大，曲线较多，而男子胸部较为平坦。从宽度来看，男子两肩连线长于两侧大转子连线，而女子的两侧大转子连线长于两肩连线。从长度来看，男子由于胸部体积大，显得腰部以上发达，而女子由于臀部较宽，显得腰部以下发达。从腰节线至大转子连线所形成的梯形来看，男子的上大下小，而女子的则上小下大，且男子腰节线较女子腰节线略低。女子臀部的造型向后凸出明显，而且丰满圆润有下坠感，臀围明显偏大；男子臀部后凸较小，臀围明显偏小且没有下坠感。此外，男子与女子虽然全身长度的标准比例相同，但他们各自的躯干与下肢相比，女性的躯干部较长，腿部较短，而男子的腿部相对较长，躯干部较短。

对以上男、女体型的差异，不仅要进行分析和研究，还应熟知男、女不同体型的表现规律，只有这样才能从根本上研究服装结构、理解服装内在结构的需要和应遵循的变化规则，正确设计出结构合理的男装、女装。

人们对男子体型、男装的审美和女子体型、女装的审美有着不同的要求，这也是结构设计时要考虑的重要因素。一般来说，曲线效果、优美感是女装的象征，而直线效果、强健刚毅感则是男装的追求。所以女装上衣围度的加放松量明显小于男装，这也是男、女上衣在结构设计时的主要区别之一。

在围度结构设计方面，男装与女装有所不同：

（1）男装要求夸张肩部相对忽略腰部和臀部：如男西装肩宽比例设计即是较为典型的夸张肩部设计，其西装肩宽大于人体实际肩宽的比例数值4～7cm，然后用垫肩工艺手法

完成其造型要求，使穿着效果符合男子体型肩宽审美的特别要求。女装则要求强调胸、腰、臀三者的曲线造型关系，以此来体现丰胸、肥臀和细腰的造型美。

（2）男、女上衣省位的设计和收省量不同：首先，男装的收省量要小于女装。由于男子臀围与腰围差数相对于女子来说要小得多，即形成了男装特殊的结构要求和不同于女装的审美标准。因此，男装外形多以"T"型为设计参考，而女装外形则多以"X"型为设计参考。其次，由于男、女人体造型上的差异，省位的设计也有所不同。例如，女装一般可以乳峰点为中心设计腋下省、前片肩省及前公主缝线等，而男装则不能设计此类衣省。

（3）男装围度结构设计比女装宽松：人们对男装宽松度的审美要求不同于女装，女装为了强调自身的曲线美一般多采用紧身结构设计手法，而男装则需要夸张结构设计，以达到符合男子体型围度较大的特征，这样的结构设计既符合设计原理又具有现代艺术视觉效果。

另外，男、女装在门襟设计上也有着不同的要求，设计时一般要遵循"男左女右"的原则，也就是男装门襟要设计在左边而里襟在右边，女装则正好相反。

二、曲线设计难点及设计要领

曲线设计包括内在结构曲线设计和结构外缘曲线设计。内在结构曲线主要是指以人体造型为基准的服装结构的对应曲线，如领脚曲线、领口曲线、袖山曲线、袖窿曲线、裤前裆曲线、裤后裆曲线等。结构外缘曲线是指服装结构图的外形曲线，如裙装的下摆线、上衣的止口线、翻领的外缘曲线等。这些曲线的设计既是服装结构设计的难点又是重点，它的设计与服装着装效果的美丑有着直接的关系，因此这些曲线的设计必须要精确，在绘制时要遵循一定的设计规则。

服装结构中的曲线设计难在何处？首先，服装结构的曲线设计不仅仅只是服装结构的问题，它还包括了对服装款式的设计，从理论上也可以说它是款式设计的内容或继续。既然如此，结构中的曲线造型尤为重要，它的重要性主要体现在对着装效果的影响——服装美。从这个角度上来看，便能意识到服装结构曲线设计的重要性及其设计的难度。其次，服装曲线设计还包括了对人机工学的设计，如裤横裆弧线的造型结构设计不仅要符合人体的局部造型，还必须要考虑腿部行动的数据组合和臀部的动作要求。再如，袖窿弧线的设计，除了袖窿线长的数据设计要准确外，还特别要求袖窿的曲线造型要符合上肢的运动规律，即前袖窿曲线的曲度大而后袖窿曲线的曲度小，其造型的不同也正是为了人机工程的需要。

服装结构设计中的曲线设计要领包括：

（1）领脚线的设计：要以领口曲线为基准，不得与领口曲线发生矛盾。一是领脚线的曲线形状要在领口曲线的基础上设计绘制，掌握好它的曲形对应度；二是领脚线的长度计算要精确合理。一般来讲，领脚线的长度要略长于领口曲线0.3～0.6cm，长度相等也可以，但切不能使领脚曲线短于领口曲线，如果这样将会导致领围部位出现褶皱的穿着效果。

（2）领口曲线的设计：领口的造型种类很多，其设计应根据款式的要求来进行设计考虑。就一般款式而言，领口的结构设计要参考人体颈根部的造型来进行曲线设计。人体的颈部近似一个不规则的圆柱体，其斜截面，男性近似桃形，女性近似柿子形。颈部上细下粗，并向前倾斜约17°。因而领子的基本造型应该是后宽前窄、后高前低，后平前弯的形状，将领子展开在平面上就会出现上短下长并向上弯曲的两条弧线，体现在衣片上就是前领口深、后领口浅，对领口的曲线有了一定的控制。领口一般可按1/5领围加减定寸的方法来确定领口深和领口宽的尺寸，这样就可以准确绘制领口曲线了。

（3）袖山曲线的设计：袖山曲线的设计必须要符合袖窿的结构需要。先绘制袖窿曲线后绘制袖山曲线，袖山的高低直接影响着袖山曲线的造型，即袖山越高袖型越窄，袖山越低袖型越宽。宽松型的服装袖山要设计偏低，合体型的服装袖山设计需要略高，这是结构设计的基本技巧。另外袖山曲线要绘制圆顺，要与袖窿曲线造型吻合。袖山曲线的长度一般要比袖窿曲线长出1～2.5cm，薄型面料略长，而厚型面料略短。

（4）袖窿曲线的设计：一要满足款式造型的需要，二要满足人体造型和人体运动的需要。袖窿的造型一般分为圆袖窿、尖袖窿、方袖窿、不规则袖窿等。一般设计多为圆袖窿，圆袖窿曲线设计的要求和技巧：

①绘制袖窿曲线时头脑里要有一个基本的标准形为参考，这个基本形要经过多次实践并证明是正确的。

②要掌握基本原理性的技巧，画袖窿曲线时要注意前胸宽和后背宽的长度比例，后背宽要大于前胸宽1～1.7cm，此外还要将前下角的弧线多向衣片内吃进绘制，而后下角的弧线则不可向衣片内多凹进绘制，这是由于人体造型本身和人体常规活动的需要所决定的量的分配。

（5）公主线的设计：公主线是指女装上衣的一种结构分割线，从结构上说，公主线的设计起到收省的功能，公主线的曲度大小及其形状，一是取决于服装造型的要求，二是取决于女子体型本身的曲线要求。比较简单的理解就是将公主线看成是女装上衣腰省剪开与延伸的结构线即可。

（6）侧缝线曲线的设计：侧缝线即摆缝线，其设计技巧一方面在于前、后侧缝线的曲度要基本一致，不可偏差过大；另一方面就是侧缝线的翘势对侧缝线长度关系的理解。按常规应理解为：翘势的变化不应该影响前后侧缝线的对等长度。另外，上衣的侧缝曲线及其他分割曲线、下装类的前后裆曲线和内外侧缝曲线等，在进行设计绘制时都要遵循这样一个基本原则：以人体外形线的造型为参考，画顺各对应线并保持长度的协调。

三、省道设计的难点及设计要领

"服装是人的第二皮肤""量体裁衣""合体舒适",都已成为服装学中的定律,它强调服装的本质特性,即以人为本。服装的省正是为适合人体体型和造型的需要而将一部分衣料缝去,然后做出衣片的曲面状态。服装的省主要有:女装上衣有以BP点为中心的多个省,并包括腋下省等;男、女上衣的常规腰省;裤子、裙装造型的腰省等。这些省的设计单从工艺上来看并不难,然而,省的设计并不只是工艺的内容,它既是服装结构设计的重要内容又是服装款式设计的组成部分。如果这样来理解省的内容,那么省的设计难度就显而易见。

由于省的设计不仅要考虑人体尺寸的需求,更重要的是要考虑服装的美学问题,正是因为美学因素的内容,所以说省的设计是有一定难度的。省的位置和尺寸设计的大小不仅关系到服装的外形是否美观,还直接影响着穿着者的舒适程度和活动程度,所以说省的设计又是服装结构设计的重点,也是难点之一。就省的设计而言,女装设计相对于男装来说省多且变化复杂,因此在结构设计效果上更符合女装的审美,实际上也是符合了女子体型的曲线特征。常见的省道有以下两类:

(1)以BP点为中心系列的省设计:要正确掌握该系列省的设计规律需要设计师熟知女子的体型特征。乳房是女性体型的主要特征之一,因此对服装设计有很大的影响,是进行女装设计的重要依据,特别是在进行女装结构设计时一定要考虑这一造型特征对结构变化所起的决定性作用。女装上衣结构线的变化,特别是省的位置、省的大小等都与女性乳房造型有着直接的关系。女性乳房随着年龄的增长会有明显的变化,少年时期女性乳房尚未发育成熟,因而胸部较平坦;青年时期,女子乳房基本发育成熟,胸部明显隆起,胸部的截面形状逐渐由圆形变为扁圆形;成年以后,女子乳房非常丰满、隆起非常明显,且位置较高;大约45岁以后,女子乳房开始萎缩并逐渐下垂,胸部隆起开始逐渐减小。乳房由乳体与乳头两部分组成,因乳腺和脂肪发育不同,女子乳房的外形因人而异,一般可分为半球状乳房、圆柱状乳房、圆锥状乳房等。只有通过对以上人体造型的研究才可以正确理解女式上衣省的设计规律。另外,省量的大小设计要合理,收省量的不同是男、女上衣在结构设计上的主要区别之一,女装需要表现出女性美,而这种美往往需要用曲线设计来体现,所以收省量的大小要以女子体型三围(胸围、腰围、臀围)差数来设计。这里所说的曲线美正是因为这三围的不同而产生的。服装的收省方法很多,但较科学的是使用原型取得的方法,它包括原型转合法和原型剪接法。

(2)男、女上衣的腰省设计:男、女体型的差异和人们对男、女着装审美标准的不同直接影响着男、女上衣的腰省设计。女装的腰省数量多且收省量大,着装时以合体、表现出优美的曲线效果为佳;而男装的腰省数量少而且收省量小,着装效果多以夸张肩部为主,衣身较女装宽松。

另外，服装常见的还有下装的腰省设计等，总之，省的设计既要以人体造型为参考，又要注意设计的穿着美，既要考虑实用性又要注重设计中的美学原则。

第五节　服装数据概念

具有正确的服装数据概念对服装结构设计和款式设计是十分必要的。服装数据概念就是设计师对服装各部位数值分配的理解和掌握，即对服装整体、服装局部的正确数值分配和计算方法的理解和掌握，对服装相关数据应用规律的理解和掌握，以及对服装与人体的数据关系的理解和掌握。

一、正确理解服装数据概念

服装数据概念的具体内容如下：

（1）服装整体比例数值概念的确定：如西装上衣各部位长度的确定，其袖长与衣长的比例数值确定；旗袍长度确定，其肩宽与胸围的比例数值确定；超短裙、短裙、中长裙、长裙等裙长长度的确定等。

（2）服装局部常规数值概念的确定：如男式标准衬衫领座宽约3.3cm、外领宽约4.3cm、过肩宽9.5~10.5cm，袖克夫长约24.5cm（中号）、宽约5.5cm，门襟搭门放出约2cm，胸围、腰围、臀围的数值基本相同等。

（3）对不同性别服装数值概念的正确理解：如男式上衣胸围、腰围、臀围的差数相对较小而女装则正好相反；男式西装上衣前片腰省和胁省约收1cm，摆缝内收约1.3cm，而女式西装上衣前片腰省和胁省约收1.8cm，摆缝内收约2cm。

（4）不同年龄服装数值概念的理解：如童装长度比例、围度比例与成人服装长度比例、围度比例在数据上的差别。

服装结构设计中各数值设计的基本方法和应用规律：如女装实用原型中的一些基本公式，袖隆深＝1/6胸围+6cm、前领深＝1/5领围+1cm、前领宽＝后领宽＝1/5领围−0.5cm、后领深＝1/3领宽、后片肩颈点上翘≈2.5cm、前片落肩＝2/3领宽+0.5cm、后片落肩＝2/3领宽、前宽线约在前肩端点内进3cm处、后背宽线约在后肩端点内进2cm处。

人体造型特点对服装数值的影响：如一般成人的肩斜度为19°，那么在设计上衣落肩时即可运用这一概念进行设计。

掌握相关专业数据标准的概念：如我国人体体型中Y型、A型、B型、C型的具体数据差值及中间号型女子的身高、胸围、腰围的参考数值；服装公差数值的设定等。

服装数据概念的内容是服装设计和结构设计的重要参考，也是学习结构设计不可缺少的重要环节，掌握服装数据概念的内容是服装设计师应具有的专业素质。

二、学习、掌握服装数据概念

（1）要学习人体知识，反复实测人体的各个部位，并掌握不同人体各部位数据的变化规律。特别是服装的内在结构数值设计正是以人体各部位的尺寸为直接依据，所以掌握一定的人体知识才能学好服装设计，并真正理解服装数据概念的内涵。

（2）要掌握人体造型与着衣部位的关系。掌握了一定的人体知识以后还需要了解服装与人体的关系。服装结构设计要以人体体型为依据，以款式要求为标准。内在结构设计要合理，要与人体各部位相吻合，达到合体、舒适的目的。因此，需要设计师了解和掌握大量的服装结构常规数据和常规款式的标准结构图形。例如，西装上衣袖窿长的基本数据，领宽的基本数据，口袋的基本数据、袖口的基本数据；西裤前、后裆线长的基本数据，门襟、里襟的基本数据，插袋大小的基本数据；男式衬衫领的领座、外翻领的宽和长的数据，过肩的长、宽数据；西装袖结构的标准图形，男式衬衫领结构的标准图形，牛仔裤结构的标准图形等。这些数据与图形都是以人体部位的数据和造型为基础，所以要掌握人体造型与着衣的具体关系，分析研究其中的法则和规律便于设计出正确的相关数值。

（3）要多测量成品服装加强直观记忆、掌握服装结构要点。"解剖"服装成品和测量服装成品是一个很好的学习方法，这样可以使学习者带有一定的研究性质，便于从根本上理解和记忆各部位的具体数值。这种直观性的学习可以在较短时间内提高对数据概念的正确认识和掌握大量的数据概念内容。服装数据概念主要是指服装结构设计方面所需要的数据内容，包括结构设计中数据运用与变化的基本方法和规律。结构设计很需要数据概念，而数据概念的正确性和科学性也需要在结构设计的实践中不断得到检验和完善。

（4）要及时地学习、掌握相关的专业标准和其他相关信息。

综上所述，可以看出服装数据概念对结构、款式设计的意义，它不但对服装结构的变化具有指导作用，对整体款式造型也有着重要的参考价值。

第六节　服装立体结构解析

服装立体构成除包括服装立体结构设计外，它还有服装造型设计的含义。一般的情况下主要是指服装立体结构设计，也称为服装立体剪裁。服装结构设计方法一般分为两大类：

一是平面结构设计，二是立体结构设计。平面结构设计注重数据计算，立体结构设计注重造型效果。通常在平面结构设计能较容易地解决服装结构的问题时，一般不太运用立体结构设计。但是立体结构设计有它独特的优势和手法，作为教学，服装立体结构设计是必不可少的。

一、服装立体结构设计的意义

服装立体结构设计的直观性是平面结构设计所不及的，并且立体结构设计可以论证平面设计的合理性。在进行服装结构分解时，有的款式结构比较复杂，结构上立体形态很强，仅仅采用平面结构设计手法往往很难完成结构分解，遇到这些情况则应该采用服装立体结构设计来进行结构设计，或者立体结构设计与平面结构设计两种方法并用。两种方法并用是在结构设计中常见的设计手法。

服装立体结构设计的意义是多方面的，首先，凡是平面结构设计能解决的结构问题，服装立体结构设计一般都能解决。立体结构设计的造型能力非常强，而且视觉效果十分直观。在进行裁剪的同时就能看到服装成型的效果，这样既便于操作，又便于及时修改，使设计更准确，更容易满足设计师随心所欲的服装造型设计变化的要求。其次，服装立体结构设计对于论证服装结构上的合理性是直接的，也是科学的。它能解决平面结构设计所不能解决的一切结构立体形态问题。通过服装立体结构设计能够制作出结构合理、造型美观的服装。最后，服装立体结构设计不仅实用，而且对服装教学有着十分重要的意义。服装立体结构设计可以直接、明了地看懂服装结构的要点，有助于理解服装结构整体与局部的分配关系。另外，通过服装立体结构设计的实践，可以用不同的布料或其他材料在人体模型上（或用人体最佳）直接进行设计、剪裁、固定，有助于正确树立服装的设计理念，特别是关于人体造型与服装造型本质的关系。

在服装结构设计中，平面结构设计和立体结构设计是密不可分的。当服装造型立体形态较简单时，一般使用平面结构设计方法；在服装造型立体形态比较复杂、设计师有强调立体效果意图，或使用的服装材料悬垂性好的情况下，一般使用立体结构设计。两种方法相辅相成。掌握服装立体结构设计是服装设计师应该具备的基本素质，因为掌握了立体构成操作方法和操作技巧，对于服装设计师而言不仅仅是多了一条实现自己绝妙构思的快捷途径，而且有助于启发设计灵感、开阔设计思路。

立体结构设计是一种有着悠久历史的手法，较早应用于时装设计和成衣生产的地区主要在欧洲。在我国，服装立体结构设计应用得较晚，但近年来，随着我国经济的繁荣、对外文化交流的增多，服装文化发展迅猛，人们对服装的品位和造型要求越来越高，从而使设计师倍加重视服装的立体结构设计的应用，在服装教学上对服装立体结构设计也很重视。

二、服装立体结构设计的主要用具与材料

（一）主要用具

1. 人体模型

从立体构成的角度讲，人台是最重要的用具之一。常见的人台可分为：试衣用人台、展示用人台及立裁专用人台，它们无论是在造型特点上还是材料上都不尽相同。如图8-7是适合立裁操作的人台，也是大部分服装院校用来制作和展示服装的教学人台。这种人台内部的主要材料为发泡型材料，塑成人体造型后，外层以棉质或棉麻质面料包裹，颜色宜用黑色、麻白色等。发泡型人台方便大头针的刺插固定，大头针可以垂直插于人台表面，同时重量较轻便于搬运。

立裁专用人台以胸围尺寸为划分依据可分为两大类：净体尺寸人台和加放松量尺寸人台。加放松量尺寸人台一般比较适合批量化生产的工厂用，而净体尺寸人台适用于内衣、礼服、高级女装等服装的设计与剪裁。

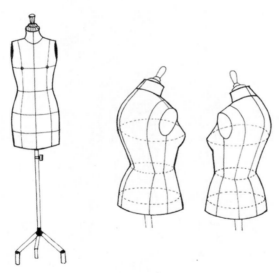

图8-7　人体模型

2. 大头针与剪刀的使用

服装立体构成一般用剪刀和大头针来进行塑型。如果不能正确掌握针法的使用，本来很有创意的造型将很难实现，影响效果和效率。大头针的使用虽然没有特别规定，但出于对一些部位固定的牢固程度和操作方便的考虑，一般将使用的针法归纳为掐缝针法、折缝针法、搭缝针法和挑缝针法等，在设计过程中要根据不同的部位和设计要求而运用不同的针法来完善设计效果。剪刀一般采用10英寸（25cm）或8英寸（20cm）较缝纫用剪刀稍小一些的，以方便在人体模型上剪切布料。

3. 其他用具

其他工具还有工具台、缝制设备、手针、顶针箍、熨斗、烫台和各种量尺等。

（二）主要材料

服装立体结构设计所需材料有布料、牛皮纸、胶带纸、细色带、松紧带、硬纸板、辅料等。另外，由于有的服装款式造型复杂，设计师从开始到完成，一个人单独操作有时会有困难，那么就需要有助手，如有的款式需边披布边看效果、边拼接、边固定、边缝制等。所以助手有时也是不可缺少的。

三、服装立体结构设计

（一）确定人体基准线

为了设计方便、准确，需要在人体模型上事先进行人体基准线的确定。可以用比较醒目的模型专用胶带线做出基准线标记（图8-8）。在做标记线时，要放正模型，使之不能左右摇动，然后由上到下粘贴出基准线。基准线主要包括：前中线、前公主线、后中线、公主线、侧缝线、领围线、胸围线、腰围线、臀围线、膝围线、袖窿弧线、肩缝线等。

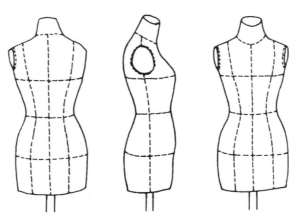

图8-8　基准线位置

（二）人体模型的补正

一般的人体模型都是按照标准体型制作，目的是要能符合多数人体体型的需要。但在实际生活中，人们的体型并非都是标准的，有各种差异，即使是比较标准的人体，也与人体模型有一些细微差别。为了能准确地制作出符合人体的服装造型，就必须对人体模型进行补正。

对人体模型的补正仅限于对其进行某些部位的增加，而不能切割模型。常见的补正部位有：胸部、肩胛骨、肩部、后背、腰部、臀部等。

在补正时要注意准确观察人体各部位的造型特点，找到差异后再使用正确的手法进行修正。例如，乳房部位既要垫高又不能损坏胸部优美的造型，在加垫时不要做得面积过大，要避免做得又高又圆，应正确观察胸部的整体造型特征，制作出符合人体实际的椭圆造型，加棉垫的边缘要自然地逐渐变薄，要避免出现明显"落差"。

（三）手臂的制作与安装

购买的人台一般是没有手臂相配的，而在进行一些袖装的立体造型时，手臂确是必需的，所以需制作手臂与人台相配。制作手臂的过程本身也是对立体结构设计的重要认识过程，能提高学生的立体设计意识。制作手臂所需的材料有：坯布、硬纸板、腈纶棉和棉花。

有的制作方法除了手臂的包布外还特别设计配制了内层包布，这样便于操作，但内层包布的设计并非必须的制作程序。无论采用哪种方法，都要求手臂的制作符合实际的手臂造型特征，并能合理地将其缝制在人体模型上。如果制作两个手臂当然比较完整，但在教学和学习时，一般制作一个右手臂也就可以进行立体裁剪了。

手臂模型可根据立裁的需要灵活地拆装。装配手臂模型的正确方法为：一是将手臂模型的袖中线与人台肩线对位，手臂根挡片与人台臂根切面对位，大头针固定布带于人台；二是抚平并适当拉紧肩部包布，大头针固定肩部包布于人台。

第七节　服装工艺管理

服装工艺是根据不同品种、款式和要求制订出特定的加工手段和生产工序。随着新材料、新技术的不断涌现，缝制方法和顺序也随之复杂多变，而它的科学性将直接关系到缝制效率和质量，也是服装工艺学中需要研究的重要课题。尽管它的生产形态是不定型的，但它的生产过程及工序基本是一致的。

一、服装工艺管理概念

所谓服装工艺管理，通常是指在客户提供订单或新产品投产的情况下，对产品进行试制，并在正式生产前进行工艺方面的编制及材料、设备和人员的设计，使产品在高效的工艺方案指导下进行生产加工，更好地保证产品质量，提高生产效率，降低成本。

二、服装工艺管理体系

服装工艺管理体系即指服装生产的准备、裁剪、缝制、整理四大工程（图8-9）。

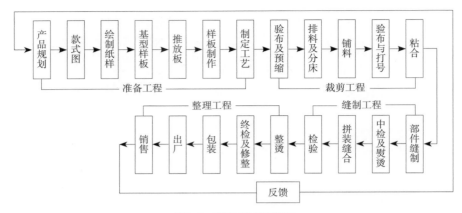

图8-9 服装工艺管理体系

三、常见折边缝份量的计算

在服装缝制过程中，由于服装品种和部位不同，其折边的缝份量也不相同（表8-2）。

表8-2 常见折边放缝份量参考

部位	不同服装折边缝份量
底边	毛料上衣4cm，一般上衣2.5~3.5cm，衬衫2~2.5cm，大衣5cm
袖口	一般与底边缝份量相同
裤口	3~4cm
裙底边	3~4cm
口袋	明贴袋：无袋盖3.5cm，有袋盖1.5cm；小袋：无袋盖2.5cm，有袋盖1.5cm；插袋2cm
开衩	西装上衣背衩4cm，大衣背衩4~6cm，袖衩2~2.5cm，裙子、旗袍开衩2~3.5cm
开口	装纽扣或装拉链一般为1.5~2cm
门襟	3.5~5.5cm

思考题

1. 学习服装结构设计的意义是什么？
2. 如何进行服装结构设计？
3. 利用课余时间，根据人体测量项目对全班同学进行测量，并统计数据找出规律。
4. 掌握服装结构数据的意义是什么？
5. 服装立体结构设计优于平面结构设计的点在哪？

09

成衣设计与
服装生产
管理

课题名称：成衣设计与服装生产管理

课题内容：从成衣生产的历史与现状、成衣设计的程序、成衣
生产与技术管理及成衣质量控制与管理几个方面介
绍成衣设计。

课题时间：5课时。

教学目的：在进行成衣设计之前必须先了解成衣工业的特性，
从而全面、正确地理解成衣设计。

教学方式：理论与实践相结合。

教学要求：对成衣生产与管理中的程序及各类表格有基本的
认识。

课前课后准备：对各类表格的填写进行练习，熟悉生产程序，
并进行市场调研。

"成衣"是近代在服装工业中出现的一个专业概念，它是指服装企业按标准号型批量生产的成品服装，一般在裁缝店里定做的服装和专用于表演的服装等不属于成衣范畴。行业内的竞争日趋激烈，我国加入WTO以来，为这一竞争更增添了国际性色彩。成衣业的发展，除了深受经营管理的影响之外，更重要的是服装成品本身在消费市场上的反应。而销售成绩的好坏，则取决于服装的设计与制作是否把握住了市场需求，所以从某种意义上来讲，成衣设计是成衣销路的关键。在进行成衣设计之前必须要先了解成衣工业的特性，从而全面、正确地理解成衣设计。

第一节　成衣生产的历史与现状

成衣生产是对大众的生产，成衣是销售给广大民众的，其不是只服务于某个人或某几个人，所以成衣是有标准号型的服装，便于大众能选择与自己相匹配的尺码。成衣生产的历史并不遥远，它是近代随着机械化大工业的出现与发展才出现的一种生产现象。

一、成衣工艺发展简史

欧洲工业革命的车轮加速了机器制造设备的发展和应用，服装生产的工业化也是伴随着缝纫机的诞生而开始的。人类在14世纪发明了铜针，但直到18世纪末，成衣工具仍处于原始阶段，工艺方式一直是手工操作。1790年，英国人托马斯·山特（Thomas Saint）从皮匠制靴操作中获得启发，发明了世界上第一台单线链式线迹手摇缝纫机；1829年，法国人巴特勒米·西蒙纳（Barthelemy Thimonior）制造了第一台有实用价值的链式线迹缝纫机；1851年，美国人Isac Merrt Singer兄弟设计了转速600r/min的全金属锁式线迹缝纫机。由于制作设备的进步，人们制作服装已由纯粹的手工操作发展到了使用人力的机械操作。1890年，电动机驱动的缝纫机问世，人们开始进行机械高速化、自动化及专门化的研究。

从20世纪40年代起，缝纫机的转速已从300r/min提高到10000r/min以上。1965年，美国胜家公司发明了自动切线装置，使缝纫效率提高了20%左右。之后，世界各大缝纫机制造商都致力于研究各种缝纫机的自动切线装置和缝针自动定针等省力化机种。20世纪20年代初，日本重机株式会社、美国格伯公司、意大利内基公司分别制造了数控（NC）工业缝纫机，这类缝纫机可以使缝制工序程序化、标准化。

目前用于缝制服装的机种类型很多，常见的服装加工设备多达4000多种，主要有单缝机、链缝机、包缝机、刺绣机、钉扣机、开袋机、打结机等缝纫机械；有打褶机、拔裆机、压衬机、部件熨烫机和成衣熨烫机等熨烫机械；电动裁布机、模板冲压机等裁剪机械。随着高科技产品的开发与利用，特别是计算机在服装工业中的广泛应用，如计算机自动算料、推板、排料、剪切系统，布料的色差疵点分辨系统，缝制功能的计算机控制系统，将复杂工序组合成由单一机种完成的特殊机种，都将大量应用于服装的生产过程之中，使成衣的生产在各个方面得到空前的发展。

二、我国成衣业的现状与发展方向

（一）我国成衣业的现状

我国的服装工业是在手工业的基础上发展起来的，经过70多年的发展，现已形成了一个比较完整的独立生产体系。70多年来，成衣业大体经历了两个阶段：从中华人民共和国成立初期到1978年，服装企业采用手工和半机械化手段进行生产，产品以内销为主。在这段时期内的成衣化水平很低，出口服装品种少、档次低。1978年以来，我国实行了改革开放政策，使服装工业也发生了巨大变化。服装工业的发展逐步纳入依靠科学技术进步的轨道，使服装工业的科技水平上了一个新台阶。服装工业已经形成国有、民营、股份和中外合资与合作多种经济成分并存，生产、教育、科研、信息配套，以大中型企业为骨干、小企业为重要力量的服装工业体系。其发展趋势正走向国际加工和自主设计生产并重的新阶段。

（二）我国成衣业发展的方向

（1）服装加工设备尽可能采用电子技术、气动技术、机械手和机器人等现代科学技术手段，尽量减少生产环节和过程，提高设备利用率。

（2）前道整理工程，包括面、辅料的检验、划样、排料与剪裁、裁片的分配、衣片缝制工程等；后道整理工程，包括成品修剪、整烫、成品检验、包装等工序。实现程序化生产，使整个成衣制品生产形成自动化或半自动化流水线。

（3）追踪纺织工业、服饰工业及现代最新技术成果，开发适应新材料的合理而科学的成衣技术，发展无缝模制、成形立体编制等。这些技术将进一步提高制品的技术标准化，缩短生产工序，提高生产效率，增加经济收益。

三、成衣生产工序的组成

成衣生产工序的组成是要根据不同的服装种类和要求制订出特定的加工手段和生产工序。尽管其生产形态是不定型的，但它的生产过程及工序基本是共通的、一致的。成衣生产工序大致由以下几个生产环节组成：

（一）生产计划

制订样品技术文件→产品设计→组织材料→材料检验→实样制作→预缩整理→样衣确定→订货。

（二）生产准备

制订生产技术文件→样板设计→样板修改→确定技术要求→质量标准→成品规格→传样试制。

（三）裁剪工艺

服装排料→验布→材料预缩→铺料→裁剪→检验裁片→标记捆扎→送缝制车间。

（四）缝制工艺

粘黏合衬→零部件缝制→中间工序熨烫（小烫）→组合缝制→检验→修剪→成品熨烫（大烫）→成品检验。

（五）包装工艺

成衣贴标→包装入袋→储运。

从整个成衣生产过程来看，由于计算机技术和自动化技术在服装企业的运用，许多工序都能被自动化程序控制所代替，使这些工序逐步从劳动密集型转变为技术密集型，但企业内的缝纫工序和熨烫工序还需要大量使用人工劳动，其使用的机械设备占整个成衣生产需要的大部分。

（六）成衣生产流程（图9-1）

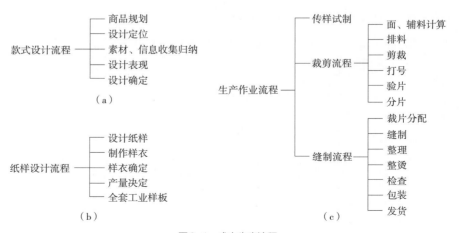

图9-1　成衣生产流程

第二节　成衣设计

在"服装设计"这个大的概念下，剥离出"成衣设计"与"时装设计"两个范畴，有一定现实意义。成衣设计是以市场的运行规律为基础，所以它必须具有设计理性化的特点。从宏观的角度讲，成衣设计的评估标准，不能以设计者的个人爱好为主，它要同时接受五个方面的测试，即市场学、流行学、社会心理学、材料学和人体工效学。成衣设计的形式风格要服从于流行学的流行规律，成衣设计师要具有社会心理学的知识和意识，设计的形式还要遵从材料的机能性和人体工效学的要求和需要。这五个学科纵横交织，构成了成衣设计的逻辑和规律，也形成了成衣的设计构成学。

一、正确理解成衣设计

（一）以市场为导向的设计理念

设计理念对设计起着根本性的指导作用，现在绝大多数服装企业的设计师都是服装专业院校培养出来，或曾通过不同形式接受过高等服装院校的专业培训。在专业院校中，服装设计理念教育是重要的授课内容之一，但学校毕竟不是企业，现实中服装高校与企业沟通的力度往往不够，还须不断加强。

从学校到服装企业，究竟应该树立什么样的设计理念呢？要科学地理解成衣设计的实践性，要从在校单一画服装效果图的设计惯性中"改道"至工业生产用的服装设计——从理论设计到利润设计。通俗地讲，就是要将自己的设计与市场挂钩、与企业的利益挂钩。在设计理念上要注重实际，切不可脱离市场这一重点要素。

首先，太学术化的设计对企业来说往往意味着不实用。其次，设计师需要有良好的合作精神。成衣设计是整个服装企业循环大生产中的一个环节，这个环节不能独立于企业之外，它需要与各相关部门进行交流与合作。例如，不与成衣销售部门沟通便不能从客观上了解哪些款式热销哪些款式滞销，设计的成品将有极大的滞销风险；不与原材料供应部门沟通，所设计的款式很可能无批量原材料供应，从而无法批量生产；不与工艺技术部门沟通的设计将是不可靠的设计。有专家曾经说过"服装是做出来的不是画出来的"，这句话强调了服装的本质特征。最后，设计师要强化市场观念。成衣设计的形式多样，不论采用哪种设计形式，只要设计制作出的服装成品能得到市场的"宠爱"就应该得到肯定。

（二）以降低成本、提升利润为导向的设计理念

我国加入WTO后，世界范围内的行业平等、规范竞争将会逐渐全面放开。竞争是多方

面的，而服装业的竞争对于服装成本而言是至关重要的。从服装生产企业来讲，高昂的成本往往意味着管理水平的低下，最后只有退出市场。

企业始终是以营利为目的，所以设计师在设计成衣时要进行多方面的考量以期获得最大利润。具体表现在设计过程中，设计师需始终保持冷静的经济头脑，始终考虑到成品的价格、产品服务群体相应的购买力及市场竞争的问题。

（三）明确设计的客户群体定位

设计师在设计成衣时需对企业的销售定位有一个清醒的认识。服装定位是多方面的，主要包括性别定位、年龄段定位、消费层次与价格定位、销售区域定位、服装性质定位等。对以上这些成衣设计的定位是设计师必须要掌握的，也是设计成衣最基本的前提。

（四）以款式设计与市场生产相一致为原则的设计理念

成衣款式的设计，既要考虑款式的市场效应，又要考虑款式对机械流水作业的可操作性，符合生产高效原则。从某种意义上讲，成衣设计不需要设计师过于超前的创造性，重点是设计师对市场的把握，对消费者心理的掌握，对市场流行的综合预测。实际上，设计的中心问题在于市场需求，成衣设计的成功与否关键是看设计师所设计的款式被市场的认可程度。在服装商业中，理论要来源于实践，并指导实践，这是一个循环规律，所以成衣设计师必须要"务实"，要脚踏实地，从市场中来到市场中去。

另外，成衣的款式设计必须要考虑到其批量的可生产性和生产的高效性。成衣生产往往需要流水线上多道工序来完成，款式与结构的不同直接关系着成衣的生产效率。

（五）以把握服装流行趋势与美观为原则的设计理念

服装美具有的时代性，既是服装设计的基本原则，也是现代人选购成衣的最主要的参考指数之一。抓住时代的审美共性是对设计师的要求，抓住了时代审美共性也就是抓住了服装的流行。成衣设计师需要利用一切可用的因素，把握住服装的流行趋势，设计出具有时代感的成衣。

（六）以遵循实用为原则的设计理念

成衣设计是介于设计师的创意与消费者的审美观及实际需要三者之间的产物。所以，成衣设计必须经过严谨而精确的思考，否则就会因设计偏差而造成产品滞销，影响企业的利益。此外，对消费市场的认识是成衣设计不容忽视的要素，因为成衣设计的构思，必须建立在市场的消费需要上，也就是要迎合消费大众的口味。所以设计成衣首先需要了解成衣市场，而从事成衣设计的工作者，更需要随时随地进行市场调研、市场分析，客观、准确地了解市场的需求。

（七）在设计中要参与销售策划

设计成衣时还要考虑到销售上的要求。一要对不同的人体体型有所研究，并要研究服装的市场定位，了解男装、女装、童装、休闲装的不同设计要求；二要设计出齐全的尺码，使大家都有成衣可穿；三要参与成衣市场定价，了解市场。

（八）设计过程中要注意表现手法

（1）广泛发挥流行趋势，抓住流行重点，从色彩、造型、装饰上做一系列设计以迎合消费者追求时尚的服饰心理。

（2）饰品、配件的合理应用与搭配。利用饰品、配件的辅助作用，造成特殊的效果，以提高商品的价值感。

（3）组合式成衣的创新设计。在设计中有意将服装做整体性的风格设计，表现个性效果，满足消费者喜爱新奇的心理。

（4）手工艺技术的应用。例如，手工绣花、手工扎染、手工蜡染、手工编结等都可以应用到成衣设计中，使成衣具有装饰的艺术效果，激发消费者的购买欲。

（5）新工艺、新设备的应用。

（6）新材料的开发设计。成衣市场中有很多款式都非常需要富有新鲜感的材料来刺激消费，如保暖材料的内衣、外衣，绿色服装材料的应用，高弹力材料的运动装设计等。新材料的开发可从多方面着手，其他辅料也能设计应用。

（7）借鉴各地富有民族风味及地方特色的服饰，使之变为成衣设计的重要元素之一。

（8）图案装饰的应用。合理应用可爱的动物、花卉、风景、文字等图案能为成衣效果增色不少，如年轻人爱穿的T恤，样式本身缺乏变化，但配以时尚的图案设计则能制造流行，刺激消费。

总之，如果成衣设计能多一些理性的思考，一定能提高成衣的销售量。当然，还有许多细节上的配合也须注意。消费者自身诸多因素的不同，都将直接影响消费者的需求，使消费者对服装的色彩、造型、材料的要求也各有所异。设计师要清醒地认识到：成衣设计是一种开放性的工作，是一种以市场为准则的工作，成衣设计绝不能闭门造车，也不能只以自己的主观判断来行事，一定要"从市场中来到市场中去"。

二、成衣设计的一般程序

成衣设计是设计师思想的产物，对于相同的要求，人们依照各自的认识水平和综合修养从事创作，从而产生出五彩缤纷的成衣世界。

成衣设计一般是先有设想，然后收集资料，确定主题，进行构思。设计师要通过材料的选用（面料、辅料）、色彩的构想、结构尺寸的确定，以及剪裁、缝制工艺的制定等周密严谨的步骤来完善构思。只有在构思成熟后，动手制作才能一气呵成。同时还应牢记服装是给人穿的，人是衣服的主体。因此成衣设计需要对构思所酝酿的穿着效果与形象有深思熟虑的预想，以便完成最终的成衣展示。成衣设计有别于纯艺术性的绘画或文学创作，首先应考虑其机器生产和市场销售的属性，成衣设计和生产不是作坊式的小生产者的服装制作，而是立足于现代工业化大机器生产的现象。

构思的方法因人而异，有的设计师是先有设想，然后选择服装所需的面、辅料，以最初的设计稿为准，采用各种手段来完善自己的构思；有的设计师是从面料的风格与特性中引发出新的构思，如涂层压塑布料硬挺而有光泽的外观使人联想到航天员，从而不少有趣的造型会在设计师的脑海中浮现。引发构思的途径是多方面的，可以从结构上、面料图案上、服装工艺上、装饰手法上产生种种新的构想，不论是一粒纽扣还是一个小小的装饰件都可触发构思的想象。

（一）成衣定位思考

成衣定位是指生产成衣的目的性。不同品牌的成衣有着不同的定位，如风格定位、价格定位、年龄定位、性别定位、区域定位等。成衣设计的动机和目的是设计师必须考虑的，目的明确是设计的大方向，也只有明确了设计的大方向才能目标清晰地去考虑设计的效果。

（二）遵循5W1H的设计原则

1. 何人（Who）

主要指被设计对象，应考虑设计对象的年龄、性别、体型、职业、肤色、个性等特点。

2. 何时（When）

主要指季节性、昼夜性、节日性等。

3. 何地（Where）

主要指场所、环境等。

4. 为何（Why）

主要指制作穿着该服装的目的性。

5. 怎样（What）

主要指服装的种类。

6. 多少（How）

主要指成本预算、制订价格等。

（三）收集信息

信息收集的主要工作内容是收集各种对服装设计必需的和有利的外界信息，为设计的创意和研发提供依据。

信息的收集主要包括材料的选择、技术工艺的研讨、色彩的搭配、服饰配件的整合等。

（四）选定设计方案

根据成衣产品定位，对收集到的信息进行分析、筛选，选定最后的方案。而后，设计师需要将文字型的方案用服装效果图这种直观的形式表达出来。

在制作的过程中，款式设计师要与工艺师保持密切的配合和沟通，这样才能比较完美地将设计的款式制作出来。

（五）结构分解制图

根据服装设计的效果图，绘制出服装的结构图，如有需要立体剪裁，要根据实际的需要进行立体剪裁。服装结构图一般需要经过几次修正后才能定位正式板型，当该板型制作出的服装得到确认以后，其板型可作为母板。

（六）制作样衣

当服装结构设计完成以后，就可以裁剪布料进行样衣的工艺制作了。样衣的工艺制作需要有设计师的指导，这样才能保证制作出的服装符合设计的预期要求。

（七）成品展示与确认

样衣制作完成后，一定要进行样衣试穿。在样衣的试穿过程之中可以看到服装的实际穿着效果，效果满意即能投入生产。但在实际的操作中往往会出现一些不太理想的情况，如果样衣效果不理想，则不能确认通过，需要进行二次设计或修正设计。

（八）二次设计与确认投入生产

二次设计是指对初次设计制作出的样衣，进行修改与调整的阶段。样衣经过二次设计或修正设计后，最后进入成衣制作的阶段。这一阶段使成衣设计最终符合设计的全部要求（面料、板型、工艺、辅料等），也可视为批量大货生产成品的最后确认，确认过后的样衣才会最终被批量生产。

第三节 成衣生产与技术管理

企业的技术管理水准对于成衣企业的生存和发展起着关键的作用，所以成衣企业对技术管理十分重视。成衣企业的技术管理内容主要包括：生产工艺管理、产品质量管理、生产计划管理、设备管理等。

生产工艺管理是成衣企业技术管理工作的核心内容，由企业的技术部门负责。主要工作内容包括如下。

一、成衣样品制作

成衣样品制作是企业中工艺管理的重要内容，通过样品试制，可以初步掌握服装用的面料性能、辅料性能、板型效果、工艺流程作业要求、用料量和工时所需的耗用参考指数等。这些工作都要认真地、有一定记录地有序进行，这样才能很好地为正式投产制定出可行的技术工艺标准，包括准确的用料计算、劳动定额标准、成本计算依据、板型确定参数等。样品的制作一般由技术科并且要有一定技术和有一定经验的专业人员来完成。

（一）新品成本核价内容（表9-1）

表9-1 新品成本核价单

生产单位		订货单位		填写时间	
产品名称		任务数		款号	
项目	单位	单价	用量	金额	有关尺寸：
面料					
合计					

项目		单位	单价	用量	金额	备注：
辅料						
合计						
其他						产品描图及工艺说明：
包装小计						
工缴总金额						
绣花工缴总额						
动力费用						
上缴管理费						
税金						
公司管理费						
中耗费						
运输费						
工人工资						
工厂总成本						
出厂价格						
批发价格						
零售价格						

复核：　　　　制表：

第九章　成衣设计与服装生产管理

（二）生产设计单（表9-2～表9-4）

表9-2　新品生产设计单

生产设计单

日期：　　年　　月　　日　　　　　　　　　　　　　　　　　　　　单位：cm

板型	
品名	
款号	
面料	
辅料	
部位名称/尺码M码	
后中长	
肩宽	
胸围	
腰围	
臀围	
袖长	
下摆围	
袖口宽/高	
领围/领高	
工艺要求	

	辅料	A. 面料　B. 辅料	A. 面料　B. 辅料	修改意见	板型要求		备注

设计师：　　　　板师：　　　　复核：　　　　审批：

表9-3　某公司女衬衫生产设计单

生产设计单

日期：　　年　　月　　日　　　　　　　　　　　　　　　　　　　　单位：cm

板型	
品名	束袖收腰款上衣
款号	
面料	纯棉衬衫面料
辅料	
部位名称/尺码M码	
后中长	
肩宽	
胸围	
腰围	
臀围	
袖长	
下摆围	
袖口宽/高	
领围/领高	

工艺要求
1.
2.
3.

束带

款式参考图

侧边开衩

三个色	辅料	A. 面料	A. 面料	修改意见	板型要求		备注
		B. 辅料	B. 辅料				

设计师：　　　　板师：　　　　复核：　　　　审批：

表9-4 某公司女睡裙生产设计单

生产设计单

单位：cm

日期： 年 月 日

板型		
品名	长袖木耳边连衣裙	
款号		
面料	针织	
辅料	白色罗口	
部位名称/尺码M码		
后中长	90	
肩宽	90	
胸围	102	
腰围	100	
臀围	120	
袖长		
下摆围		
袖口宽/高		
领围/领高		

工艺要求

1.袖口、口袋、下摆车缝三道明线

2.领口木耳边宽度3.5cm

3.袖口、口袋、木耳边用到较薄的罗口面料

两个色

罗口木耳边，宽度3.5cm

下摆3cm处车缝三道明线

蕾丝B宽度为3cm
领围0.5cm处车缝

口袋抽褶
口袋2.5cm车缝三道明线

罗口边

袖口7cm处车缝三道明线
微喇叭袖抽褶

辅料	A.面料 A.面料	修改意见	板型要求	备注
	B.辅料 B.辅料			

设计师： 板师： 复核： 审批：

（三）新品封样制作要求（表9-5）

表9-5　新品封样单

品名		设计		设计日期		新款款式图（请贴样布等）：		
新品编号		制板		制板日期				
审核		封样		交货日期				
规格								
部位								
尺寸								

设计要求：

制作说明：

存在的问题（手工者写）：

二、编制切实可行的生产技术管理文件

专业技术文件是服装企业不可缺少的技术性核心资料，它直接影响着企业的整体运作效率和产品的优劣。科学地制定技术文件是企业的最重要内容之一。

成衣企业生产工艺方面的主要技术文件包括：生产总体计划、制造通知单、生产通知单、封样单、工艺单、样品板单、工序流程设置、工价单、工艺卡等。

（一）主要技术文件（表9-6）

表9-6　主要技术文件

序号	内容	拟订部门	拟订日期	份数	张数	说明
1	服装订货单	营销				
2	反馈单	分部门				
3	设计图	技术				
4	生产通知单	计划				
5	成品规格表	技术				
6	面、辅料明细表	技术				
7	面、辅料测试明细表	技术				
8	工艺单、工艺卡	技术				
9	样板复核单	质检				
10	排料图、原辅料定额	技术				
11	裁剪生产工艺单	技术				
12	工序流程与工价表	技术				
13	首件封样单	技术				
14	首件成品检定表	技术				
15	产品质量检验表	质检				
16	成本核价单	财务				
17	报检单	质检				
18	生产进度报表	技术				
19	样品板单	技术				

（二）成衣制作工艺单（表9-7）

表9-7　成衣制作工艺单

日期：　　年　月　日

合约号		客户						裁剪	
合同号		厂号							
品名		数量配比							
品号									
制造规格单位（　）		总计							
序	部位	规格	制作图示：					缝制工艺	
A									
B									
C									
D									
E									
F									
G									
H									
I									
J									
K			唛头图示：					锁钉	
L									
M									
N									
O									
P								整烫	
Q									
R									
配用辅料			面、里小样：					包装	纸箱：
									内箱规格：
									外箱规格：
									正唛：
									侧唛：

封样员：　　审核员：　　负责人：　　交货日期：　　年　月　日

（三）成衣裁剪生产工艺要求（表9-8）

表9-8　裁剪生产工艺单

货号		生产任务		号型						
品名				数量/件						
规格搭配										
辅料长度/m										
铺料床数										
打号规定										

技术质量要求：　　　　　　　　　　　　　　记录：

（四）外发成衣制作要求及内容（表9-9）

表9-9　牛仔服企业服装制造通知书

制单编号 ＿＿＿＿＿＿＿

合同编号 ＿＿＿＿＿＿＿

品名		客户／牌子		
洗水		款名		
数量		款号		
部位	尺寸表			备注
号型				车线
腰围				
臀围（头下cm）				
内长				钮牌宽
前裆（腰头）				
后裆（腰头）				袋布
大腿围（裆下cm）				
膝围（裆下cm）				
拉链				
脚口宽				
折脚／反脚				
腰头				
耳仔（长×宽）				
后袋（长×宽）				
制作说明		款式简图		
交货期		制单	核封	物料	用旧样
备注		日期	日期	日期	作新样

（五）企业内部生产要求及内容（表9-10）

表9-10　生产通知单

订货单位 _____ 日期 _____ 小组 _____ 编号 _____ 合同号 _____

产品	单位	数量	规格数量				计划			原辅材料			
							班台（台）	定额	日产量	名称	单位	单耗	总数
	总数												

工序	进度										
	1	2	3	……	28	29	30				
裁剪											
机缝											
洗水											
整理											

说明：

三、面辅料的性能测试

（一）面辅料的收缩实验

一般的面料在下水之后都会有收缩，因此要保证服装规格最终符合成衣的相关技术标准，就需要在制作服装成品之前，对所需要用的有关面、辅料进行缩水试验，包括浸水收缩试验、喷水熨烫收缩试验、水洗收缩试验和砂洗收缩试验等。洗水的方式是要根据服装的具体效果要求来进行的，如一般牛仔装是在成品后才进行水洗，有的采用漂洗，有的采用普洗，有的采用石磨水洗，还有的采用雪花石磨水洗等，因此水洗的工艺也各不相同。不管采用哪种方式和工艺，都需要做实际的测试和记录，给成衣的样板制作、面辅料的计算提供正确的数据。

$$收缩率 = \frac{试样收缩前长度 - 试样收缩后长度}{试样收缩前长度} \times 100\%$$

一般面料的缩水率参见第七章第四节中的"六、纺织品缩水率"。

（二）面辅料的色牢度测试

色牢度指纺织品的颜色在加工和使用过程中对各种作用的抵抗力。色牢度测试俗称褪色或不褪色实验，是纺织品内在质量测试中的一项常规检测项目。

色牢度测试时，需按GB 250《染色牢度褪色样卡》标准进行评定，最常用的还是耐洗、耐光、耐摩擦及耐汗渍、耐熨烫、耐气候等项。但在实际操作中，主要是根据产品的最终用途及产品标准来确定检测项目，如毛纺织产品标准中规定必须检测耐日晒色牢度，针织内衣必须检测耐汗渍牢度，而户外衣物必须检测耐气候色牢度。

（三）面辅料的耐热度测试

耐热度指面料所能承受的最高熨烫温度，测试方法是让试样在承受最高温度后，观察其质地、性能是否仍能保持下列特性。

（1）不泛黄、不变色，或受热时泛黄变色，但在冷却后能恢复到测试前原料的色泽。

（2）原料的各种物理、化学性能不降低，仍能保持织物原有的断裂、撕破等强度指标。

（3）不发硬、不熔化、不变质、不皱缩、不改变原织物的手感。

四、制板与排料

当样衣被认可后，便可根据确认的样衣纸样和相应的号型规格系列表等技术文件打出基型样板，并推出所需号型的样板。基本样板的尺寸常选用中心号型（女装：160/84A，男装：170/88A）的尺寸，以便于后面的推板工作。成衣样板要按面、辅料收缩率加放适当的量，制图要严谨、全面，包括刀眼、缝份、打褶位、纽扣位、裁片等均要正确。

按根据样板确定的裁剪方案将一层上几件服装的所有衣片进行科学的排料，排料时必须对准丝绺，保证裁片的正确性，要最大限度地合理排料、节约每一寸面料，排料是成衣企业降低成本的关键环节。样板和排料图制出后要经过严格的审核，确保准确无误。

五、及时进行工艺技术指导

车间生产，特别是新产品投产时，要及时对车间生产进行技术指导，这是生产顺利进行的保证。因此生产车间一般要根据车位的多少配备一定的车间指导工（专职）。

六、保管技术档案

技术档案是企业组织生产产品的依据，也是新产品投入生产可以借鉴的重要资料，它对规范企业的技术管理和提高生产效率很有价值，因此必须妥善保管好技术档案。

第四节 成衣质量控制与管理

服装质量的好坏是服装产品在市场竞争中的基础要素，良好的产品质量是每个服装企业必须具备的基础条件，它不仅决定了服装产品的销售成绩，同时也影响企业的信誉和前途。成衣质量的控制也可理解为是成衣平均质量水平的一个检验参数，即对批量生产的成衣采用定期抽样检查的方法来控制服装的质量。同时，服装品质的保证，不仅依靠严格的质量检验来实现，更应注重成衣生产过程的质量控制。成衣业的质量包括成衣产品质量、成衣产品赖以生存的工作质量和服务质量。

一、成衣质量控制概要

成衣质量控制，指为求得以最经济的方法生产满足顾客需要的成衣而实施的整体作业控制方法。

成衣质量的衡量标准，合乎潮流的美观造型，耐用与舒适的穿着质量，多功能的效用及配套的售后服务。

（一）成衣质量范畴

1. 成衣设计质量

成衣设计质量指品位性，消费者的认可度，产品使用方法的合理性，消费者需要的性能满意度。

2. 成衣制造质量

成衣制造质量指选择符合设计目标的加工设备和技术手段，使用适当的材料生产出符合标准的产品。

3. 成衣销售质量

成衣销售质量指销售的服务内容，包括营业员和营销管理人员的素质、营销的方法和策略、企业的形象等。

（二）成衣质量标准

为了保证成衣质量，企业需要制定四种质量标准：质量目标、质量标准、检查标准、质量保证。

（三）成衣质量管理

为确保质量控制的成功，应进行全面的质量管理（Quality Control），简称QC。它包括以下内容：

（1）调查消费者需求方向，依此来设计生产方针的调整计划。

（2）设计符合消费者需要的产品，并要配以相关的资料和使用说明。

（3）科学、合理地安排所有设备，工程编排要及时，制定生产操作的规范与必要的技术指导。

（4）注意质控点的合理设置与功效平衡作用。

（5）研究产品的销售策略，适时适地销售。

（6）注重产品的售后信息反馈，了解用户使用产品的状况，检查售后服务的情况。

（7）注重设备的更新换代，认真计算经费和成本。

二、成衣质量控制程序

（一）成衣质量控制过程

成衣质量控制过程包括三个阶段：规定（技术、设计、表格）→生产（制造）→检查（质检）。

（二）科学建立检查点

设置检查点必须明确的内容，简称4W1H质量管理，即检查点设在工程的哪个部位

（Where）；要检查什么特性（What）；什么时候检查（When）；谁来检查（Who）；怎样检查（How）。

（三）成衣产品质量

成衣产品质量，可以理解为产品满足规定需要或潜在需要的特征和特性的总和。产品的质量特性，因产品特点不同而有所不同，表现的参数指标也多种多样。

（1）性能：产品满足使用目的所具有的功效，如冬装的保暖性能等。

（2）寿命：产品在规定的使用条件下，完成规定工作的总时间，也就是产品正常发挥功能的持续时间，如黏合衬的耐用性能等。

（3）可靠性：产品在规定的条件下和规定的时间期限内，完成规定功能的能力。可靠性反映着产品性能的持久性、精度的稳定性等，是在使用过程中逐渐表现出来的时间质量特性，如色牢度、扣眼脱线、纽扣脱落和缝线断裂等。

（4）安全性：对伤害或损害的风险，按可接受的水平加以限制的状态，就是指产品在制造、流通与使用过程中保证人身安全与环境免遭危害的程度，如内衣的选用材料等。

（5）经济性：产品周期总费用的大小，如销售价格、使用成本和管理成本等。

（6）审美性：指产品的造型、图案、色调、装饰、产品包装等符合美学要求。

三、成衣质量控制内容

（一）设计的控制与检查

产品投产前要做好各种表格文件，要对设计人员实行签名负责制，认真检查设计文件内容的完整性和及时性。

（二）缝制标准的控制与检查

缝制标准是对产品加工质量细则进行规定的技术文件，要根据企业设备、技术条件对产品的缝制要求做出规范化的规定。

（三）标准样板的检查

标准样板是用于裁制衣片的正式样板，一定要按生产前与生产通知单的规定认真进行对照，进行复查。

四、成衣质量疵病种类

成衣质量疵病按产生的原因进行分类：材料配置不当；加工方法与材料特性不符；生

产技能不熟练三种。

五、生产计划管理

生产计划与过程控制，是成衣企业生产管理的重要职能。生产计划是对企业的生产任务做出统筹安排，规定企业在计划期内产品生产的品种、质量、数量、进度指标；过程控制要求及时监督和检查生产过程，纠正偏差，保证生产计划及生产作业计划的正常完成。

（1）生产计划系统的层次：长期计划、中期计划、短期计划。成衣企业的生产计划以中、短期计划为主。

（2）生产计划的主要指标：产品品种、产品质量、产品产量、产值（工业总产值、商品产值、工业净产值）。

六、设备质量管理

设备质量管理包括选择适当的设备型号，编制设备年度、季度，制订大、中维修计划，制定设备采购、保管和领用规定，制定设备检验标准及设备使用与保养规定等，使机器处于工艺设计中所规定的运转状态。例如，平缝机必须让其保持在不跳针、不跳线、送布均匀的良好状态。

 思考题

1. 成衣企业发展的思变之道是什么？
2. 如何进行成衣设计？
3. 生产技术文件对产品质量有哪些影响和作用？
4. 以某一款服装为例，试着制定出其投产所需的相关技术文件。
5. 为什么要进行成衣质量管理？

第十章

10

服装标准

课题名称：服装标准

课题内容：介绍国家为了规范和约束服装产业的采购、设计、
生产、仓储、销售等生产活动，制定既保障企业生
产有秩序、按规定进行，又保障消费者合法权益的
专业技术法规。

课题时间：5课时。

教学目的：学习服装中的标准，这是在学习服装设计时所必需
的，在灵活的设计中要遵循一定的标准及规范。

教学方式：实践教学。

教学要求：系统的学习服装规范标准。

课前课后准备：课后熟悉并记忆必要的服装标准数据及规定。

俗话说"没有规矩不成方圆",这是对"标准"的呼唤和肯定。所谓标准,就是衡量事物的准则,是可供同类事物比较核对的尺码。任何一个行业都有自己的一整套相关标准,只是制定标准的过程和方法要科学和正确。服装也是如此,服装标准是国家为了规范和约束服装产业的采购、设计、生产、仓储、销售等生产活动,既保障企业生产有秩序按规定进行,又保障消费者合法权益的专业技术法规。通过其权威参照性,起到监督市场、保障生产、技术公证的重要作用。

第一节　服装质量标准的内容与分类

服装质量标准是有关部门制定的产品质量的定量和定性指标的统一规定。

服装质量标准既是生产者与消费者订货和交货的依据,又是服装企业生产和检验产品的依据。

服装质量标准按内容分为基础标准、产品标准和方法标准。

一、基础标准

基础标准是指具有一般共性和广泛指导意义的标准。例如,服装号型系列标准、服装术语标准、服装制图标准、服装缝纫形式、分类和术语标准、服装规格系列标准等。

基础标准是制定其他标准的前提,其水平高低不仅影响其他标准的制定,而且对整个行业的技术水平、产品质量水平等方面有较大影响。因此,制定时不仅要十分慎重,还要领先制定,以便有统一的参照。

（一）服装号型系列标准

1. 服装号型的定义

号指人体的身高,以厘米为单位表示,是设计和选购服装长短的依据。

型指人体的围度,以厘米为单位表示,是设计和选购服装肥瘦的依据,如胸围、腰围、臀围等。

体型是以人体的胸围与腰围的差数为依据划分的,分为四种类型。体型的分类代号分别为Y、A、B、C。

我国标准体男子总体高170cm,胸围88cm,腰围74cm;标准体女子总体高160cm,胸围84cm,腰围67cm。

2. 男子体型分类（表10-1）

表10-1　男子体型分类代号及其胸腰围差数　　　单位：cm

人体体型代号	Y	A	B	C
胸围与腰围差数	17~22	12~16	7~11	2~6

3. 女子体型分类（表10-2）

表10-2　女子体型分类代号及其胸腰围差数　　　单位：cm

人体体型代号	Y	A	B	C
胸围与腰围差数	19~24	14~18	9~13	4~8

4. 服装号型表示方法

号与型之间用斜线分开，后面连接体型分类代号。

例如，上装号型为170/88A。其中，170代表号，88代表型，A代表体型分类；下装号型为170/74A，其中，170代表号，74代表型，A代表体型分类。

5. 号型应用

（1）女装：服装上标明的号的数值，表示该服装适用于身高与此号相近似的人。例如，160号，适用于总体高158~162cm的人，以此类推。

服装上标明的型的数值及体型分类代号，表示该服装适用于胸围或腰围与此型相近似及胸围与腰围之差数在此范围之内的人。例如，上衣84A型，适用于胸围为82~85cm及胸围与腰围之差数在14~18cm的人；下装68A型，适用于腰围为67~69cm及胸围与腰围之差数在14~18cm的人，以此类推。号型系列以各体型的中间体为中心，向两边依次递增或递减组成（表10-3~表10-6）。服装规格也应以此系列为基础同时按需要加上放松量进行设计。身高以5cm分档组成系列，胸围以4cm分档组成系列，腰围以4cm、2cm分档组成系列。身高与胸围搭配组成5·4号型系列，身高与腰围搭配组成5·4、5·2号型系列。

表10-3　5·4Y、5·2Y号型系列表　　　单位：cm

胸围／腰围／身高	Y													
	145		150		155		160		165		170		175	
72	50	52	50	52	50	52	50	52						
76	54	56	54	56	54	56	54	56	54	56				
80	58	60	58	60	58	60	58	60	58	60	58	60		

胸围＼腰围＼身高	Y													
	145		150		155		160		165		170		175	
84	62	64	62	64	62	64	62	64	62	64	62	64	62	64
88	66	68	66	68	66	68	66	68	66	68	66	68	66	68
92			70	72	70	72	70	72	70	72	70	72	70	72
96					74	76	74	76	74	76	74	76	74	76

表10-4　5·4A、5·2A号型系列表　　　　单位：cm

胸围＼腰围＼身高	A																				
	145			150			155			160			165			170			175		
72				54	56	58	54	56	58	54	56	58									
76	58	60	62	58	60	62	58	60	62	58	60	62	58	60	62						
80	62	64	66	62	64	66	62	64	66	62	64	66	62	64	66	62	64	66			
84	66	68	70	66	68	70	66	68	70	66	68	70	66	68	70	66	68	70	66	68	70
88		72	74	70	72	74	70	72	74	70	72	74	70	72	74	70	72	74	70	72	74
92				74	76	78	74	76	78	74	76	78	74	76	78	74	76	78	74	76	78
96							78	80	82	78	80	82	78	80	82	78	80	82	78	80	82

表10-5　5·4B、5·2B号型系列表　　　　单位：cm

胸围＼腰围＼身高	B													
	145		150		155		160		165		170		175	
68			56	58	56	58	56	58						
72	60	62	60	62	60	62	60	62	60	62				
76	64	66	64	66	64	66	64	66	64	66				
80	68	70	68	70	68	70	68	70	68	70	68	70		
84	72	74	72	74	72	74	72	74	72	74	72	74	72	74
88	76	78	76	78	76	78	76	78	76	78	76	78	76	78
92	80	82	80	82	80	82	80	82	80	82	80	82	80	82
96			84	86	84	86	84	86	84	86	84	86	84	86
100					88	90	88	90	88	90	88	90	88	90
104							92	94	92	94	92	94	92	94

表10-6 5·4C、5·2C号型系列表 单位：cm

胸围＼腰围＼身高	145		150		155		160		165		170		175	
	C													
68	60	62	60	62	60	62								
72	64	66	64	66	64	66	64	66						
76	68	70	68	70	68	70	68	70						
80	72	74	72	74	72	74	72	74	72	74				
84	76	78	76	78	76	78	76	78	76	78	76	78		
88	80	82	80	82	80	82	80	82	80	82	80	82		
92	84	86	84	86	84	86	84	86	84	86	84	86	84	86
96			88	90	88	90	88	90	88	90	88	90	88	90
100			92	94	92	94	92	94	92	94	92	94	92	94
104					96	98	96	98	96	98	96	98	96	98
108							100	102	100	102	100	102	100	102

（2）男装：服装上标明的号的数值，表示该服装适用于身高与此号相近似的人。例如，170号，适用于总体高168～172cm的人，以此类推。服装上标明的型的数值及体型分类代号，表示该服装适用于胸围或腰围与此型相近似及胸围与腰围之差数在此范围之内的人。例如，上衣88A型，适用于胸围为86～89cm及胸围与腰围之差数在12～16cm的人；下装76A型，适用于腰围为75～77cm及胸围与腰围之差数在12～16cm的人，以此类推。男装的号型系列，见表10-7～表10-10。

表10-7 5·4Y、5·2Y号型系列表 单位：cm

胸围＼腰围＼身高	155		160		165		170		175		180		185	
	Y													
76			56	58	56	58	56	58						
80	60	62	60	62	60	62	60	62	60	62				
84	64	66	64	66	64	66	64	66	64	66	64	66		
88	68	70	68	70	68	70	68	70	68	70	68	70	68	70
92			72	74	72	74	72	74	72	74	72	74	72	74
96					76	78	76	78	76	78	76	78	76	78
100							80	82	80	82	80	82	80	82

表10-8　5·4A、5·2A号型系列表　　　　单位：cm

胸围＼身高腰围	A																				
	155			160			165			170			175			180			185		
72				56	58	60	56	58	60												
76	60	62	64	60	62	64	60	62	64	60	62	64									
80	64	66	68	64	66	68	64	66	68	64	66	68	64	66	68						
84	68	70	72	68	70	72	68	70	72	68	70	72	68	70	72	68	70	72			
88	72	74	76	72	74	76	72	74	76	72	74	76	72	74	76	72	74	76	72	74	76
92				76	78	80	76	78	80	76	78	80	76	78	80	76	78	80	76	78	80
96							80	82	84	80	82	84	80	82	84	80	82	84	80	82	84
100										84	86	88	84	86	88	84	86	88	84	86	88

表10-9　5·4B、5·2B号型系列表　　　　单位：cm

胸围＼身高腰围	B															
	150		155		160		165		170		175		180		185	
72	62	64	62	64	62	64										
76	66	68	66	68	66	68	66	68								
80	70	72	70	72	70	72	70	72	70	72						
84	74	76	74	76	74	76	74	76	74	76	74	76				
88			78	80	78	80	78	80	78	80	78	80	78	80		
92			82	84	82	84	82	84	82	84	82	84	82	84	82	84
96					86	88	86	88	86	88	86	88	86	88	86	88
100							90	92	90	92	90	92	90	92	90	92
104									94	96	94	96	94	96	94	96
108											98	100	98	100	98	100

表10-10　5·4C、5·2C号型系列表　　　　单位：cm

胸围＼身高腰围	C															
	150		155		160		165		170		175		180		185	
76			70	72	70	72	70	72								
80	74	76	74	76	74	76	74	76	74	76						
84	78	80	78	80	78	80	78	80	78	80	78	80				
88	82	84	82	84	82	84	82	84	82	84	82	84	82	84		
92			86	88	86	88	86	88	86	88	86	88	86	88	86	88

胸围 \ 腰围 \ 身高	C														
	150		155		160		165		170		175		180		185
96			90	92	90	92	90	92	90	92	90	92	90	92	90 92
100					94	96	94	96	94	96	94	96	94	96	94 96
104							98	100	98	100	98	100	98	100	98 100
108									102	104	102	104	102	104	102 104
112											106	108	106	108	106 108

（二）服装名词术语的标准

1. 服装名词

（1）服装结构：指服装各部件的组合关系。包括服装的整体与局部的组合关系及各部位外部轮廓线之间的组合关系，部件内部的结构线及各层服装材料之间的组合关系。服装结构由服装的造型和功能决定。

（2）服装结构制图：对服装结构进行分析计算，在纸张上绘制出服装结构线的过程。结构制图的比例可根据结构制图的目的而灵活制定。

（3）服装结构线：指能引起服装造型变化的服装部件外部和内部需要缝合的线的总称。

（4）服装装饰线：指服装上以装饰为目的的各种线形。

（5）轮廓线：指构成服装部件或成品服装外部造型的线条。

（6）服装推板：现代服装工业化大生产要求同一种款式的服装要有多种规格，以满足不同体型消费者的需求，这就要求服装企业按照国家或国际技术标准制定出产品的规格系列，全套的或部分的裁剪样板。这种以标准母板为基准，兼顾各个号型，进行科学的计算、缩放、制定出系列号型样板的方法称为规格系列推板，即服装推板，简称推板。

在制定工业样板与推板时，规格设计中的数值分配一定要合理，要符合专业要求和标准，否则无法制定出合理的样板，也同样无法推出合理的板型。

（7）板：样板简称板，是为制作样衣而制定的结构板型，广义上指为制作服装而剪裁好的结构设计纸样。样板又分为净样板和毛样板，净样板指不包括缝份的样板，毛样板指包括缝份和其他小裁片在内的全套样板。

（8）母板：指推板所用的标准样板，是根据款式要求进行正确裁剪的结构设计纸板，所有的推板规格都要以母板为标准进行规范放缩。不进行推板的标准板不能称为母板，只能称为样板。

（9）样：一般指样衣，就是以生产某款式为目的而制作的第一件或包含新内容的成品服装。样衣的制作与确认是批量生产前的必要环节。

（10）打样：指缝制样衣的过程，又称为封样。

（11）传样：指成衣工厂为保证大货（较大批量）生产的顺利进行，在大批量投产前，按正常流水工序先制作少量的服装成品（10~20件）。其目的是检验大货的可操作性，包括工厂设备的合理使用、技术操作水平、面料和辅料的性能和处理方法、制作工艺的难易程度等。

（12）驳样：指"拷贝"某服装款式。例如，买一件服装，然后以该款服装为标准进行纸样模仿设计并制作出酷似该款服装的成品；或从服装书刊上确定一款服装，然后以该款为标准进行纸样模仿设计和实际制作出酷似该款的成品。

（13）整体推板：指将结构内容全部进行缩放，就是每个部位都要随着号型的变化而缩放。例如，在进行裤子整体推板时，所有围度、长度及口袋、省道等都要进行相应的推板（本书中所讲的推板主要指整体推板）。

（14）局部推板：相对于整体推板而言，指某一款式在推板时只推某个部位，而不进行全方位缩放的一种方法。例如，女式牛仔裤推板时，同一款式的腰围、臀围、腿围相同而只有长度不同，则该款式只需进行局部推板。

2. 服装的术语

服装专用术语是服装行业中不可缺少的专业用语，服装的每一裁片、部件、画线等都有自己的名称。我国目前使用的服装用语大致有三种来源：一是民间服装界的一些俗称，领子、袖头、劈势、翘势等；二是外来语，主要来自英语和日语的译音，如克夫、塔克、育克等；三是其他工程技术用语的移植，如轮廓线、结构线、结构图等。

（1）搭门：也称为叠门，指上衣前身开襟处两片叠在一起的部分。钉纽扣的一边称为里襟，另一边称为门襟。

（2）撇门：也称为劈胸、劈门，指上衣前片领口处搭门需要撇去的多余部分。

（3）撇势：也称为劈势，指裁剪线与基本线的距离，即将多余的边角撇去。

（4）翘势：也称为起翘，指服装裁片的底边、袖口、袖窿、裤腰等与基本线（横向）的距离。

（5）止口：指上衣前门襟的边沿线。

（6）挂面：也称为过面，指上衣门、里襟反面的比门襟宽的贴边。

（7）过肩：也称为覆肩，指覆在男式衬衫（或其他的服装款式）肩上的双层布料。

（8）缝份：也称为做份、缝头，指布边线与缝制线之间的距离。

（9）驳头：门、里襟上部随领子一起向外翻折的部位。

（10）驳口：驳头里侧与衣领翻折部位的总称。

（11）摆缝：指缝合前后衣身的缝子。

（12）省道：为适合人体的需要或服装造型的需要，在服装的裁片上有规则地将一部分衣料缝去（省去），做出衣片的曲面状态，被缝去的部分就是服装省道。

（13）裥：为适合体型及服装造型的需要而将一部分衣料折叠缝制或熨烫而成，由裥面和裥底组成。按折叠的方式不同可以分为：左右相对折叠，两边呈活口状态的阳裥；左右相对折叠，中间呈活口状态的阴裥；向同一方向折叠的为顺裥。

（14）褶：为适合人体的需要或服装造型的需要，在服装的裁片上将部分衣料缩缝而成的褶皱。

（15）衩：为了服装的穿脱行走方便或服装的造型需要而设置的一种开口形式。位于不同的部位有不同的名称，如位于袖口部位的开衩称为袖开衩。

（16）塔克：将衣料折成连口缉成的细缝，起装饰作用。来源于英文tuck的译音。

（17）分割：也称为开刀，指将面料裁剪开后又缝合。常见的有"丁"字分割、弧线分割、直线分割等。

（18）克夫：缝于袖口处的部件，来源于英文cuff的译音。

（19）窝势：指服装裁片上结构线朝里弯曲的走势。

（20）平驳领：指一般西装领，驳头稍向下倾斜，领角一般小于驳角。

（21）戗驳领：西装领的一种，驳头尖角向上翘，驳角与领角基本并拢。

（22）对刀：指眼刀记号与眼刀相对，或者眼刀与缝子相对。

（23）裆弧线：也称为浪线，指裤子的前、后裆弧线。裤子的前裆弧线又称为前浪线，后裆弧线又称为后浪线。一般后裆弧线比前裆弧线略长。

（24）育克：指前衣片胸部拼接的部分，源于英文yoke的译音。

（25）覆势：指后衣片背部拼接的部分，一般与育克通用。

（26）登闩：也称为登边，指夹克下边沿边的镶边部分。

二、产品标准

产品标准指国家及有关部门对某一大类产品的造型款式、规格尺寸、技术要求、质量标准及检验、包装、运输等方面所做的统一规定，它是衡量产品质量的依据。例如，男式衬衫、女式衬衫、男式西装上衣、男式西裤、女式西装上衣、女式西裤等。

（一）服装制造通知单

参看第九章"成衣设计与服装生产管理"第三节"成衣生产与技术管理""二、编制切实可行的生产技术管理文件"中"（四）外发成衣制作要求及内容"。

（二）服装核价单

参看第九章"成衣生产与技术管理"第三节"成衣生产与技术管理""一、成衣样品制作"中"（一）新品成本核价内容"。

（三）服装封样单

参看第九章"成衣生产与技术管理"第三节"成衣生产与技术管理""一、成衣样品制作"中"（三）新品封样制作要求"。

三、方法标准

方法标准指通用的测试方法、程序、规程等标准。例如，水洗羽毛、羽绒试验方法标准，毛呢服装检验方法和使用黏合衬服装剥离强度测试方法等标准。

（一）测试布料水洗缩水率一览表（表10-11）

表10-11 测试布料水洗缩水率一览表

面料: 款号:
款名: 日期:

部位	样衣尺寸	图纸尺寸	缝制后尺寸	洗水整理后尺寸	缩水率	成衣尺寸	传样样板尺寸

审批: 审核: 制表:

（二）服装产品检验报告（表10-12）

表10-12　服装产品检验报告

年　　月　　日

品名			款号		
规格			等级		
生产批号			检验批号		
送检箱			抽检箱		
报检数量	件　　件/箱		抽检数量	件　　件/箱	
检验依据	按《FZ/T 81006—1992》标准				

部位	要求	尺寸记录	部位	要求	尺寸记录

缺陷名称	A	缺陷情况	B	缺陷情况
面料缺陷				
规格不符				
缝制不良				
整烫不良				
绕头				
污渍				
水洗缺陷				
其他缺陷				
合计	A	件（Ac= Re= ）	B	件（Ac= Re= ）
检验结果	合格	不合格	备注	

检验员：　　　　　　　　　　　　　　批准：

第二节　服装标准的级别分类

服装标准按级别可分为国际标准、国家标准、专业标准、行业标准、企业标准、内控标准。

一、国际标准

国际标准是由国际标准化团体通过的相关标准。国际标准化团体有国际标准化组织（ISO）、国际羊毛局（IWS）等。例如，ISO 4916—1991《纺织品—缝制—分类和术语》就是国际标准化组织（ISO）通过的国际标准，如国际通用服装洗涤方法标记（图10-1）。

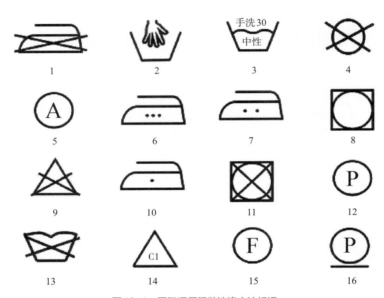

图10-1　国际通用服装洗涤方法标记

1—切勿用熨斗熨烫　2—只能用手洗，切勿使用洗衣机
3—波纹曲线上的数字，表示手洗温度；波纹曲线以下的数字表示使用洗涤剂的酸碱性
4—不可干洗　5—可以干洗，圆圈内的字母表示干洗涤剂的符号，A表示所有类型的干洗剂均可使用
6—熨斗内3个圆点表示熨烫温度可高达200℃　7—熨斗内2个圆点表示所有熨烫温度可达150℃
8—可以放入滚筒式烘干机内处理　9—不可使用含氯成分的漂剂　10—应使用低温熨斗熨烫（约100℃）
11—不可使用滚筒烘干　12—可以干洗，P表示可以使用多种类型的干洗剂（主要供洗染店参考，避免出差错）
13—不可用水洗涤　14—可以使用含氯成分的洗涤剂洗涤，但须加倍小心
15—可以洗涤，F表示可用白色酒精和11号洗衣粉洗涤　16—干洗时须加倍小心（如不宜在普通的自动化洗衣店洗涤。
其下边的横线表示对干洗过的衣服处理须十分小心）

二、国家标准

国家标准是由国家标准化主管机构批准、发布，在全国范围内统一执行的标准。国家标准简称"国标"，它的代码是"GB"。目前，服装工业系统中，经国家标准总局批准并颁布的有"服装号型""男女单服装"等数十种标准。

根据国家质量监督检验检疫总局、中国纺织工业联合会于2010年对标准的清理整顿和复查，服装产品的标准大多已确定为推荐性标准，如GB/T 2664—2017《男西服、大衣》，其中"GB"是"国标"这两个字的拼音首字母大写的组合，"T"表示该标准为推荐性标准，"2664"为标准号，"— 2017"表示该标准的制定时间。

（一）服装国家标准部分代号与内容（表10-13）

表10-13　服装国家标准部分代号

序号	标准代号	标准内容
1	GB/T 1335.1—2017	服装号型　男子
2	GB/T 1335.2—2017	服装号型　女子
3	GB/T 1335.3—2009	服装号型　儿童
4	GB/T 2660—2017	衬衫
5	GB/T 2662—2017	棉服装
6	GB/T 2664—2017	男西服、大衣
7	GB/T 2665—2017	女西服、大衣
8	GB/T 2666—2017	西裤
9	GB/T 2667—2017	衬衫规格
10	GB/T 2668—2017	单服、套装价格
11	FZ/T 80009—2004（原GB/T 6676—1986）	服装制图
12	GB/T 411—2017	棉印染布
13	FZ/T 35447—2017	服装定制通用技术规范
14	GB/T 14272—2021	羽绒服装
15	GB/T 14304—2019	毛呢套装价格
16	GB/T 15557—2008	服装术语
17	GB/T 35459—2017	中式立领男装
18	GB/T 35460—2017	机织弹力裤

（二）部分服装主要部位规格公差（表10-14～表10-16）

表10-14　部分服装主要部位规格公差参考表　　　　　　单位：cm

公差 品种 部位	男女单服	衬衫	男女毛呢上衣、大衣	男女毛呢裤子	夹克衫	连衣裙、套装
衣长	±1	±1	±1 大衣±1.5		±1	±1
胸围	±2	±2	±2		±2	±1.5
领大	±0.7	±0.6	±0.6		±0.7	±0.6
肩宽	±0.8	±0.8	±0.6		±0.8	±0.8
长袖长	±0.8 连肩袖±1.2	±0.8	±0.7		±0.8 连肩袖±1.2	±0.8 连肩袖±1
短袖长		±0.6				
裤长	±1.5			±1.5		
腰围	±1			±1		±1
臀围	±2			±2		±1.5
裙长						±1
连衣裙长						±2

表10-15　牛仔装主要部位规格公差参考表　　　　　　单位：cm

部位	公差	
	水洗产品	非水洗产品
衣长	±1.5	±1
胸围	±2.5	±1.5
袖长	±1.2	±0.8
连肩袖长	±1.8	±1.2
肩宽	±1.2	±0.8
裤长	±2.3	±1.5
腰围（裤）	±2.3	±1.5
臀围（裤）	±3	±2
裙长	±1.2	±0.8
腰围（裙）	±2.3	±1.5
臀围（裙）	±3	±2

表10-16　男、女童单服装主要部位公差参考表　　　　单位：cm

部位	公差	测量方法
衣长	±1	从前身肩缝最高点垂直量至底边
胸围	±1.6	摊平，沿前身袖窿底线横量乘2
领大	±0.6	领子摊平，立领量上口，其他领量下口
袖长	±0.7	由袖子最高点量至袖口边中间
总肩宽	±0.7	由袖肩缝交叉点摊平横量
裤长	±1	由腰上口沿侧缝，摊平量至裤口
腰围	±1.4	沿腰头宽中间横量乘2，松紧裤腰横量乘2
臀围	±1.8	由立裆2/3处（不含腰头）分别横量前、后裤片

（三）我国规定的服装洗涤标记（图10-2）

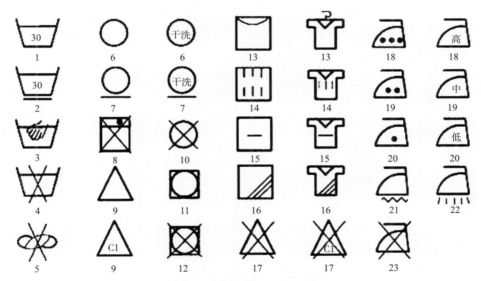

图10-2　我国规定的服装洗涤标记

1—可以水洗，30表示洗涤水温30℃，水温也可为40℃、50℃、60℃、70℃、95℃等
2—可以在水温30℃时水洗，但要充分注意　3—只能用手洗，勿用洗衣机　4—不可水洗涤　5—洗后不可拧绞
6—可以干洗　7—可以干洗，但须加倍小心　8—切勿用洗衣机洗涤　9—可以使用含氯漂剂
10—不可干洗　11—可滚筒干燥　12—不可滚筒干燥　13—可以晾晒干　14—洗涤后滴干　15—洗后将服装铺平晾晒
16—洗后阴干，不得晾晒　17—不得用含氯漂剂　18—可使用高温熨斗熨烫（可高至200℃）
19—可用熨斗熨烫（熨斗温度可至150℃）　20—应使用低温熨斗熨烫（约100℃）
21—可用熨斗熨烫，但须垫烫布　22—用蒸汽熨斗熨烫　23—切勿用熨斗熨烫

（四）衬衫主要部位规格极限偏差标准（表10-17）

表10-17　衬衫主要部位规格极限偏差标准　　　　　　　　　单位：cm

部位名称	一般衬衫	棉衬衫
领 大	±0.6	±0.6
衫 长	±1.0	±1.5
长袖长	±0.8	±1.2
短袖长	±0.6	—
胸围	±2.0	±3.0
肩宽	±0.8	±1.0

（五）衬衫主要部位规格的测量方法（按GB/T 2667—2017《衬衫规格》）（表10-18）

表10-18　衬衫主要部位测量法

部位名称	测量方法
领大	领子摊平横量，立领量上口，其他量下口
衫长	男式衬衫：前、后身底边拉齐，由领侧最高点垂直量至底边女式衬衫：由前身肩缝最高点垂直量至底边
长袖长	由袖子最高点量至袖头边
短袖长	由袖子最高点量至袖口边
胸围	扣好纽扣，前后身放平（背衣间拉开）在袖窿底线处横量
肩宽	男式衬衫：由过肩两端1/2处解开纽扣放平量女式衬衫：由肩袖缝交叉处，解开纽扣放平量

三、行业标准和专业标准

行业标准是由主管部门批准发布的在某部门范畴内统一执行的标准。例如，原纺织工业部发布的标准代号是FZ。

专业标准是由专业标准化主管机构或专业标准化组织批准发布在某专业范围内统一执行的标准，代号为ZB。

1. 服装行业标准（表10-19）

表10-19　服装行业标准

序号	标准代号	标准内容
1	FZ/T 80001—2002	水洗羽毛、羽绒试验方法

序号	标准代号	标准内容
2	FZ/T 80002—2016	服装标志、包装、运输和贮存
3	FZ/T 80003—2006	纺织品与服装 缝纫型式 分类和术语
4	FZ/T 81001—2016	睡衣套
5	FZ/T 81002—2002	水洗羽毛、羽绒
6	FZ/T 81003—2003	儿童服装、学生服
7	FZ/T 81004—2012	连衣裙、裙套
8	FZ/T 81005—2017	绗缝制品
9	FZ/T 81006—2017	牛仔服装
10	FZ/T 81007—2012	男女单、夹服装
11	FZ/T 81008—2021	夹克衫
12	FZ/T 81018—2014	人造革服装

2. 企业标准

企业标准是仅限于本企业范围内适用的技术标准，是企业按自身条件和产品特征自行规定的标准。有些标准虽有国家标准和行业标准，但企业为确保产品质量能顺利达到国家标准或行业标准，便对这些标准进行修订和补充。

3. 内控标准

内控标准是工厂为了不断提高产品质量、提高生产效率、便于内部科学的管理、满足用户要求、使企业能适应市场的竞争需要等而制定的标准。企业可以制定比国家标准、行业标准、专业标准更为详尽的标准。内控标准一般是带有本企业特色的（表10-20）。

表10-20 某企业内部服装款名编制规定

1. 服装款式代号表示方法

字母	A	B	C	D	E	F	G	H	I	J
服装款式	夹克	风衣	长袖衬衫	短袖衬衫	马甲	长裤	短裤	裙子	连衣裙	帽子

2. 洗水后颜色代码

数字	1	2	3
颜色	深	中	浅

3. 服装适用对象代码

数字	1	2	3	4
适用对象	男性	女性	儿童	中性

4. 洗水方法代码

字母	a	b	c	d	e	f	g
洗水方法	漂洗	石磨漂洗	石磨	柔软洗	普洗	酵漂洗	酵石磨

5. 同种型号的派生款式代码用小写英文表示

服装号型命名方法：

服装号型由8位英文字母及阿拉伯数字组成

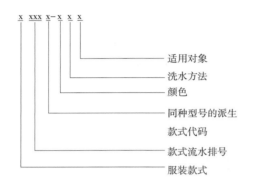

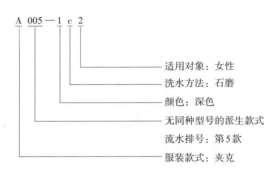

注：
（1）服装型号在厂内使用时，用8位表示。
（2）同种型号没有派生的不用写入。
（3）服装型号在出厂时只用前5位或6位表示。后3位只限在厂内使用。
（4）本标准仅适用于本公司内部。2000年2月1日开始实施。

💡 思考题

1. 我国服装产品技术标准包含的内容有哪些？
2. 服装企业制定的技术标准包含的内容有哪些？
3. 为什么企业要了解和掌握相关的服装标准信息？
4. 制定服装技术标准的意义是什么？
5. 服装技术标准的修订依据是什么？

第十一章

11

服装卫生与保健

课题名称：服装卫生与保健

课题内容：服装的卫生与保健是服装学的重要内容之一，尤其
　　　　　是近年来人们对绿色产品需求的加大，进一步推动
　　　　　了环保健康服装的发展。本章主要介绍了常规服装
　　　　　的卫生与保健、作业服的卫生与保健、防辐射孕妇
　　　　　服的卫生与保健、婴幼儿服装的卫生与保健等内容。

课题时间：4课时。

教学目的：树立服装材料环保意识，思考服装企业未来环保服
　　　　　装的发展，并能积极投身到创新研究之中。

教学方式：实践教学。

教学要求：系统学习服装的卫生保健方法，学习环保绿色服装
　　　　　的设计原理。

课前课后准备：课前了解市场上相关的环保服装品牌，课后试
　　　　　　　着对自己的家用服饰或服装作品进行保养。

服装的卫生与保健是服装学的重要内容之一，特别是现代人对服装卫生的要求越来越高。因此人们对绿色产品也更为重视，这些都要求服装管理者、服装设计者要树立以人为本的理念，重视服装的卫生与保健，倡导健康的服装行为。

第一节　常规服装的卫生与保健

一、秋冬季服装

秋冬季服装的首要功能是它的保温性，要达到这个目的，最重要的是能使服装中含有较多的静止空气。因此必须从服装材料、形态与着装方式等方面来加以考虑。

（一）服装材料

秋冬季服装材料因内衣、外衣用途的不同，所要求的也各不相同。

1. 内衣（贴身衣物）

秋冬内衣的选择，卫生与保健功能更重于保温性。寒冷时从人体皮肤表面会产生不感蒸泄（指没有出汗的水分发散，人的身体常常不断有水分蒸泄，这种蒸泄是人所感觉不到的）。人体水分主要从呼吸气道和皮肤表面发散，人静止时大约从呼吸气道发散30%，从皮肤发散70%。活动时，也必须考虑汗湿问题。

符合条件的内衣材料，首先要有适度的吸湿性、透气性，良好的肤触感，最好还要有耐洗性。例如，纯棉的针织品、漂白布、纱布都是比较适合的材料。

2. 外衣

外衣一般宜选择含气量大且有保暖性的材料，如毛织物、棉织物、化纤织物及其混纺织物等。还要从服装的实用性、穿着的目的性等考虑。例如，有风雪时，要考虑材料的透气性小的优势，可采用防水布、皮制材料等；女性的毛皮类大衣一般是毛面向外，但若从保暖的角度要求，为了使热气少向外散发，毛面向内比较合理。

（二）形态与着装方式

1. 秋冬装对人体覆盖面的要求

上穿长袖上衣，下穿宽松长裤或裙子、长袜，严寒时再加上围巾、帽子、手套等，这样穿着可以达到普通服装最大的覆盖面积，占人体外表面积的97.3%。随着环境气温的改变，需要适度调节自己的整体着装，以达到最好的保暖功能。

2. 秋冬装要防止寒风入体

穿着宽松的服装，要留意服装下部，使之保持冬装内适当的静止空气层。从服装卫生观点来说，衣服内应有一定的空气层；从衣着打扮的观点来说，一般趋向于服装合体，因此合理的着装方法是综合两者的利弊并予以协调采用。

3. 科学设计领口、袖口、裤口等

冬季的衣服最好不采用开放型领口设计，如在特别寒冷时可加用围巾、披肩，更能达到保暖效果，因为披肩的作用是在关闭领口后可以使背部保温。

考虑环境和工作等因素，最好能设计开闭自如的领口。一般可在领口、袖口、裤口等处加上毛边，这样可以增加一定的保温性。

4. 选择质地较轻的服装

厚重的冬装容易使人产生疲劳感并会增加人体的出汗量。从活动便捷和感觉舒适的角度考虑，以穿着轻便的服装为宜。特别是儿童和老人，更需要轻便的服装。

5. 保持贴身衣服的清洁

保持贴身衣服的清洁，不但从仪容的观点看是非常重要的，而且脏衣服还会对皮肤产生不良影响，增大热传导度从而降低衣服的保暖性。这是因为纤维集合间包含着空气，如果水分代替了空气，就会减弱它的保温效果。

6. 外衣的保温性调节作用

外衣的穿着可以起到保温性调节作用，如一天当中气温会有较大差异或一天当中要到两个不同气温的环境去等，这种客观存在就对服装产生了特别的要求，即外衣要穿脱方便，如大衣、夹克、皮装等。

二、春夏季服装

春夏季服装是相较于秋冬季服装而言的另一服装分类。如果气温上升至30℃，即使人在静止时也是不穿衣服比较舒适，这是从体热发散而言的。但从社会生活的要求看这是不可以的。为了防止日光直射暴晒，以及在极端高温高湿时水分的蒸发，人体都需要穿着衣服。

为了防暑，选择服装主要有两个原则。首先，不宜阻碍皮肤的发热和身体水分的蒸发；其次，日光直射下必须要有遮热性。这两个原则是对立的，如为了遮热，将遮蔽日光直射的服装穿上，但同时又会产生妨碍散热的倾向；为了散热，加大了皮肤的裸露面积，又将受到更多的直接日照，减少了遮热的效果。为解决这一矛盾，应优先考虑生理卫生的影响，大多是首先考虑放热性，其次才是遮热性。

日常生活服装，首先考虑防暑，其次考虑出汗问题。出汗是生理的防暑机能，是暑热时重要的自然放热方式。

（一）服装材料

1. 内衣

夏季的内衣材料要有适度的吸湿性、吸水性，即使衣服湿了也不会紧贴在皮肤上，因此应首选吸湿性好的材料。

2. 外衣

材料质地轻薄则热传导性好，兼具透气性、吸湿性、吸水性等性能的材料是优良的，以透气性好为最重要的条件。

防止日光照射，还要注意服装材料的色彩。不同色彩对热的吸收程度不同，白色最小、黑色最大（表11-1）。

表11-1　服装色彩的热吸收率（以白色为100）

服装颜色	吸收率/%
白色	100
黄色	165
青色	177
灰色	188
绿色	194
桃色	194
赤色	207
紫色	227
黑色	250

（二）形态与着装方式

1. 春夏装对人体覆盖面的要求

为了不影响身体散热，露体部分可适当多一些。但由于服装的装扮和社会的目的功能，有的职业须在夏季也穿长袖、打领带等，不然将有失礼仪，因此，夏季要从服装穿用的目的、年龄、环境等因素来决定服装的款式。

2. 夏季不宜穿多层装

夏装的设计要求和冬装的设计要求是有区别的，夏装的选材不仅要轻薄，而且要单层设计，即使是有里衬的款式也要选择轻薄的材料作为里衬。

3. 科学设计夏装

服装上部的开口设计将会影响人体的散热程度，为使夏装散热较好，开口一般设计得较为宽大。

夏季的女性服装要尽可能地设计成容易散热的款式，使服装内的空气对流畅通，穿着舒适。如"V"字领上衣、大圆领上衣、"一"字领上衣、吊带衣、低腰裤、超短裙、大喇叭裙等。

第二节　作业服的卫生与保健

从作业服的穿着目的看，分为机能性、象征性、审美性三要素。人们在设计作业服时容易忽略象征性和审美性，为了方便和快捷只注重作业服的机能性。从设计的专业角度来说，作业服须具备三个要素。

一、作业服的三要素

（一）机能性（实用性）

（1）有良好的温度调节功能。

（2）适宜活动。

（3）防护人体免受外界侵害。

（二）象征性

服装要适合作业的种类，有统一的形态、色调、装扮，作业服一般是一个集团的象征（图11-1~图11-3）。

图11-1　环卫工作业服

图11-2　检验检疫局工作服

图11-3　南航地服公司作业服

图11-4　海南航空第五代乘务员制服

（三）审美性

设计作业服时往往强调了服装的机能性而忽视了其审美因素。但美观大方的作业服不仅能给穿着者带来心理、精神的快感，还能提高工作效率。例如，在20世纪六七十年代，一些著名的时尚设计师们开始为航空制服进行设计，为空中服务带来一些时尚元素。其中的经典案例就是2005年，意大利著名设计师奇安弗兰科·费雷（Gianfranco Ferre）为韩国的大韩航空设计的工作服。这位擅长东西方审美融合的设计大师所设计的服装，既舒适、实用、简洁、便于日常使用，又表现出了大韩航空一贯安静优雅的特质，将韩国女性内敛含蓄的美感也表现得淋漓尽致。无独有偶，2017年国际知名设计师劳伦斯·许为我国的海南航空设计了第五代乘务员工作服，将时尚元素融入空中服务中，将"东方之美"的形象传递给了国内外的游客（图11-4）。

二、作业服的材料要求（图11-5）

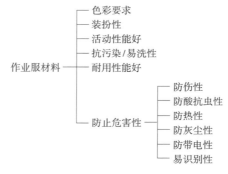

图11-5　作业服的材料要求

三、作业服的形态

作业服形态的设计要符合作业性质的要求，在材料上要进行认真选择，如炼钢工人的服装、煤矿工人的服装、护士服装、化工实验室服装、电工服装、管道装修工服装等，不同的工种都有着自己的特殊要求，有的要求以隔热为主，有的要求以防电为主。在形态设计上也是各有不同，如护士的服装形态与煤矿工人的服装形态就有着明显的区别，这是由他们的工作性质决定的。

第三节　防辐射孕妇服的卫生与保健

当今计算机、手机、电视屏幕等人造辐射源在工作和生活中产生了大量的辐射。虽然很多电器上都有符合国家标准的辐射量，但众多的电器辐射集中起来仍然会对人体造成伤害，尤其是对身体处于弱抵抗力和敏感期的孕妇危害更大。所以服装企业生产出了具有防辐射功能的孕妇服装以供孕妇穿着。

一、防辐射孕妇服的特点与作用

防辐射服装穿着时，致密的金属网在周身形成一个安全"防护罩"，能够有效阻挡折射微量X射线、紫外线、低频辐射和微波辐射，避免人体及胎儿受害。具有舒适、干爽、透气、无刺激、无副作用的特点，还具有抑菌、抗静电、耐洗、效能持久等作用。

二、防辐射孕妇装主要类型及功能

（一）纳米金属防辐射孕妇装

纳米金属防辐射孕妇装就是将导电磁性物质渗入涂层浆内，使改良的织物获得对电磁波的屏蔽功能。其性能稳定、屏蔽效能好、工作频率宽，具有防静电、防射线及紫外线等功能。此面料与普通面料的脱卸式的组合，达到了一衣多用的目的。

（二）银离子防辐射孕妇装

银离子防辐射孕妇装运用纳米单质银与纤维聚合成一体，并使织物表面形成牢固的耐氧化膜层结构，将纯银和环保纤维进行有机整合，具有隔离电磁辐射功能，具有抗菌、除臭、抗静电、调控体温、吸湿速干、透气性好，轻薄柔软，耐反复水洗，洗后不扎身，可贴身穿着，使用寿命长等特点。

（三）混纺防辐射孕妇装

这是目前市场上最为普遍的面料，是把金属丝拉成纤维状，再植入植物纤维，织成混纺织物。在织物结构上基本采用平纹和斜纹两种。其屏蔽效果好、高强度、柔软舒适、透气性极佳。

第四节　婴幼儿服装的卫生与保健

婴幼儿服装的卫生要求主要有以下几点。

一、气候调节功能

婴幼儿服装应具有良好的御寒、防暑性能，对于材料的选择、款式的设计，还有穿着形态等，都要适合环境气候，要具有良好的气候调节功能，并要以适合婴幼儿的生活和活动为主要条件。

二、保健性能

婴幼儿服装不仅要求材料的吸湿性、透气性能等良好，还要考虑服装形态上的换气性。

三、适于活动

以活动性为主要特点的婴幼儿服装，其形态和尺码均要适合活动的需求，还要注意伸缩性、吸湿性、透气性等。

四、保护身体

婴幼儿服装要适应生活环境，服装材料的性能、服装的形态（服装覆盖人体的面积）等都要注意保护身体的设计。

五、适合身心的发展需求

婴幼儿的身心发育，由于年龄不同而各有特色，所以服装应符合身体心理活动的发展，以求适合婴幼儿的日常生活。

第五节　绿色服装

由于社会经济与科学技术的发展，工业化进度加快，在给人们带来丰富多样、舒适便利生活的同时也带来了一系列影响人们衣、食、住、行等生存空间恶化的烦恼，如空气污染、河流污染、食品污染等，这些早已引起有关人士和专家的重视，形式多样的世界范围的环保运动此起彼伏。近年来，人们又开始注意与人类接触最多且最紧密的服装与人体的健康问题。例如，衣物上超量的甲醛、重金属、氯离子、强碱性等有害物质对人的眼睛及身体的刺激与侵害等。随着人们对环境保护和安全健康意识的不断提高，要求穿"绿色服装"的呼声也越来越响亮，而服装企业要生存和发展就必须在设计、选料到生产等各个环节贯彻绿色环保的理念。

一、绿色服装

绿色服装是随着当前世界上流行的一股"绿色环保"浪潮孕育而生的。这股以人与自然协调发展为主题的浪潮，指的是绿色产品、绿色企业、绿色管理、绿色消费、绿色工程等，其范围涉及社会的各行各业。把这一环保理念引入时装领域是在20世纪80年代，其代表人物是德国的杜塞尔多夫。那么，什么是绿色服装呢？总体上说，绿色服装又称为生态服装或环保服装，是以保护人的身体健康为目的，让使用者免受服装污染的侵害，并有安全无毒等特点，当人穿着时，有舒适、松弛、消除疲劳、心情舒畅之感。

从专业上说，绿色服装必须包括三方面内容。

1. 生产生态学

生产生态学对天然纤维来说，指在种植或饲养过程中，所用的肥料、饲料、生长剂、除草剂、消毒剂等对人类应是无毒无害的；在面料生产加工过程中，不会释放出有害气体，并且排水符合卫生要求。

2. 用户生态学

用户生态学指穿着时对人体不带有任何侵害。

3. 处理生态学

处理生态学是指织物或服装在使用后是否能回收，是堆积还是焚化。如在服装市场上出现的自然木浆纤维环保产品Tencel（俗称"天丝"），还有新研制开发的大豆纤维、牛奶纤维、竹纤维材料等都属于绿色纤维。

二、绿色服装与服装企业

1. 绿色通行证

跨入21世纪的中国服装企业要走向世界，必须获得国际市场的绿卡，必须达到ISO 14000系列标准（国际贸易中环境标志）。近些年，我国服装界虽然在企业机制、市场营销模式、品牌拓展理念等方面有了长足的进步，但在服装产品的环保意识上还比较薄弱，从而制约我国服装发展的速度，阻碍其竞争水平的提高。由于进入国际市场的服装纺织品必须贴上"标签"，因此，服装企业要适应全球形势的需要，除了从理念上更新，还要进行从材料资源到设计、制作、消费、处置等绿色系统的规划。否则，企业效益及其发展前途将受到影响。例如，浙江省一家服装厂曾遭美方退货，退货原因为拉链的镍含量超标，造成的直接经济损失达100多万美元。由此可见，中国服装要走向国际市场，生态标准还是很重要的。

我国在2000年6月就已经制订出了"绿色环境标志"服装的标准和技术规范。随着服装经济和科学技术的发展，江苏波司登股份有限公司生产的"波司登""雪中飞"环保羽绒服受到大众消费者的喜爱。深圳也出现了名为"九采罗"天然彩色棉服饰的生态服装。市场也开始逐渐青睐100%的蚕丝织物、水晶绉织物和牛奶纤维的内衣等，鼓励消费者购买新型环保面料。

2. 绿色管理

服装企业绿色管理是在服装生产过程中，节约自然资源、保护生态环境，把服装产品有益于消费者安全使用及保证公众身心健康的理念贯彻于企业经营管理之中，积极推行ISO 14000环境管理新体系，以实现服装企业的可持续发展。

其实质是在企业管理中正确处理企业、自然、社会三者之间的关系，实现企业、自然、社会的和谐发展。例如，我国大连市对产品打入国际市场的内资出口企业，在高度重视技术性贸易壁垒的同时，不断提高自身技术水平和管理水平，优化贸易商品结构，积极推行企业绿色管理和绿色营销策略；著名的服装企业杉杉集团就是通过有效的绿色生产与绿色管理，得到了中国环境标志产品认证委员会颁发的环境标志认证证书，是中国服装界第一家获此证书的企业。

3. 绿色营销

绿色营销是协调绿色需求和绿色供给之间的相互关系及其交互作用，是促进绿色生产和绿色消费的主要手段，把消费需求与企业利益及环保利益三者有机地结合起来，开发绿色产品、设计绿色包装、制定绿色价格、建立绿色销售渠道及开展绿色促销等工作。人人都在关注环保，人人都在关注健康，随着我国人民生活质量的不断提高，可以预见，绿色服装将成为一个新的市场热点和新的流行走向。

绿色营销是企业的一种经营方式和生存发展模式，当越来越多的作为市场供给主体的企业奉行绿色营销，将达成对环境、能源等资源的可持续性开发利用，树立自己在市场上的绿色生态企业形象而受到市场的认同，这样无论对企业本身还是对整个社会经济都将造就持续发展的模式。

与传统营销相比，绿色营销主要有以下几个特点：

（1）绿色产品供给的全过程。

（2）利用资源的可持续性。

（3）营销策略的绿色化。

（4）建立可持续市场开发。

三、绿色服装与设计师

1. 设计师的设计理念

作为当代设计师必须紧跟当前的国际形势与潮流，有意识地把绿色环保这一设计理念运用到服装设计之中。

在现代科学技术及文化对社会发展所引起的环境及生态破坏进行一些反思的同时，设计创造出一种无污染、有利于人体健康的生态服装，体现了设计师的道德和责任心的回归。设计师的绿色设计应该能够真正地为人民大众的健康服务，能够为企业的可持续发展服务，能够为我们的环保事业做出贡献。

近年来，国际上兴起的垃圾时装热就是服装界推进环保事业的实例。日本著名设计师古川在日本大阪时装节上，用旧塑料饮料瓶材料制成聚酯纤维服装以展示"热爱地球"这一主题，其设计理念很有时代感和先进性，从而备受关注。

绿色服装设计在服装领域不仅是一种技术层面的问题，更重要的是要在观念上进行变革，它要求设计师放弃那种过分强调服装外形设计上的标新立异和贪图经济利益的行为，而将重点放在真正意义上的环保创新上，以一种对世人更为负责的态度去创造绿色服装产品。

2. 设计师与绿色面料

面料的选择与运用在服装设计中起着十分重要的作用。而绿色服装主要体现在对绿色面料的选择与运用。在我国，服装产品的开发多停留在服装款式设计的层面上，多数设计师只是对面料外观质感和服用性能方面考虑得较多，而很少从环保和使用安全等方面来考虑，特别是内衣和儿童服装产品，更应该重视面料的安全性选择。实际上，一些知名度较高的服装企业是很重视这个问题的。例如，来自我国台湾的ABC童装品牌企业，就将环保意识渗透到采购面辅料、生产制作、生产环境等每一个环节之中，使产品既有时尚的韵味，又无污染之虑；再如"FIRST FLAG""英氏"童装也是如此，从产品的面料设计开始抓起，宁肯增加成本，也要保证小朋友能穿上健康、舒适的绿色环保童装。

例如，FIRST FLAG选用有机棉、羊绒、丝绸等天然材料，制作成自然、优质、精美、上品的童装。上乘的丝绸触感中蕴涵了中国传统工艺的精髓。经过严格把关，确认安全的有机棉材，配合苏州传统高超手工技法，给人柔与美兼备的细腻感受（图11-6）。

FIRST FLAG选用的羊绒是来自我国西藏草原不满一岁的小山羊身上的内层绒毛，这种绒毛一生只能梳刷一次，产量甚至不到普通羊绒的八分之一，我们把它称为"baby cashmere"，比普通羊绒更柔软，更保暖，更适合婴儿。FIRST FLAG坚持保留baby羊绒

图11-6 FIRST FLAG品牌使用的有机棉及羊绒面料

的天然颜色，无染色，将材质本身温馨、平和的舒适感发挥到极致。

为了把握好机遇，占领市场，世界各国的研究人员都在致力于研制环保面料，为绿色服装创造条件。英国纺织科技集团正在努力研究一种能预防皮肤病且能避免发臭的袜子；德国发明家研究出能增强活力，有助于肌肉收缩的营养丝袜；澳大利亚科学家发明了一种处理布料的新技术；美国、俄罗斯、墨西哥、巴西等国的农业科技人员，培育出乳白色、鹅黄色、红色、棕色、绿色等多种颜色的棉花，不仅色彩丰富，而且耐洗性很强且越洗越鲜艳。我国甘肃省在研制天然彩色棉花上也取得了可喜的成绩，还有自然木浆纤维环保产品天丝的成功开发，都为生产绿色服装提供了条件。因此，服装设计师更应与时俱进，了解和掌握当前的科技成果，在条件允许的情况下灵活运用，从而开创一条绿色服装设计的新路。

四、绿色服装与消费者

1. 消费者环保意识的提高

随着消费者环保意识的加强，服饰的环保问题已引起了消费者的重视，过去选购服装，考虑比较多的是其实用功能——衣服是否好洗、裤子是否免烫、拉链是否好用、纽扣是否好看……现在，则应考虑服装的面料和辅料是否"环保"，只有环保，才能有利于身心健康。

最近几年，棉麻服装又在市场上走俏，有些还具有防臭、抗菌、消炎、抗紫外线、抗辐射、止痒等功能。绿色纺织品深受广大消费者欢迎，如"梦狐"竹纤维环保服装在北京、上海等大城市销量很好，主打纯棉产品的"全棉时代"也受到了广大消费者的青睐。绿色生态服饰也开始成为消费者的首选，环保功能型服装的市场潜力极大，这正是基于绿色服装能够给予消费者以健康保证的结果。因此，绿色消费是确保可持续发展的市场驱动力。

人类社会发展的终极动力来源于人类的欲望（需求），表现为经济行为——消费。一般来说有什么样的消费主流，社会将产生什么样的生产供给，也就会导引出什么样的社会发展方向。可持续发展能否真正得到认同和实际运行，最终得依赖于大多数消费者的消费取向。要实现可持续发展必须培养企业的绿色营销和消费者的生态消费，强化全民的生态环保意识和生态消费意识，这需要政府、企业和广大民众的积极参与和长期持续的共同努力。

2. 建立消费者安全意识

消费者除了要建立环保意识外，安全意识的建立也是很重要的。按照国家有关部门制定的标准，每千克外衣的甲醛含量不得超过300mg，内衣不超过75mg，童装不得超过20mg。因此，消费者在挑选服装时要看看服装吊牌上有没有标明甲醛含量。令人满意的新装不仅要好看或价格适中，还要能安全使用。

消费者日常生活中应怎样鉴别绿色服装呢？首先，消费者在选择服装时要看标签上的生态指数，一般采用以下几种形式：禁止规定、限量规定、色牢度等级、主要评价指标等。其次，是要判断衣物是否容易掉色，手感是否硬，有无浓重气味，以此检验是否属于绿色服装。最后，新衣服买回家后，一定要洗几次再穿，这样可将衣服上的残留游离甲醛去除。安全意识的建立关系到消费者的身体健康，因此是十分重要和必要的。

随着社会经济不断向前发展，人们消费水平的不断提高，对服装产品各方面提出的要求也越来越高。因此，服装企业的决策者、管理者及服装设计师都应树立起绿色环保意识，提倡绿色管理、搞好绿色服装设计、生产与销售，建立绿色市场，从而使消费者充分享受绿色服装带来的安全与舒适。同时，作为消费者自身也要加强环保观念和自我保护意识。有专家断言：环保服装也许将成为今后相当一段时间里的消费热点，"时尚＋环保＝经济效益"是服装企业的发展方向。可见，绿色服装的前途是光明的，它必将给服装业带来新的辉煌。

思考题

1. 从服装材料、形态与着装方式等方面谈谈如何科学设计服装以满足其卫生与保健要求。
2. 分析两种到三种特殊种类服装的卫生与保健要求。
3. 简述绿色服装在服装企业中的未来发展前景。
4. 浅析服装管理者及服装设计者应如何重视服装的卫生与保健，倡导健康的服装行为。

第十二章

12

服装展示与服装模特

课题名称：**服装展示与服装模特**

课题内容：设计的目的并不只是展示，而是通过运用空间规
　　　　　划、立体设置、光源选择、色彩配置等手段营造
　　　　　一个富有艺术感染力和个性的表现环境，将设计创
　　　　　作的内容展现给他人，力求使观者接受设计者计划
　　　　　传达的信息。因此展示是设计中一个必不可少的
　　　　　环节。

课题时间：5课时。

教学目的：使学生了解服装展示的不同方式，掌握不同类型服
　　　　　装独特的展演形式。

教学方式：专业理论＋实践教学。

教学要求：对服装展示进行系统学习，激发学生在服装展示方
　　　　　面的创意灵感，以更好地表达自己的设计思想及
　　　　　理念。

课前课后准备：调研不同类型服装品牌的展示方式及特征。

服装设计最终要由人体来展示，所以服装展示是服装设计的目的之一。但是，设计的目的并不只是展示本身，而是通过设计，运用空间规划、立体设置、光源选择、色彩配置等手段营造一个富有艺术感染力和个性的表现环境，并通过这一环境，有计划、有目的地将设计创作的内容展现给他人，力求使观者接受设计者计划传达的信息。

服装展示的形式多样，广义的服装展示可以分为服装静态展示和服装动态展示两种。

第一节　服装静态展示

一、服装静态展示的定义

服装的静态展示，指在一定的环境中有目的地将服装进行相对固定状态的展现，从而传达出设计者的意图语言，尽己所能地使观者接受设计师的展示思想，达到展示的目的。

服装静态展示在日常生活中是非常常见的。在服装专营店、服装商场、服装展销订货会等场合，都可以看到精心设计的服装静态展示的效果。另外服装的静态展示还可以利用幻灯、电脑、投视仪、全息投影等高科技手段来渲染服装展示的氛围，使观者更深入地体会服装的设计思想。

二、服装静态展示的意义

服装静态展示是服装宣传、服装营销、服装艺术表现、服装美学展现的重要手段和必备的程序之一。服装静态展示是一种视觉表现手法，是将一种服装理念、创作思想和设计意图转化为一种直观形象的创造性行为，它涵盖了美学、心理学、视觉艺术、营销学、广告学、建筑学等多种知识，同时利用各种道具，结合文化及服装定位，运用各类展示技巧将服装的特性表现出来。在服装商场内，琳琅满目的各式服装的展示性质一般是静态的，这种静态的展示有多种形式的展现手法，如挂吊形式、柜台叠放形式、人台穿着形式等。

服装的静态展示是服装艺术形式的一种表现，它可以使设计师大显身手，在相对固定的各种人体、模型上进行创意设计，也可以在一定的空间内整体规划、设计、布置出服装整体的展示效果。服装的静态展示是服装艺术必不可少的一种常见的形式，也是服装设计师应该具备的一种专业素质，要求设计师精通和熟练地掌握环境艺术设计的部分内容，包括环境气氛的营造、色彩学的美学规律、环境美学、光学效应、视觉心理效应等（图12-1）。

服装静态展示是服装营销的重要组成部分，也是服装商业活动中必不可少的一种常见形式。成功的服装静态展示设计不但能够展示设计创意，更能提升服装价值、企业形象和社会影响力。当然，最终达到商业服装的目的，创造出高额的服装商业利润，获得最大程度的经济回报。所以商业服装的要求与艺术类服装在许多方面是有差异的，包括展示效果、展示时间、展示地点、展示的对象、展示效应等，即商业服装的主要性质是成衣的属性，而艺术类服装的主要性质是艺术表演与视觉冲击欣赏的属性。但是，无论两者以什么性质为主调，而作为展示的一种形式——服装静态展示是相同的。

图12-1　服装静态展示

三、服装静态展示的关键

1. 协调环境，融入文化

服装静态展示需考虑展示的层次定位（展示本身的层次和观者群的层次）、区域环境、地方文化特色等。

图12-2　突出重点

2. 突出重点，重视布局

服装静态展示需要有简单明确的主题，以建立其自身特有的形象。这就要求展示设计的结构明确清晰，能准确地表达出服装的特色及优势。使用能突出主题的装饰元素进行点缀，营造氛围，吸引眼球，但注意用量适度。就像画一幅美术作品要有重点一样，整幅画面不可没有亮点，不可喧宾夺主，还要注意构图的艺术性（图12-2）。

3. 强调整体，协调统一

首先，要考虑服装整体搭配的协调效果，包括色彩的整体搭配，服装配件整体设计效果等；其次，要考虑周围服装展示的整体效果对服装的影响，就像绘画的色调要求统一是一个道理（图12-3）。

图12-3　整体统一

图12-4　张扬个性

4. 张扬个性，富于特色

服装静态展示也是一种广告宣传，是一种信息的传递，也是设计者的理念反映，所以在进行服装的静态展示时要表现出特有的风貌。有特色才有美感、才有市场，才会被人们青睐（图12-4）。

5. 注重光源，强调视觉

没有光就没有色彩，千变万化的各种色相在不同光的作用下会呈现出不同的面貌，这个原理性现象是服装静态展示必须注意的问题。例如，在白天的自然光下和在服装精品屋的灯光下所看到的同一件服装的视觉效果会大不一样。还会发现，有不少人在商店试穿服装时效果很好，但是买回家时就会发现效果不如在商店时那么协调，这些都是因为不同光的缘故。因此，善用光源可以增强视觉感染力，从而提升顾客的购买欲望，达到真正的视觉传达的效果。

四、服装静态展示的形式

服装静态展示的形式主要包括：服装商场各种静态陈列，如柜台陈列、吊挂陈列、叠装陈列、人台陈列、橱窗陈列等；服装贸易展销会中的各种静态展示；各种服装图片形式的展示，如报纸、杂志上的服装图片、服装招贴画等（图12-5）。

五、服装展览设计

自1851年英国在著名的建筑"水晶宫"里举办第一届国际博览会以来，世界各地便开始追逐博览会的流行。各类的博览会犹如巨大的多角度折光镜，反映了人类发展的进程，留下

图12-5　2017年GUCCI专柜外街景

了辉煌的历史足迹。

　　服装博览会或展览会在当今十分盛行，每一次重要的展会总是吸引着众多国际品牌、知名企业踊跃参加，并不遗余力地推出他们的各系列服装设计与穿着创意。在现代化的今天，人们越来越重视各种大大小小的展览会，特别是服装营销企业。这是由于展览活动本身具有独特的号召力、影响力及广告效应等，特别是展览会总是以高效传递信息和接受信息为宗旨，这对提升企业形象、增加企业发展进程、获取经济效益有着不可低估的作用（图12-6）。

图12-6　服装展览

（一）服装展览设计的本质特征

　　从本质上来说，商业服装展览设计的目的就是促销，是为商家实现营销目标进行最直接、最有效的宣传。将商品直接摆放在展览场地，客户可以直接了解商品的多个品种和功能，在一定程度上满足了人们的好奇心和购物欲，这是一种很好的互动与亲切的交流。所以说，展览会给了观看者一个对产品的认知、认可、接受的机会。

　　展览会具有较平等地涵盖展览的商业机构与消费者的双向作用，不仅要注重信息的可靠性、针对性及高效、高质地传达各种信息，而且要考虑到各种产品的反馈信息等。所以，服装展览在展示机构——信息传递者和消费群体——信息接收者之间搭起了一座桥梁，承担了相互沟通的角色。通过对展品进行巧妙的布置、陈列，借助于展具、装饰物、视听仪器、色彩、照明手段等营造出特有的环境气氛，很自然赋予展品一定的艺术魅力，从而吸引了人们，唤起他们对展品的兴趣和情感，实现了传递信息、宣传展品、树立形象，提高地位和知名度及最终达到促销的目的。

服装展览设计的特征，就其空间创造而言，近乎于建筑和室内设计；就其诉求性功能方面，又等同于商业美术；就表现形式、艺术手段和总体设计方面，它与舞台美术设计又十分相似。一般来说，服装展览设计大致具有以下几个特征。

1. 真实性

服装展览一般都是通过实物性的展品来构成展览内容。服装艺术是大众艺术，是人人参与的一种活动。从这个方面考虑，服装展览就要考虑服装的大众性和真实性。真实性包括可以试穿、可以触摸、可以咨询、可以与厂商面对面地交流与沟通等，所以说服装展览是以真实性为主要前提的。

2. 多维性

展览场所、展览品种、观众、时间等是服装展览设计中的基本要素。它们之间的组织关系即表明展览的空间具有多维性质。在这个空间里，观众是以"流动—停留—流动"的动静相间的方式来观赏展品的，这比起平面性广告或音响型广告的单一传递方式要明显地具有多维性。

3. 综合性

服装展览设计涉及许多领域，如市场营销规律、消费心理、经费预算、建筑空间、视觉艺术、色彩美学、光学、听觉艺术、美学心理、社会学等方面。服装展览设计需要具备包括管理、现场演示、多种视听仪器的使用、装饰设计、照明技术、展览整体策划、美术技能和美术等方面的能力。所以说服装展览是具有综合性的。

4. 科学性和艺术性

服装展览设计强调以市场的需求为依据、以策划为主导、以创意为中心、以促销为目的，其方法过程本身就具有很强的逻辑性和科学性。艺术性则表现在必须以美的形式来展示展品。

（二）服装展览设计要素分析

服装展览设计具有明确的诉求目标，对于构成要素的调查、收集、整理、判断、分析、研究，是进行设计定位的依据，也是实现展览效应的基本前提。归纳起来，服装展览设计的要素可以分为人员、物品、时间、场地四个方面。

1. 人员

人员主要指承办展览的服装厂商、展商和前来观看的客户、媒体等人。设计者必须对承办厂商、展商的展览目标、展览计划、展览规模及具体的展览内容（品种的多少、品种的性质、品种的特征等）等基本的背景资料和数据有所了解，统计安排好相关展示、推广、接待、销售等人员。另外，还要研究观看群的生活状态、消费能力、购买欲望和心理的冲动，以及考虑传媒追求的信息亮点。

2. 物品

物品主要是指展览品，它是传播展览信息和实现展览目标的载体。它们具有各自不同的性能、用途、尺寸、质地、数量、重量、形状、色彩和组群关系、品牌关系。展品有的是立体的，有的是平面的，有的材料是柔软的，有的材料是硬挺的，有的带有弹力松紧效果等，对于这些展品的基本性质和物理性能进行较系统的研究和了解，有利于更好地布置展览。

3. 时间

时间可以划分为两个阶段：一是设计与制作时间，二是展览时间。展览设计师要精心安排好设计制作的时间，如何时做完设计方案、何时完成制作准备工作、何时布置展览、何时撤掉展览等，都要严格地事前做好规划以确保展览的顺利进行。

4. 场地

场地指展览场所，这是展览活动得以开展的基础。设计师应从以下几个方面对场地进行了解：一是规模，包括具体的展览的占地面积、尺寸、平面形状等；二是所处的位置条件，包括空间是否围合，是在参观主线上，还是在参观辅线上等；三是空间界面条件，包括地面、砖面、顶面的环境条件和柜架的高度及具体的展览道具等情况；四是设备的条件，展览场所的自然光线和人工用光的条件，空气流通、防晒、防潮、电源、水源、气源、通风管道、空调的装置等情况。展览场所是一个相对复杂的空间，对场所的了解不能只停留在满足可供参考的图纸上，最好要进行现场实地验证与测量。此外，随着互联网技术的发展，为满足大部分人的观展需求，服装展览开始出现线上虚拟模式，但仍要注重展览场地布置、规模等与服装展览主题、展示物的契合性（图12-7）。

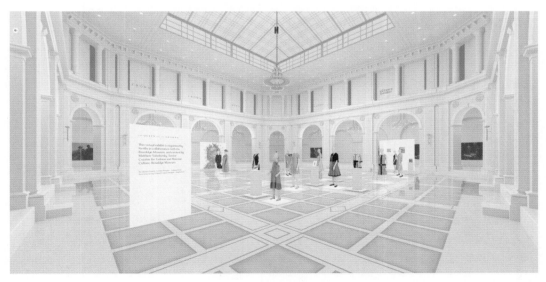

图12-7

图12-7 女王与王冠—虚拟服装展览（布鲁克林博物馆）

　　除了以上这四个要素之外，经费也是十分重要的设计要素。因为经费的多少直接关系到一系列的展览运作，如规模大小、人员配备、设施的状况、材料的选择等。

（三）服装展览空间设计

1. 展览空间的性质

　　空间设计是服装展览设计的核心，是体现展览形式和风格的主体，空间由虚和实两者构成。各种造型活动都要以空间为依托，如绘画、雕塑、行为艺术等，但是展览空间与此有所不同，它如同建筑空间，人可以进出其间，并在行进中感受它的优劣，体会它的功用。所以，展览空间实质上是由场所、环境或物体，以及同感觉它的人之间所产生的一种相互关系，即渲染氛围、吸引视觉。

2. 服装展览空间分类

　　服装展览空间主要由公众空间、信息空间和辅助空间等组成（图12-8）。

　　（1）公众空间：包括展览环境中的通道、走道、休息场所、卫生场所等，它是供公众使用和活动的区域。

　　（2）信息空间：指服装陈列的实际空间，是呈现展览空间造型的主体部分。信息空间不同于一般室内空间，较

图12-8 位于伦敦的Marni品牌专卖店

注重领域和方位，淡化途径和目标的设计，而是首先要考虑流动的和视觉的要求，把途径和目标的设定放在首位。

（3）辅助空间：包括顾客与展商进行交流的接待空间和专为工作人员休息和模特换装、卸妆，音响设备操作的专门空间，以及储放展品、样品或宣传册等物品的储藏空间。

3. 服装展览的平面空间设计

平面空间设计是体现整个展览规模、区域划分和局部构成的蓝图，是进行后续各项设计工作的重要依据。平面空间设计应根据展览的目标、内容和主题等设计要求，合理地分配和经营所得区域的平面空间布局，为立体空间造型或陈列形式提供有效、合适的空间配置关系。服装展览的平面空间设计主要有以下几种类型：

（1）单向型空间和双向型空间：单向型空间指展览围合空间只有一面向观众通道敞开的展位。双向型空间指有两面或直角向两边观众通道敞开的，适合通道转弯角或十字形、丁字形通道交汇处的展位。

（2）环岛型空间和半岛型空间：环岛型空间指四面敞开，观众可环绕参观，适合展场中央的展位。一般规模较为宏大，但是风格各有不同。半岛型空间指围合空间三面向通道敞开的，适合三面或周围都有空间的展位。

（3）内向型空间和外向型空间：内向型空间有很强的领域感、安全感和神秘感，它的精彩之处不在于围合的外观，而在其内部。外向型空间是指其各个界面都向外敞开，淡化限定度或私密感，而强调空间的流动、渗透，讲究对景、借景或与周围环境的交流，使各个方向都能充分地吸引观者的注意。

第二节　服装动态展示

服装动态展示是相对于服装的静态展示而言，它是指人体着装后人与衣相结合的活动展示。服装动态展示包括日常行为着装的动态展示、有计划的服装表演、利用高科技手段的服装动态展示等。服装动态展示能够较全面地展示出服装的功能与表现效果，这是由于服装具有既符合人的动作需要，又满足人的心理需要所决定的。

一、日常行为着装的动态展示

日常行为着装泛指在平时的工作、生活中所穿着的服装。由于场合、时间、地点等的不同，日常动态展示的着装也相应地有所变化，这种展示是带有自然性质的（即穿着相应适当的服装）。以下是几种日常主要行为着装的展示法则。

（一）职业装

职业装在种类上大致分为通勤服装、制服和商务服装等。职业装以正式服装为主，一般服饰搭配齐全，服装文雅端庄，设计较为简洁大方。职业装介于时装和普通成衣之间，对场合的适应性很强，使人显得端庄干练，具有典雅高贵的整体效果。色彩方面多用中间色及调和色。款式简洁，线条清晰流畅。配饰简单不夸张，鞋袜配套。

1. 上班服装，端庄理性

上班服装指无特殊规定的职业装，多数是在企事业单位、机关等供职的文职人员上班时穿着的服饰。有些较自由宽松的工作场合，如设计艺术公司、展览馆、美术馆、高等院校等的上班服装比较随意。在上班服装中，女性常以裙式套装为首选，不但能体现专业感，而且也体现女性的端庄；男性多以西服、衬衫、领带出现。虽然有的公司对员工的着装没有特殊规定，但工作高效的现代办公环境，已对员工的穿着形成了一些约定俗成的法则。例如，女性不宜穿开领过低、袒露过多、透明度大的服装等，男性不宜穿无袖上装、短裤、拖鞋等。从穿着的场合出发，上班服装的展示不能过分标新立异，追求前卫。男性注意衣着整洁的生活展示，女性适当施妆注意强调形式美的服装展示，这些都是敬业与礼貌的表现，也是热爱生活的象征。

2. 制服穿着，统一鲜明

制服是部分企事业单位、机关、服务行业等统一制作的，为易于辨认、操作需要等，按照职务、工种等的不同而制定的职业服饰，多见于娱乐场所、宾馆、饭店、执法行政和其他服务性行业。制服能够体现企业的形象，反映企业的规范化程度，同时也能体现穿着者的职业和提升穿着者的专业感。由于制服的统一规范性，穿着展示行为一般不能随心所欲地添加、删减与更换搭配服饰。制服本身具有较鲜明的特征性，从某种意义说，制服代表了所在单位的企业形象或所任工作的职业形象，穿着制服更应注意装扮得体规范，浓妆艳抹或别出心裁一般是不可取的。

3. 商务服装，高雅大方

商务服装是职员在工作时间内为出席某些较为正式的商务活动，如商务宴请、商务外事活动等穿着的职业服装。穿着的整体装扮不仅要代表自身企业的形象，还要体现自我在商务活动中的角色及作用、影响等。商务服装是高级职业服装，其有别于上班服装与制服，一般商务服装材质高档，做工精良，可以专门定做也可以自己设计装扮。美国科学家富兰克林说过："饮食也许可以随心所欲，穿衣却得考虑给他人的印象。"可见相对来说，考究的商务服装不但能反映穿着者的精神面貌、个人品位、文化修养与内涵，更能显示出对于会晤对象的重视，且能更容易在商业活动中取得他人的信任从而提高工作效率。商务服装的展示切记不要出现假冒品牌。

（二）休闲服

现代生活休闲成了人们对快节奏生活的调节，越来越多的人喜欢穿休闲服饰。休闲风格服装的质料以天然纤维为主，随意、舒适，款式多样，色彩丰富，配饰选择也可采用多种形式。

1. 逛街服饰，随意而不乏创新

逛街无疑是不少人喜爱的一项都市休闲活动，尤其是女性。逛街时穿着的服饰一般没有规定法则可循，抓住流行是逛街服饰重要的穿着前提。从流行款式到流行色彩，甚至时下风靡的饰品，都可以大胆地、富于创新地进行组合，穿出属于自己的风格。

2. 娱乐场所着装，适当前卫夸张

随着生活水平的提高，人们越来越热衷于参加各类文娱活动。各种娱乐场所以轻松、热烈、奔放的特点吸引着人们，特别是年轻人。娱乐场所是一个展现时尚革命与青春活力的大舞台，所以服装的展示可以选择具有前卫性质的造型、色彩等。性感的装束、迷你裙、露体装、肚兜装、吊带背心、牛仔服、紧身皮装及不规则色彩图案的服装等，点缀以夸张的配件等，都可塑造不同寻常的独特着装风格。

3. 旅游服饰，简洁实用

生活的忙碌需要调适，旅游也是放松心情、减轻压力的一种好方法。观光旅游、商务旅游、短途旅游、长途旅游等，无论何种旅游总会带给人们愉悦的感觉。由于旅游本身具有运动的性质，旅游者必须要考虑服装的适用性。长途跋涉加之折叠搬运，旅游着装应尽量选择以实用为原则，避免携带易起皱、难保养、不易折叠或是过大过小不合身的服装。

4. 运动服饰，青春健美

由于工作和环境的影响，运动变得越来越受人们的重视和欢迎。运动有职业和非职业之分，都市人在闲暇时进行的娱乐性健身活动就属于非职业性质的运动，他们有的在户外的运动场、公园、居住小区等，有的在室内如自家的健身区、健身会所、游艺俱乐部等进行运动。而在专业的运动会上所进行的标准运动比赛属于职业运动，如游泳、骑马、射击、踢足球、打篮球、拳击、跑步等。无论是职业的还是非职业的运动，都需要穿着适合运动项目的服装，这些运动服饰的共同前提都必须满足相应运动自由舒展、通风透气、排汗易干的要求。

5. 家居服饰，舒适温馨

居家生活中穿着的服饰要以舒适为先，面料要保健，色彩要温馨。随着生活质量的提高，"家"这个场合变得越来越细分，家居服饰也随之出现了不同类别，如起居服是可以在起居室穿着，也可以在室内接待较熟悉的朋友时穿着，在家居附近的草坪、阳台等处穿着也是常见的现象；睡衣的裸露性程度较大，一般只在卧室内穿着展示，但一般不在室外穿着；浴袍是在室内家中穿着的，也可在泳池边穿着。

家居服的选择要考虑以棉布、绒布、针织布、丝绸等为面料的款式，冬衣也可选择加棉或加厚设计的款式。家居服的颜色一般比较淡雅，因为柔和温馨的色泽可以使工作一天的精神疲惫彻底放松，也会使家人在一起有一种融洽、轻松和悦目的氛围。

（三）礼服

在很多场合下，人们需要穿着合乎礼仪的服饰进行沟通感情、探讨价值、寻求合作的公关活动，这些场合大多比较正式隆重，有一定的仪式安排，如剪彩、致辞等。这就要求人们必须穿着配套、规范、正规的礼服，不但可以提升自身的涵养，更避免在重要场合出现令人尴尬的场面。

礼服可分为大、小礼服，一般注重细节与装饰效果，面料上乘，做工精致。服装整体雍容华贵、气度不凡，适合在正式的场合穿着。大礼服一般适合在晚宴、舞会、音乐会等正式场合穿着，小礼服通常适合在酒会及在日间举行的正式宴会上穿着。

1. 晚礼服

晚礼服一般是在晚上的酒会晚宴中穿着，也可以在较隆重的仪式或大剧院观剧时穿着。男士穿燕尾服或无尾礼服，女士穿晚礼服。从传统的形式上看，燕尾服、无尾礼服多由黑色毛料制成，配穿背心，打领结（燕尾服配白领结，无尾礼服配黑领结），围腰带或以吊带西裤，黑鞋黑袜，白衬衣白手巾。小饰品诸如袖扣、领带夹、钱夹、皮鞋、笔等对男士着装至关重要。货真价实的材质、精致的设计与工艺、高档知名的品牌都能体现出着装者的穿着品位。女士们的晚礼服款式的展示则无拘束，以单色的丝绒、锦缎、丝绸、薄纱等为材料，变化多端的连体裙装为主，袒露肌肤是较为常见的形式之一，款式有单肩式、袒胸式、露背式、吊颈式等，裙身或蓬松展开或收敛紧贴，再配以炫目贵重的首饰、胸花、晚宴包、手套等（图12-9）。彩妆及发型（或礼帽）也应特别设计。晚礼服只能在特定的时间和场合穿着，若白天在街上或工作时穿着就会显得很不合时宜。

图12-9 晚礼服

2. 婚庆礼服

婚庆礼服有两种理解：一是结婚时一对新人穿着的礼服，二是参加婚庆的嘉宾所穿的婚庆服装。新娘是这个时候最美丽动人的中心人物，所以她的婚礼服装展示要光彩夺目，制作考究精致。新娘在整个婚礼的过程中，要根据不同的时段更换不同的礼服，这是展示的机会，也是流行的需要。新娘的礼服一般要求艳而不俗。在西方婚礼上，新娘一般穿着白色的婚纱，头戴面纱或花环，手捧鲜花（图12-10）；新郎应配合新娘的服装，穿白色、黑色或深蓝色西服搭配黑色皮鞋。按西方传统习惯，婚礼上只有新人可以穿白色，其他宾客不允许穿白色；再婚时男士穿浅色礼服，女士穿浅色婚纱。

而中国的传统婚礼服则是新娘头戴凤冠身披霞帔，穿对襟红褂袄（图12-11），新郎着红色长褂衫。现代东西方青年结婚在礼服的选择上都比较自由，中西合璧、古为今用、中为西用、西为中用的情况都是有的。

参加婚宴时穿着的礼服要根据婚宴举行的时间与场地进行搭配选择。有的婚礼是下午花园里的冷餐会，有的是晚间甲板上的自助餐会，有的是豪华宾馆酒店的中式晚宴，须牢记：在这种场合下，新人永远是宴会的主角，切勿喧宾夺主，把最圣洁的、最热烈的色彩让给他们是礼貌与祝福的表现。为避免不必要的影响，也为吉祥与喜庆的氛围，应选择不过分暴露与前卫的服装，表现出雅致含蓄的风范，也是参与者需要的服装展示。

图12-10　西式婚纱（绝设品牌）

3. 丧礼服

丧礼服是在祭奠的场合中穿着的服饰。在中国的传统文化中，葬礼有一整套的仪式和着装要求，并沿袭至今，但是在一些大中城市已经逐步与国际

图12-11　天玺系列新娘礼服（绝设品牌）

接轨。一般而言，国外对此类服装的穿着比较讲究，其实这是一种肃穆沉痛的正式场合，白色、灰色、深蓝色、深咖啡色、黑色都适用，国际上比较通用的丧服颜色是黑色。因为黑色寓意沉静、理智、抑郁，很适合庄严、肃穆的葬礼场合。参加葬礼应朴素内敛，杜绝花哨与时尚，宜选择保守素色的套装，避免露肩、无袖服装及迷你裙、短裤、拖鞋等。材料以吸光为主，不宜选用透明、亮片及织金银纱线的面料，尽量少佩戴首饰，不梳奇异发型，不浓妆艳抹。总之，干净整洁、庄重有风度的整体形象是对故者由衷的哀悼与缅怀。

4. 化装舞会服饰

化装舞会是在欧美国家流行的节日庆典形式之一，它的形式决定了它的内容新奇有趣、荒诞好玩，它的性质决定了参与者服装的夸张和怪异。化装舞会能将节日欢快热烈的气氛烘托至高潮，所以受到全世界青年人的欢迎。从服装的角度来说，服装是化装舞会必需的和主要的物质要素之一，没有夸张性服装的化装舞会一定是没有生机和气氛的。当今有些年轻人喜欢的角色扮演（Cosplay）就是化装舞会的衍生品，是英文 Costume Play 的简略写法，一般指利用服装、饰品、道具以及妆容来扮演动漫作品、游戏以及古代人物中的角色。美国可以说是 Cosplay 的发源地，第二次世界大战结束后，迪士尼公司的米老鼠和唐老鸭动画片风靡一时，迪士尼公司的道具部将玩偶服饰套在工作人员身上吸引消费者，由此形成了 Cosplay 最早的雏形。到 20 世纪 90 年代，日本动漫、游戏业界成功举办了大量的动漫展和游戏展，此时的日本漫画商和电玩公司为了宣传自身产品，在这些游戏展和漫画节中找来一些男男女女装扮成动漫、游戏作品中的角色以吸引参展人群。现如今，Cosplay 已经像化装舞会一样，成为年轻人娱乐、社交、共同爱好的活动之一。

二、服装表演

服装表演作为现代服装营销、服装展示的一种重要手段，逐渐成为服装行业中快速促进服装行业经济发展、引领服装时尚潮流的有效途径，它在传递产品信息、宣传产品特色、促进产品销售、树立品牌形象、树立企业形象等各方面起着巨大作用。服装表演不但具有商业作用，同时它也是文化交流的媒介，甚至它给人们的文娱生活增添了更为新兴的、与众不同的艺术形式。

（一）服装表演的起源与发展

现代服装模特与古代希腊时期用于绘画的人体模特实际上是没有什么关系的。服装模特是 14 世纪末流行于法国宫廷的一种风俗。1391 年，法国国王查理六世的妻子伊莎贝拉发明了一种"人体玩偶"，王后给"人体玩偶"穿上时髦的服装，然后将之作为礼物送给了英王查理一世的妻子安妮王后。这种"时装玩偶"就是真人服装模特的原型。1896 年，英国伦敦举办了首次玩偶时装表演，获得了极大的成功。同年3月，创刊于1892年12月的著名的*VOGUE*杂志，在纽约举办了为期三天的玩偶时装表演。这是一场义演，这在时装表演史上被称为"模特娃娃秀（Model Doll Show）"。这种玩偶时装表演可以被认为是现代时装表演的起源。

虽然"时装玩偶"比起传统的衣架更能展示服装的立体效果，但是它毕竟缺乏真人的表现力和灵活性，服装的展示也必将从"玩偶"转向真人。而完成这历史转换的第一人就是著名的法国高级时装创始人查尔斯·弗雷德里克·沃斯。

1845年左右，沃斯在法国巴黎一家时装专售店工作。他设计了一款新颖的披巾，可是顾客如何才能看到披巾的美丽并且愿意购买呢？当时时装店内有一位女营业员叫玛丽·韦尔纳（Marie Vernet），身材优秀、青春美貌。沃斯经过考虑，要求玛丽·韦尔纳披上他设计的披巾在实际展示中销售，结果生意非常好，披巾被抢购一空。就这样，玛丽·韦尔纳小姐也就成了世界上第一个真人时装模特。后来玛丽·韦尔纳成了沃斯的夫人。

1858年沃斯与人合作在巴黎开了一家自己的时装店，他在自己的时装店里，常用真人服装模特展示他设计的服装作品，这实际上就是真人服装表演的开始。

（二）中国服装表演的发端与发展

我国最早的时装表演出现在20世纪30年代的上海。1930年10月9日，美亚绸厂为庆祝建厂十周年，由美国留学归来的总经理蔡声白先生组织，在上海大华饭店举行以展示本厂绚丽多彩的丝绸面料为目的服装表演，这就是中国历史上第一场真正的服装表演。当时的《申报》为此进行了连续三天的宣传报道，政界、商界要人及社会名流前来观看，人数多达千人，在当时确实引起了不小的轰动。之后，美亚丝绸厂成立了服装表演队。

1979年，皮尔·卡丹带了8名法国模特和4名日本模特到北京和上海举行了服装发布会，这是中华人民共和国成立以来第一个国外品牌的时装展示会。

1980年，由上海时装公司率先组建了中华人民共和国成立以来的第一支服装表演队，这是我国服装表演史上又一个突破，由此诞生了中华人民共和国成立以来的第一批专业时装模特。

1989年，苏州丝绸工学院（现苏州大学）开始正式招收服装表演专业的大学生，国内第一批服装表演专业的学生从此进入了高等教育的殿堂，并由此拉开了国内服装模特与服装表演专业的高等专业教育的序幕（图12-12）。

图12-12　1989年第一届新丝路中国模特大赛照片

（三）服装表演的要素

1. 服装

服装是服装表演的根本，表演是为了展示服装，表达设计师的设计意图，因此是先有服装设计后有服装表演，没有服装的存在就没有服装的舞台动感（图12-13）。

2. 服装模特

一个服装模特的魅力主要是由"艺术人体"产生的，而艺术人体是对"自然人体"重塑的结果。就像没有好的舞蹈演员，就没有好的舞蹈一样，没有好的服装模特，就没有好的服装表演。一台世界级名模的服装表演与业余级的服装表演，审美效果有天壤之别。有魅力的服装模特所产生的艺术感染力和审美吸引力，常常是无法估量的。这就是服装模特"艺术人体"的魅力。这种"艺术人体"，是对服装模特"自然人体"重塑的结果。表演艺术的"自然人体"是具有一定标准要求的形体。从身高、脚、腰、胸、臀三围尺寸及脸部结构、肌肤等都有明确的要求。如果说，形貌是"自然人体"的资质条件，可遇而不可求的话，那么，作为一个具有审美功能的"艺术人体"，却是在这些资质条件基础之上，通过人为的、科学的塑造才能达到。从这个角度看，一位成熟的舞蹈演员是标准的"艺术人体"，同样一位有魅力的服装模特也是一个训练有素的"艺术人体"。服装表演与舞蹈具有同样的艺术性质，都属于"活的造型艺术"范畴，服装模特也与舞蹈演员一样，都是以形体和动作为主要表现手段，都具有审美功效的直观本质（图12-14）。

在服装模特"自然人体"向"艺术人体"转化过程中，涉及心理要素的主要有三个问题："听觉"与"行动"的协调统一训练；"身心一体化"体现情感的训练；"即兴式"的创作能力训练。这些训练不是仅靠外在的模仿所能完成的，而必须依靠"心灵驾驭身体"的

图12-13　设计作品Gentleman

图12-14　艺术人体

训练手段才能达到。

3. 服装表演舞台

服装表演舞台是一个比较宽泛的概念，舞台的设计要根据服装表演的性质和目的来进行。服装表演可以在露天广场进行、可以在大型商场进行、可以在宾馆进行，也可以在剧院等许多场合进行，甚至可以在具有历史意义的建筑与文化古迹的场地中进行。

一般来说，服装舞台多以"T"型出现，这也是一种比较传统的设计，因为"T"型舞台比较适合展示动态的服装，观者能比较近距离地接触和感受表演。当然除此之外，舞台所包含的配置也是较为广泛的，还涉及舞台背景、发布主题及一些营造舞台氛围的泡泡机、烟雾机等。服装表演舞台的背景一般常用屏风式、门板式两种，从原先早期的固定画面或标题的背景到现在利用高科技电子产品的LED屏或投影屏幕，舞台背景的作用已有了质的飞跃。

4. 音乐

音乐是专业服装表演不可缺少的内容。成功的服装表演需要营造出一种良好的气氛，这也是对设计的负责和对观看服装表演者的重视与尊重。

音乐的选择一定要根据服装的特点、造型、风格等来定夺，因为服装给人视觉冲击的同时，音乐也在给人以听觉上的冲击，这些冲击是在同时进行，它也是画与音的一个整体组合，所以音乐选择得恰当与否直接关系到人们对服装的感受。如果从艺术的角度来说，音乐的重要性更是值得重视的内容。在一些服装新品的发布会上或是服装设计大赛中，画外音的运用也是比较常见的，基本用于对服装设计意图、设计师生平、服装款式面料等的介绍注解。

5. 灯光

灯光在服装表演中是不可缺少的，它能够起到渲染、烘托气氛的作用，使观众更能产生身临其境的感受，缩短观众与舞台表演的距离，增强整场演出的表演效果。正如"现代灯光之父"阿皮亚所说："光是任何舞台演出形式的灵魂。"变幻莫测的灯光在表演和观众之间充当了相当重要的媒介作用，避免了演出的单调性。一般服装表演常用的舞台灯光有：面光、背景光、逆光、侧光、耳光、脚光、追光和一些比较先进的增加动感效果的激光、频闪光等（图12-15）。除了以上这五个要素之外，经费也是十分重要的要素。

图12-15 灯光在服装表演时的运用

（四）服装表演的种类

动态的服装表演起初是指服装模特按照设计师的创作意图穿戴好服装向观众展示服装的整体效果，但是随着时代的变迁，创意的无限发展，服装表演的运用范围也越发广泛，形式也是越发多样化。其中比较主要的是用于文艺、商业、竞赛等方面。

1. 文艺性服装表演

文艺性服装表演是以传播文化娱乐为目的，它主要强调的是艺术性、观赏性、娱乐性，服装的设计注重造型的新奇性、原创性、文化性、夸张性，不太考虑服装的实用性能。文艺性服装表演与成衣设计服装表演本质上有着很大的区别，以文化娱乐为目的的服装表演不用考虑服装的成衣性，即不用考虑批量生产的效率性、工艺安排及服装的商业营销因素等，只需要解决一套服装的手法即可。其设计服装的重点是服装的观赏性。比如在一些联欢晚会中的服装表演节目，大多就属于这一范畴。

2. 商业性服装表演

服装既有艺术性又有商品性，所以，服装表演也就存在着不同的目的性。为了服装的商业运作而策划的服装表演，其艺术表演性相对要弱一些。例如，服装订货展览会上的服装表演，其目的就是吸引客户、推广自己的品牌、引导消费等。但是，商家不仅仅是为了展示自己企业的服装新款式，更重要的是要利用机会促销自己的产品，最终赢得一定的利润，这才是商业表演的目的。从整体来讲，这种类型的服装表演完全是为商业在服务，即运用服装表演作为生产商与中间商、中间商与消费者之间的一个媒介。

（1）引导目的的服装表演：这类的服装表演一般被称为"××××服装发布会"，带有明显的引导目的。例如，国际上常举办季节性的流行服装发布会表演。

（2）广告目的的服装表演：这类服装表演是以做广告为主要目的。主办方将服装表演视为一种广告形式，用这种形式来宣传推广自己。另外，有一种类型的服装表演类似行为创作或另类艺术形式，常常是以制造影响为主要目的，它的策划主要侧重于制造表演的轰动效应，给人留下深刻的记忆。表演往往是具有很强的挑战性，挑战社会现状、挑战思想观念、冲击视觉、震撼心灵，这种服装表演其本质也是为了寻求一种推广的作用。

（3）竞赛性服装表演：有竞争才会有进步，这是不变的真理。竞赛性服装表演以展示为主要目的，它主要展示一种服装设计思想或者模特自身，而不是追求商业的促销或者文化娱乐性。例如，服装院校毕业生的设计作品展演（如中国国际大学生时装周上推出的各高校服装展演）、时装模特大赛等。在比赛交流的过程中，模特或设计师得到锻炼和提高，同时这也不愧是一种发现、选拔优秀人才的好方法，为服装行业、时尚行业提供了大量有才能的新星。

三、服装表演的策划与编导

一场令人难忘的服装表演除了需要服装、舞台、模特等基本条件外，更需要编导、策划者的有序、有创造性的艺术编排来提升其观赏性和艺术性。

1. 服装模特着装的合理安排

"量体裁衣，人衣和谐"——这是从实用到美学、从结构设计到表现效果的基本要求，服装的动态表演更应该如此。编导在组织模特试穿和确定服装穿着模特的过程中，必须要征求服装设计师的意见，如果编导与设计师发生不同的意见时，应该以设计师的想法为先。模特的人体造型，尽管他有着优美的比例特征，但每个个体的模特又有着不同的尺寸特点和气质，如三围的比例关系、侧视的曲线造型、舞台上的面部表情等。

2. 服装模特组合的运用

服装模特组合是服装表演技巧的主要内容之一，也是编导重点要考虑的表演内容。

（1）人装数量组合：包括单人着装组合表演、多人着装组合表演、单系列服装组合表演、多系列服装的组合表演等（图12-16）。设计师要根据服装的特点和要求，合理策划舞台表演效果。其实，舞台表演是一幅优美的画面，它还有音乐、五彩十色的灯光、有动感、有素养。有的服装成系列效果后方可分外夺目、效果抢眼，一旦分开组合，单件展示，效果将会大打折扣，那么这个系列的服装在舞台上则需要系列表演，系列组合造型，用艺术的手段来最大程度地发挥其美感。但是，有的服装则需要单套表演，这样可以使人们的视觉集中，充分观赏，值得注意的是，单套表演时要选择好灯光和音乐。

（2）表演的整体过程组合：服装表演是一个整体的过程组合，将这个整体的过程分割与衔接完美并不是一件容易的事，它需要编导和服装设计师的综合素养和优秀的专业素质。具体地说，就是需要选择合适的模特、艺术的舞台效果、美妙的灯光设计与变化、动人的音乐节奏等，并使它们统一协调为一个整体（图12-17）。

图12-16 服装模特二人组合

图12-17 服装模特表演的过程组合

（3）服饰配件组合：服装是衣帽件的总称，是人着装的状态表现。服装表演既是状态的展示又是状态的组合，所以在表演时要特别设计有关的服饰配件，包括有关的舞台道具等，这样可以完美地体现服装的含义。

（4）模特性别与年龄的组合：服装表演的形式很多，有单独性别的服装表演、两性别的服装混合表演、单独青年装的表演、单独的童装表演及多种年龄段混合服装表演等。不管哪一种形式的表演，都要注意整体的策划，要有艺术感染力，舞台效果要美。

3. 服装表演造型与编排

不同的动态有着不同的视觉感受，不同的舞台服装人物造型，给人的视觉影响、心理反映也各不相同。服装表演是以表现服装为目的，在表演时需要注意模特的动态造型要求，每个造型都要表现出人衣的关系与舞台环境组合的协调美，要遵循服装设计师的表现意图等。在进行动态设计和造型设计时要考虑三个必需的要素：服装展示效果、人物动态美、整体组合美（包括模特与模特的人物组合、模特组合造型与舞台、灯光等的和谐美）。

模特在做某一造型时要有发自内心的感觉，要有自信心，动作要自如潇洒，切忌动作僵硬死板。面部表情要富于变化，特别是眼睛要传达出一种内容、一种自信、一种美。这些说起来很简单，实际上模特要做到这些是需要经过专业培训，要接受专业的表演训练、造型训练、舞台审美训练、动作组合训练、动作要领与规范训练等。从理论上可以讲出许多造型美的原理，如舞台造型的种类分析、人物着装造型的种类分析、舞台造型与人物造型的位置设计技巧、造型的整体画面布局技巧、造型的整体比例关系技巧、造型的组合形式设计技巧等，这些都可以从美学原理的角度来解决。但是服装的含义是包括人在内的着装之状态，这种状态包括了人的气质、人的感觉等，是从技巧上无法学到，它要靠模特的修养和综合素质来体现。所以模特的造型培训要从两个方面进行：一方面是表演技能的学习和训练，另一方面是专业素质和综合素养的培养和训练。这两个方面也是表演与造型的技巧内容。

4. 节奏与过度

一场服装表演就是对一个整体舞台中的人物、服装、光源、音乐等的组合策划过程，这个过程的设计要考虑它的节奏感。服装表演不可从头到尾平平淡淡，无重点无亮点，既要防止全场"轰轰烈烈"，又要克服"死气沉沉"。

服装表演是一种艺术形式，也是一种商业营销手段。不管是艺术还是商业，服装表演内容与形式要使观者接受，要让观者在整个观看表演的过程中得到一种美的享受、视听觉的完美冲击，这都需要艺术地设计表演过程的节奏。一场服装表演要突出重点的内容，灵活运用音乐节奏的变化调节整个表演的情绪起伏。音乐的变化要紧密地与光源的设计相融合，整个过程要有张有弛。

5. 对比与变化

服装表演的对比与变化包括表演的节奏对比与变化、模特的对比与变化、服装（包括发式、首饰、饰包等）的对比与变化、道具的对比与变化、舞台效果的对比与变化（包括光、色、雾气、球体散落等）、音乐的对比与变化等。编导和服装设计师要整体策划，合理安排这些表演要素的对比与变化。

6. 层次与渗透

在进行服装表演设计时，有意识地让灯光（包括各种功能灯具的使用、各种幻灯效果的使用、各种投影设备使用等）多变，用光的功能来影响人的视觉感受，变换服装的颜色，冲击人的现场体验，这样能给观者以舞台空间相互融合、彼此渗透、虚实相映的美好感觉，可增强表演环境的层次感。

7. 引导与暗示

服装表演一般来说都是有主题的，这个主题往往决定了服装表演的引导方向。比如"苏派旗袍2018时尚发布""万事利杯·中国丝绸服装设计大赛""姑苏虎丘婚纱设计大赛"等，这些主题也是对服装表演的一种要求，要求表演要有针对性，要有方向性。这是从大的方面来理解，从具体的方面来说就是舞台表演的现实引导，用具体的服装、具体的表演形式来"教育"和影响观者，通过服装表演的形式传递出一定的信息，告知人们服装的流行或即将流行的可能。暗示有三个含义：首先是信息的传递，包括流行、时间、场合等；其次是观念的诱导，包括着衣观念、着衣方式、对着衣的审美等侧面表述；最后是服装功能的作用发挥诱导，包括情感的、道德的、法律的等。所以在进行服装表演策划时，需要考虑表演中的引导与暗示内容。

8. 艺术性的夸张

服装表演是一种舞台行为艺术。为什么服装模特一般要求身高比较高、腿比较长、颈部比较长、三围比例协调呢？这是由于展示服装本身的需要，高个子在舞台上比较容易能全面地展现服装的风格和造型，另一个方面是艺术夸张性的需要。艺术是需要夸张的、需要张扬的。因此，舞台上表演的服装也是需要夸张的，否则舞台效果将会失去生机和可看性。所以服装表演中的艺术性的夸张是必不可少的。

9. 高科技的应用

社会高科技成果的应用使这个世界发生了巨大的变化，服装的动态展示也出现了更多新的形式，如电视传媒、电影技术、计算机的使用、卫星的传输信号、各种自动化的科技产品等，这些都为服装的动态展示提供了广阔的发展空间。今天的服装设计师，一定要善于学习新知识，利用各种先进的设备、通信方式等为展示服装服务。自2020年以来，科技极大地推动了服装表演形式的变革，诸多品牌进行服装展演时运用了虚拟模特、虚拟服装及虚拟秀场，进一步提升了服装展演的影响力（图12-18）。

图12-18　虚拟服装展示

10. 整体效果的和谐统一

整体是所有设计的要求，服装表演设计也不例外。服装的造型与风格决定了服装表演时所需要的音乐，整场表演的效果设计考虑了服装所需的灯光和表演氛围。服装、模特、舞台、音乐、灯光的整体和谐统一是服装表演的专业要求。

第三节　服装模特

培养服装模特的表演技能，是目前服装表演教育领域中的一个重要课题。尤其现在各种模特大赛频繁举行，要想取得好名次，就必须对形体条件较优秀的模特进行表演技能的行为训练与心理训练。运用现代化教学手段，构建表演技能的行为训练模式与心理训练模式，提高服装模特在大赛和日常表演中的水平，具有十分重要的理论和实践意义。

一、模特的形貌条件

模特被人们称为"活体衣架"，说明服装的展示对模特的形体、外貌等自身外在条件要求相当高。一个出色的T台模特，应该基本符合以下要求：

（1）身高要求：女模一般在1.74～1.82米，但以1.79～1.82米为优秀，1.76～1.78米为良好，1.73～1.75米为一般。男模一般在1.83～1.92米，以1.90～1.92米为优秀，

1.87～1.89米为良好，1.84～1.86米为一般，1.83米以下为较差。

（2）体态要求：女模要求整体修长苗条、体态挺拔，头型小、颈细而长、肩平而宽、腰细身材曲线分明，背直、下肢修长，头长与身高比例适中，上下身比例尺度适合，上下身比差在8厘米以上。三围是胸围85～90厘米、腰围60～65厘米、臀围87～90厘米。男模要求具备高大威武体态和挺拔不乏阳刚之气，骨骼坚实、肩平而宽、棱角清晰、下肢长、背部挺直、臀小、头与身高比例适中、上下身比例适合，上下身比差在8厘米以上。三围是胸围102～109厘米、腰围72～74厘米、臀围92～94厘米。

（3）容貌要求：容貌端正，脸型以长方形和鹅蛋形为好，五官立体清晰、比例适度，皮肤有光泽无伤疤，目光明亮有神。

二、模特的形体训练

1. 拉伸和矫形训练

根据服装模特不同年龄的形体和骨骼情况，一般将"自抗力"训练作为模特形体拉伸和矫形训练的主要方法。所谓自抗力，就是人体自身的能力与训练动作产生对抗的力量，使某部分肌肉得到锻炼。通过拉伸和矫形训练，可以尽早、尽快地矫正不良形体动作习惯，从而达到服装模特所需要的挺拔、柔韧和高雅的外形与动作美（图12-19）。

图12-19

图12-19 模特的拉伸和矫正训练

2. 动作美感训练

服装模特的表演都有明显的节奏感和律动感，协调、灵活、舒展、优美的人体动作，对传达服装款式的风格具有相当重要的作用。动作美感训练是在人体各部位动作协调的基础上，解决音乐节奏和人体动态之间的和谐统一的动作训练，通过躯体律动的和听觉的训练，把握表演中动作的轻重、强弱、大小、动静，逐渐给动态感觉注入"音乐感"，使之成为具有节奏感和表现力的人体。

3. 健美与三围达标训练

健美训练也是模特的一种基本能力训练。服装模特表演需要一定的规范，他们虽然不像舞蹈演员那样，需要大幅度的动作和高难度的技巧。但是，穿上高跟鞋，在"T"型台上来回走动，在层层台阶上无数次地上下迂回，都需要一定的稳定性。所以，服装模特的肌肉需要有一定的能力，特别是腿部和腰部肌肉的能力。这是服装模特形体训练需要解决的一个问题。更为重要的是健美训练能够使模特的脂肪收缩线条优美，模特形体线条的好坏直接影响的是服装的穿着效果和演出效果。运用健美训练的方法，对模特各部位的肌肉能力进行反复训练，基本都能收到良好的效果。

图12-20　服装模特的台步

三、模特的专业技能

1. 台步和造型

服装模特走台技术包括步伐、造型、旋转等方面。主要训练模特在动态中的"乐感"和在静态造型中的人体的不同"形"及如何表现服装风格的综合能力。台步是服装展示体态语言中最基本的因素（图12-20）。模特台步是模特最基本的表演技能，其主要组成部分有：倒平脚步、踮脚步、抬胯动作、手臂动作。走出来步态优美，所以常称为"猫步""一字步"。模特走台是沿一直线向前，双腿向内收拢，步伐较大，胯部随之自然摆动。它的美感意向是协调、自然、挺拔而流畅。随着服装风格的变化和增加，模特走台形式也渐渐增多。步伐训练，主要指辅助练习：双腿并拢站立、吸步和迈步练习、划圈迈步练习等。

舞台上模特的造型是一种静态的展示，是能够最直观、最清楚地观看模特的整体形态的时候。在这种情况下，模特要懂得扬长避短，展示自己最美的一面。模特在日常的训练中可以通过在镜子前摆造型来找出自身最美的一面，还可以运用道具、服装做造型训练。模特造型就是把人体的线条美与服装美相结合、相统一，将服装的优点及功能性通过模特在服装表演中的造型展示给观众，使表演获得真正的生命力和艺术感染力。模特造型有时候会是多人整体造型，就要求模特相互之间有默契、有配合，这种造型讲究的是整体气氛气势的渲染，模特就必须在大环境下展示自己的最佳形态。

2. 音乐与表演的融合

音乐是模特表演的灵魂所在，是服装展示及编导把握表演的基调所在，所以在模特参赛中模特是否能够将步伐、动作、表演与音乐融合在一起也是一个至关重要的评比标准。模特要将对服装的理解和着装的感觉传达给观众，同时，又要将这种感觉融入音乐的意境中去，就需要学会借助音乐所反应的情感变化、节奏韵律，就需要在平时的学习中积累丰富的音乐知识，体会不同的音乐风格，培养对音乐的理解力。在把握音乐走台的同时，能够准确地在音乐意境里运用肢体语言表演、培养自己的艺术灵感。一般时装表演会选择的音乐有乡村音乐、古典音乐、民族音乐、流行音乐等。模特多听音乐是培训乐感的最好方法。柔美、轻快、激昂、铿锵有力的各种类型都需要去体会演绎。对音乐的灵活运用和配合，就是在增强表演的感召力，会使观者有全面整体的强烈冲击力。

3. 舞蹈表演与情节表演

同为肢体语言的舞蹈，在很多时候往往辅助了模特的时装表演，它们虽然表演性质不同，但都是以身体作为表现形式来表达思想、传达情感。模特通过对舞蹈学习能够提高自身素质及表演中形体动作的韵律、风格、气质，并且能够训练身体的接受能力、表达能力、控制能力和力度等。可以通过对芭蕾舞、爵士舞、中国古典舞、民间舞等来达到训练的效果。

新颖生动的情节表演随着模特表演的多元发展深入到模特的舞台表演中。情节表演训练主要掌握的是表演的"真实感"（图12-21）。而这种感觉的培养正是表演成熟的体现，当模特全身心地投入表演时就会将各种浑然不同的时装风格准确地展示出来。在很多大赛中都会需要模特有一场情景表演，有时甚至是小品表演，其要求不亚于对演员的要求。所以，模特作为活动的艺术，作为一种独特的肢体表达语言，它们必须具备很强的表达能力，也就是需要具有"真实感"的情节表演技能。对于这方面的训练可以通过平日对生活细节的观察训练、情节小品的表演训练、想象设计情节的训练来达到一定的锻炼。

图12-21 服装模特情节表演

4. 舞台感和镜头感

模特的舞台感觉是其表演艺术实践的内在体验。懂得观察舞台的特征，掌握舞台的方位，注意表演的舞台整体效果，做到能够顺应舞台所营造的氛围、环境，配合舞台的整体构造，找到适合的造型位置，注重与观众与镜头的距离感都是模特舞台技巧的侧重点，积累丰富的舞台经验，在每次的演出、比赛中留心细心思考、把握好表演尺度（图12-22）。

模特是面对镜头、面对观众表演的，以自然轻松的感觉去诠释是成功表演的关键。要面部表情自然生动，就要求模特控制好脸部肌肉，"把肌肉交给情绪来支配"。简而言之，就是控制好情绪的起伏，以情绪来支配表情。丰富的表情、闪动而富有内容的眼神，加上优美的肢体配合，就是完美的镜前表演（图12-23）。

图 12-22　服装模特表演的舞台感

图 12-23　服装模特表演的动态展示

5. 身心协调

服装表演技能是控制服装模特表演行为的定型化了的个体经验，是稳定的动作——方法结构的操作系统。它包括执行、定向、模仿、整合和熟练五个子系统，是以服装表演操作知识为基础的心智技能和动作技能的统一过程。需要进一步说明的是：

（1）获得服装表演技能操作的知识是形成服装表演技能的必要基础，但这些表演知识只有通过具体操作训练过程，转化为定型化的操作行为，才能形成服装表演技能。

（2）服装表演行为不是表演技能本身，它只是服装表演技能可观察到的外显的动作执行部分。行为训练有助于形成表演技能，可以帮助服装模特掌握表演技能的执行动作和执行程序，可以帮助服装模特获得表演技能的部分操作经验。但单纯的行为训练不可能取代全部的表演技能中的心智技能操作训练。

（3）服装表演技能中的心智技能贯穿于时装表演技能操作的全过程。但在服装表演技能的五个子系统中，执行系统直接表现为外显的可观察到的操作行为，而定向、整合和熟练系统则主要是内隐的心智操作活动。另外，定向、整合和熟练又是构成服装表演决策的三个基本因素，也是服装表演决策过程的三个主要阶段。因此，也可以从这个角度将服装表演技能划分为执行系统和决策系统两部分。决策是执行的内在条件，执行是决策的外显结果。

依据对服装表演技能及其学习特点的上述认识，认为表演技能的训练应兼顾操作技能和心智技能两个方面，同时又以心智技能训练为重心。建立包括表演过程的设计、表演动作的实施等全过程的表演技能训练体系。

建立表演技能的心理训练模式，应注意以下问题：

（1）研究并外化范例（超级模特）的操作经验。

（2）针对以往服装表演技能模拟训练中模拟情境过于简单的缺陷，创造心理操作的模拟条件，主要是呈现有观众观看的表演图景，引导模特建立表演行为的心理诊断模式。同时，改变模特在服装表演训练时的随意性，规定服装风格的表演方式，以加强模特表演心理的训练，提高训练难度，以克服模拟训练可能产生的心理焦虑。

（3）服装表演技能的心理操作模拟训练的重点是实现范例决策（"超模"在现实表演情境中运用表演技能的随机决策）过程的内化。服装模特在实际运用表演技能表演时出现失误操作，除了对表演的真实情境缺乏正确认识外，还由于其对表演行为的掌握是孤立的，未建立表演技能操作的完整的心理结构，不能根据表演情境、服装风格、服装功能及设计师创作意图做出适当的预决策；更不善于利用观众的反馈信息做出随机决策，以校正其表演行为的执行动作。

（4）建立完整的表演行为训练过程，重视表演行为操作的整合。服装表演行为的训练，要经历一个由定向、模仿、整合、熟练的过程。定向是使模特对服装表演技能的操作行为形成一个基本的动作印象，了解"做什么"与"怎么做"，以获得表演技能的操作知识。模仿是掌握表演技能操作的开端。通过模仿，才能使调节表演方式的动作印象得到检验、巩固、校正与进一步充实。在服装表演技能的训练中，特别强调要重视操作的整合。强调表演技能的整合，可以克服运用现代化教学手段训练时所带来的孤立掌握单个表演行为的缺陷，使模特的整个表演活动趋于协调。

四、模特的综合修养

模特对服装的认识是必不可少的，模特在大多数场合都是在演绎服装，能够剖析服装的结构，感悟设计者的思想，才能将服装作品的亮点展露。看杂志和网页是一种快速地培养服装领悟能力的方法。了解艺术与时尚的最新资讯，掌握时尚的潮流，把握艺术的本质，是模特表演的灵魂所在。走在时尚的前沿，熟知设计师及作品的中心思想，才能更绝妙地演绎和诠释作品的精华，才能在演出中成为与众不同的闪光点。

 思考题

1. 服装表演形式是由何人始创？何时兴起？
2. 服装表演的种类有哪些？其目的是什么？
3. 举一例说明特殊场合的着装需求与平日着装的不同。

第十三章

13

服装美学与
服装心理

课题名称：服装美学与服装心理

课题内容：服装是人们心理活动外现的载体之一，在每个历史
时期都反映着人们的物质需要和心理追求。服装美
学属于美学研究范畴的内容，有着自己的研究重点；
既侧重于服装的审美意识、审美心理、审美标准、
审美趣味等基础理论，又包括应用理论与发展理论。

课题时间：4课时。

教学目的：帮助学生理解美并通过服装设计展示美，对服装心
理系统学习，并运用于实践。

教学方式：理论授课及实践。

教学要求：通过举例及展示呈现出美的内涵，帮助学生建立自
身的审美。将课堂中所学习到的服装心理运用于现
实，并对不同人群的服装心理进行实践研究。

课前课后准备：调研不同人群的着装心理。

服装美学属于美学研究范畴的内容，它与普通美学有着同一的本质特性，既与哲学相联系、渗透，又有着自己的研究重点；既有侧重于服装的审美意识、审美心理、审美标准、审美趣味等基础理论，又包括应用理论与发展理论。实际上，服装美学有着自己的独立体系和由此产生出的切合文化人类学研究的崭新立意和构思。服装美学就是通过服装美的主客观效应，去发现服装创作的艺术根源与内外因影响，从而确立服装艺术在美学中的坐标。

服装是人们心理活动外现的载体之一，同人类文明的进程相伴，在每个历史时期都反映着人们的物质需要和心理的追求。从现代社会生活看，每一个国家、每一个民族、甚至每一个人的服装，都以其变化表现传递出了它的物质文明、文化内涵、思想意识等。研究服装，不能不研究人的心理，因为服装是与人类的心理活动相互联系、相互影响的。

第一节　服装美学

服装美学是一门独立的学科，它兼具审美与创作的功能，并且直接关系到服装的材料运用、色调的搭配和造型等特点。在美学体系中，服装美学显然与其他独立的学科美学和美学范畴外的各学科相互联系、相互影响，因而形成包含有审美社会学、审美心理学、生理学、民俗学和艺术哲学等在内的有关服装的美学体系，这些也正成为服装美学必要的构成成分之一。

服装美的效应是服装美学中首先应该注意到的。服装作为人类文化的表征，不管从宏观还是微观、从广义还是狭义，都应该具有美的特质。

服装美是如何产生的呢？服装美的创造最初当然要依赖于美感的创造，而美感的创造基础则是客观性的存在。首先，服装美的外在形式美，主要指的是服装的造型、色彩、轮廓线与肌理效果、光泽效果、声响等。在这种综合的组合关系中，有时是会以某一种形式美因素为主导，有时却是通过相互融合、相互交叉、相互对比等有机地组合而表现出形式美。其次，服装美感的创造是服装特有的，具体是指服装美可以在服装的静态中体现出来，如通过一定形式的橱窗展示、模型着装展示等；然后，它又可以在动态中表现出来，具体是指人体着装后所有的活动。最后，与人体美的糅合。人体是服装的骨架与支撑物，同时也是服饰形象的一部分。可以说，服饰形象美就是人体美的扩大、延伸与强化。

服装美产生的另一个原因是来源于主观的存在，即美学界通常所说的审美意识。服装美的审美意识存在于创作、穿着和观赏者三方面，他们对于服装美的审美需求与感受，既受经验的影响，也不排除有直觉的，即艺术创作中所称的本能冲动。当一种无论是对美、对成功、对富有还是对性的欲望在服装美上产生升华的奇景奇境时，情感趋向又促使审美意识与服装美逐渐靠近以至于重合。

一、如何理解美

（一）美的概念

如何理解美，这是美学史上一个一直在研究的问题。自从古希腊哲学家柏拉图感叹"美是难的"之后，历代美学研究者都曾试图找到美究竟是什么的答案，以至于只是罗列"美"的概念就可以编写出一本书。实际上直到今天，还是没有对美得出满意的和大家都能认可的答案。在众多的有关"美"的概念中，要么是过于偏颇，如美是"和谐""美是自由的象征""美是对称与均衡"等；要么就是过于泛泛，因为包罗万象所以意义不大，如"劳动创造了美""美是生活""美是协调的关系""美是自然"等。所以，俄国文学家列夫·托尔斯泰在总结了自"美学之父"鲍姆嘉登创立美学这门学科之后提出的各种定义后说："'美'这个词的意义在一百五十年间经过成千的学者讨论，竟还依旧是个谜"。

尽管"美是难的"，但是经过历代学者的努力，随着美学学科整体水平的不断提高，随着人类审美领域的不断扩大，这个"谜"正在逐渐被揭开。

第一，美是客观的存在。所谓客观的存在就是具有不依赖于人的意识而存在的物质属性。由此看来，无论在自然界、社会生活中，还是在艺术领域里，美都普遍地存在着。例如，世界第一高峰——珠穆朗玛峰的险峻是一种美；西施浣纱是一种美；"T"型台上的模特是美的，田间地头的村姑也是美的；毕加索的抽象画是美的，安格尔的写实画也是美的。这些尽管存在的领域不同，表现的手法（或者形态）不同，但是它们的存在都是客观的，这也是事物本身的固有属性，而且不是主体"思索"创造出来的。

第二，美的存在又是与审美主体密切相关，离开了审美主体也就谈不上在审美实践中的感受、发明和创造，因为这种没有审美主体的存在毫无意义。也就是说美是被感觉到的，不是主观臆造的，但是这种被发现、被感知是有条件的。比如，盲人无法感知色彩的美丽；西施的美，也不是所有的人都能像范蠡那样感受深切，并真正获得一种快感的。后人也有一种"情人眼里出西施"的说法，这正是说明了不同的人对同一个对象的欣赏是有着不同的感受。所以说，"美"这种客观存在只有与人发生关系时才真正地有价值，否则，这种存在就只能是一种自在之物，而在这个人的世界里毫无价值。所以，从这个意义上来说，美是被感觉到的，这就有了"美感"的问题。

第三，"美感"与"美"直接相关，美必须在审美的主体和客体相共鸣的前提条件下才能体现。它包括两个方面的含义：

（1）美感的形式离不开审美对象，即美感是以美的客观存在为前提条件。每当面对某一审美对象时，它总是以可感的外在形式引起人们的注意，在引起人们注意的过程中，审美对象往往能触发人们的情绪、想象、理解力等，当人们的这种精神活动达到一定的激动程度时，自然地就会使人产生一种心理的快感，所以说美感是以美的存在为前提条件的。

（2）美感在另一方面又是与审美主体的理性密切相关。例如，并不是每个人都能被贝多芬的音乐所打动，同样地也不是每个人都能对凡·高的《向日葵》发出感叹的。这正是由于美感在另一方面是与审美主体的理性密切相关的。柏拉图那种认为只有少数由于"灵魂凭附"而达"迷狂"状态的人才能关照美的观点虽然确实是错误的，但主体因素对于美感的形成起着重要作用。例如，范蠡伴西施扬帆五湖曾令很多后人羡慕，但是如果了解范蠡平吴霸越的事迹，了解范蠡是在功成名就之时放弃了辉煌与权势而选择了"扬帆五湖"的平静时，就绝不是羡慕而已，或许会真心感受到这种辉煌之后的行为—— 平静、超越自我、淡泊名利等。如果不了解凡·高的生平简历、生活的历史背景等，能够真正地理解他的美术作品及欣赏他作品的美吗？这一般是不太可能的。总之，美是普遍存在的，而美感则是在审美活动中人类特有的审美心理体验。

从上面的论述中，可以这样认为：美学是与感性认识有关的科学，是心理感受的反应。所谓美就是人在对某种事物得到感受时的一种内心兴奋的状态，这种状态，程度不同地冲击着感受者的综合知觉。事物美的程度（级别）不同对人冲击的程度（兴奋程度）反应也不同，在行为上往往也会做出一定的回应，这就是对美做出的反应。例如，看到蔚蓝的大海时，如果只当作是进入视线内的一般现象，就不会感受到大海的美；但也有注视大海时带有一定的感情，内心激动的时候，这时一般是感受到了大海的美。

（二）美的分类

"美"这一概念由来已久，从古至今无论是西方还是东方对其概念所赋予的定义都有所不同。这些不同的概念中所指的对象的范畴也极为广泛，似乎凡是值得人去欣赏或崇敬之物皆可被认知为美。为此，若要真正理解美就必须用科学的态度客观地将这些观点进行分类，这样美的概念在研究过程中才不会被混淆。

1. 绝对美与相对美

肯定绝对美由来已久。早在古希腊时代，柏拉图就肯定了绝对美。他认为有一种理式世界的最高的美，"这种美是永恒的，无始无终，不生不灭，不增不减的"。柏拉图从他的客观唯心主义体系出发来论述这种绝对美。中世纪的圣·奥古斯丁（Aurelius Augustinus）也主张绝对美。他认为上帝就是绝对美、最高美、无限美。在他看来，美就是"整一"或"和谐"，只有上帝才是唯一的"整一"，感性事物只是有限的、可分裂的、繁多的。路德威希·费尔巴哈曾从哲学人本学出发批判宗教，认为所谓上帝是虚幻的，是人的本质的异化，

"人的绝对本质、上帝，其实就是他自己的本质"。费尔巴哈深刻地揭示了宗教产生的哲学基础：既然上帝是人们头脑中的虚幻之产物，那么建筑于上帝之上的绝对美那不就成了无源之水、无根之木了吗？德国古典美学的奠基者康德在《判断力批判》一书中，把美学区分为"自由美"和"附庸美"两种。他的自由美是"不以对象的概念为前提""为自由而存在的"美。实际属于"自由美"的事物是很少的。张德兴先生说：实际上，他的"自由美"也就是绝对美。因为在他看来，"自由美"是不以对象的概念为前提，并不说明对象应该是什么。对象本身并不表示什么，并无意义。那么有意义的是什么呢？康德认为，只是对象的形式才有意义，实际上，"自由美"是一种脱离内容的形式美。

从古希腊至近现代，还有一种关于绝对美的理论是从形式出发的。比如许多人提出了所谓"最美的线条造型""最美的比例"等，并把它们作为一种公式，让人们普遍地、永恒地使用。《美学探秘》中有：近代实验美学曾把"黄金分割"当作最美的比例。欧洲文艺复兴时期的塔索也认为：自然美在于比例和色泽，这些条件本身就是美的，也就会永远是美的，习俗不能使它们显得不美。事实上，被认为是永恒美的比例、色泽等，并不是在任何条件下都是美的。比如"黄金分割率"，如果生活中的一切物品都按照这个比例来设计的话岂不是会单调乏味，显得不美了吗？朝霞的红色是美的，但是在残酷的战场上，在事故的现场，红色的血迹洒满大地，这时的红色还是很美的吗？所以说把某种形式和色彩硬说成是绝对的美是站不住脚的。

可以看到，各种各样关于绝对美理论的立足点，有的是从客观唯心主义的"理式"出发，有的是从神学出发，有的是从形式出发，还有的是从普遍性出发。尽管他们的路子各有不同，但是殊途同归，凡是主张绝对美的人，都不可避免地要走进唯心主义和形而上学的死胡同里。这是由于，绝对美的提法本身是不科学的。从辩证法来说：世界上的一切都处在永恒的运动之中，世上没有什么绝对不变的东西。作为客观事物的美也是一样的，也在不断地运动和变化着。

如果否定了绝对美的存在，那么理所当然的结论就是：美是相对的存在。最早看到相对美的是赫拉克利特，他曾说："比起人来，最美的猴子也还是丑的"。中国汉代的《易传》中也强调了艺术中"物"的首要地位和"心"的主观能动性两者的相对关系。古往今来，前人曾从各种不同的立场和角度论述过相对美问题。大致说来，主要是从如下这几个方面出发论述相对美的。

（1）从功能性出发：美的功能性主要体现在客观事物对人的生产、生活所产生的益处而言，即美的客体必须具备能够被使用的属性，以苏格拉底为例，他认为："盾从防御来看是美的，矛则从射击的敏捷和力量看是美的"。所以，苏格拉底是主张美在于功用。这样，美就只能是相对，即相对于一定的功用则美。

（2）从宗教性出发：美的宗教性多数是从唯心主义理论出发，以圣·奥古斯丁为代表，在他看来，上帝是绝对美。相对于上帝而言，感性事物的美则是有限的美、相对的美。他认为，上帝所创造的感性事物是可分裂的、繁多的，感性事物只有在反映上帝的"整一"时才能美。所以，感性事物的美只是相对美。张德兴先生说：他的这种观点立足于神学唯心主义，以上帝为标准来看待美的相对性，这是他的根本错误。张德兴认为奥古斯丁看到了感性事物的易变性、繁多性，从而主张相对美，这多少是有些合理的因素的。

（3）从社会性出发：美的社会性最大体现在环境因素上，它在不同的环境下往往能体现出不同的感情色彩。狄德罗在论述他的"美在关系"说时指出：要把凡能唤起与应作比较的东西之间的恰当关系的一切叫作相对的美。

（4）从主体能力出发：亚里士多德说："一个非常小的活东西不能美，因为我们的观察处于不可感知的时间内，以致模糊不清；一个非常大的活东西，例如一个一万里长的活东西，也不能美，因为不能一览而尽，我们看不出它的整体面貌如何"。由此可以看出，在亚里士多德看来，一件事物的美与不美，人的主体感觉能力是很关键的。他正是从人的主体能力出发看出了美的相对性。但是由此就会产生这样的疑问：美是否必须依赖于人的主体感觉能力？如果是这样，那岂不是说，美是由主观的感觉能力决定的？这不就走入了唯心主义的圈内吗？张德兴在研究美学时认为：这就是亚里士多德论点的薄弱环节，他实际上混淆了美与美感的区别。他这里所说的美，其实是指美感。所以，亚里士多德的这种观点说明的并不是相对美，而是美感的相对性。

2. 外在美与内在美

美包括外在美和内在美。外在美是指事物的外部形状、材料材质等，使人能感受到的形式美。形式美可以根据美学原理加以论述，色彩的、造型的、动感的等诸多不同的现实存在；内在美是指由于内在因素而感受到的美，内在美不是通过具体事物感受到，而是从内心感受到。外在美和内在美并不矛盾，而互成一体，从而产生完整的美。

3. 自然美（天然美）与人工美（人造美）

美还可以分为自然美和人工美。

自然的美就是自然事物，未经过人工策划和修饰的天然的美。人类的孕育、生产、发展等，都与大自然密切相关，人类的实践活动就很自然地包括对自然的审美活动。大自然无时无处不在向人类展示着它的美：季节变化、潮起潮落、蓝天白云、高山流水、绿色的森林、蔚蓝的海洋、牡丹花、玫瑰花、日月星辰、孔雀展翅的形态和色调的内容等，这些都是属于自然的美。

人工的美是指为了美观的需要，从而人为设计、修正、改造后的事物与现象的美。例如，人类为表现美而做出的绘画、雕塑、人造景观、整容、美容、面部化妆等，这些美就属于人工美，人工美是寄托人的内心感受后创造出来的。另外，在追求使用方便的形态和效率高的形态的过程中也会形成一种美。

人工美包括单纯追求美的纯粹美和可以同时达到满足使用目的的应用美，同时满足用途和美的设计，可以作为应用美的领域考虑。

（三）美的性质

在现在日益进步的社会中，美在人的观念中扮演着一个极其重要的角色。人们对美的反应各不相同，如站在花丛面前、观看贵州黄果树瀑布、攀登黄山的途中、看到五彩缤纷的广告、注视七色的彩虹、观看古埃及的文明遗址时等，不同的人对同样的事物做出的反应是不一样的，当然对事物的美，认识也是差异很大的。究其根源，差异性是由美所特有的性质造成，而它的性质大致可分为以下三点。

第一，美有具象性。这点毋庸置疑，或者说，这就是科学美的基本属性。具象性指的是美的载体有一定具体的形象，而不是抽象的、空泛的概念。这不仅包括现实中可被触摸的实质性的东西，同时也包括了如思想、音乐这类的同样可以被人们所感知到的形象。像平常人们所说的上帝、神，看似抽象，实质上也是建立在文字、对话等载体上让人得以感知其中之美。常常赞扬某人心灵美，而这种美也是通过在日常生活过程的具体形象之中体现出来才能让他人感知并认同。

第二，美的形象必须存在某种属性能与人产生共鸣。这种属性与人的审美密切相关，是一种情感上的交流。例如，人们往往会被大自然的景色所吸引，这种美对人的吸引促进了旅游业的发展。所以，事物本身是否具有美的特质也成了其是否能够被人从情感上认知的基础。

第三，美的事物必须拥有人本性，必须是人的生存发展的对象。从美的起源上来看，最初的审美是人们劳动后的成果，这也印证了马克思的那句话："劳动产生美。"历史发展过程中，人们对新的美的认知往往都建立在新的技术产生的基础之上，像20世纪初包豪斯的兴起就带动了当时社会产生新的设计思潮并开始追求功能美。"现代技术产品的美正是技术本身的合理性的自然流露。"E.苏里奥这一观点也印证了美正是人类社会发展的产物。

（四）美的评判

美是一个人在特定条件下对某个对象感觉到的一种愉悦的感受。从这一点上看，由于不同时代不同个体的审美经验的不同，所以，对于美的价值判断标准也是因人而异的。回顾漫长的历史长河，可以发现，美的评判标准很明显受到时代主流思想的影响。不同的时代，人们对美的观点有所不同。在某一时代大多数人将特有的形式和形态定义为美，这种方向相对一致的观点就形成时代特有的美的意识，也就是主流的审美观念。换言之，生活在那一时代的人存在感性的共鸣。例如，在文艺复兴时期，美的理论强调美的客观性；但到了启蒙运动时，美学中的"主观主义"就开始渐渐被人们所接受并推崇。这类的示例充分证明了美的评判受到时间因素的影响。

对美的感受同样与社会状况有关。在同一时代中，不同的社会有不同的文化、科技和政治环境，因此，在这种大环境之下，人们的审美思想也会受周围的影响。在现代，亚洲地区人们喜欢女性身材苗条，而欧美则更偏向女性身材丰满，同理，家庭条件好的人比家庭条件差的人更容易接触到奢侈品，其品位也更为超前。

对于个人而言，由于受到的教育不同，也就是审美经验的差异性，造成了在对美的评判上也各有所异。人们从各种各样的现象中要感知美就需要很多对美的经验，而这种人生经验通过一定的时间改变了人的内心世界，使心态有所成长。这时，不同的成长方向和成长程度造就了人们在美的认识上有高度差。因此，人们在同一种环境之下对美的认识的大方向可能相同，但绝不会一模一样，每一种审美观点对个人而言都是独一无二的。

二、人体美

人体是最美的造型，人体也是让艺术家最为之而陶醉的造型。人是万物中美中之至美，这是因为人体通过漫长的进化及自身的创造活动中不断发展并完善起来。人体作为动物生命美的最高级，具有精妙的比例，流畅的线条，微妙的起伏，和谐的色彩，美妙的轮廓，人体的美是这个世界上任何事物都无法比拟的。早在古希腊时期，普罗塔哥拉就提出"人是万物的尺度"这一观点。人是世界上一切美的集合体，是最深刻、最动人、最均衡的一种美，符合了生命的必然性和客观的规律性。

人体除了符合自然形式的美，还能够体现精神性的美感。这种美是将美感、性感、欲求感、心理表露等内容相统一，对人类的发展具有指向性作用。在这些情感之中，性感的美是人体美的重要体现成分，弗洛伊德说："美来源于性感的范围是完全可以相信的，美和吸引力首先要归源于性的对象之原因。"性感不等于美感，但是性感可以升华为美感，创造出美的形态和欣赏美的心理。

男女的性别差异不仅表现在生理上和心理上，而且在人体审美上也是有着极大的差别的。有人说男人是用泥巴做的，女人是用水做的；男性有"方"之美，女性则是"圆"之美，这一泥一水、一方一圆就是两类不同形态的审美类型。男性美突出的审美特征是强悍、健壮、力量的美，中国的传统文化称其为"阳刚之美"，西方学者称其为"壮美"（图13-1）。这一审美特征具有世界通用的特性，已经成了超越民族差异的一种审美的共性。女性美是人体美学研究的重要内容，也是人体美的核心部分。其突出的审美特征是优美的曲线和流畅的节奏感所表露出的韵律美（图13-2）。这个美很大程度上包含了有关性的美。可以说有关人体的性之美是人类对人体美的最早认识，这是根据原始社会对种族生命延续的欲望而产生的。从古代出土的多种文物的图案中可以看出，这种生殖崇拜与性是息息相关的。

恩格斯曾提出两种生产理论："一方面是生活资料即食物、衣服、住房以及为此所必需的工具的生产；另一方面是人类自身的生产，即种的繁衍。"这种拥有明确的目的性的人体审美观延续到现代文明社会的同时，也发展成为一种对生命及生命力的美的推崇。

图13-1　男性人体美

人体是最美的造型，但不是每个人的体型都是最美的。人体的美要与环境相协调才能显示出它的美丽，服装即是环境的要素之一，人体穿着衣服后就能产生出一种特殊的立体视觉感，从而充分发挥美。

欣赏旗袍那样的平面衣服时，可以把衣服挂在衣架上，然后放在一个特定的环境中，从衣服的前后左右来欣赏衣服的美，这时衣服的美是纯粹的美、物的美、自然的美，这个展示物性的美与人穿着时的美是不一样的。因为人穿着旗袍时的美，已经不再是纯粹的物的美，已经包括了人的因素，如气质表现与服装的和谐美、人体动作与服装的统一的美、穿旗袍的感觉在形式上的表现等，这些都是由于人体在服装中的美所引发的。

图13-2　女性人体美

形体美取决于量感，服装的立体轮廓及细部由形状和大小对整体效果的适合程度决定的，这也是所说的协调的美。

人体美一直作为绘画、雕塑等艺术的形态主题使用的。从鲁本斯的作品中可以看出，丰满的女人很美，但是上身长，缺乏丰满的百济观音像同样很美。欣赏的角度不同，对人体美的认识不同，得出的美的结论也不一样。人体美主要是指人体的整体美和人体的局部美，整体美是人体的大轮廓美、整体比例与各部位的比例关系相协调，也就是常说的"长得匀称"。整体美包括容貌、头型、上肢、颈部造型、胸部造型、腰部造型、腿部造型、臀部造型、手指、头发等部位的整体协调性的美和皮肤等，还包括动作美、姿态美。人体的局部美包括像胸部造型的美、臀部造型的美、手部造型的美、面部的美丽、腿部的美等某个人体局部的理想性。

1. 体型美

体型是指人体的外部造型。体型优劣是构成服装美的重要因素，如体型分为理想型的体型、标准型的体型、正常型的体型、非正常型的体型等。非正常型的体型又包括溜肩型的体型、"O"型腿的体型、驼背型的体型、短颈型的体型等。因此，不同的体型所展示的服装效果会有所不同，而且，服装可以修饰人体的不足，这也是服装的功能之一。所以在设计服装时就要充分利用设计的有关艺术原则，包括夸张设计、视错原理、款式调整等，根据不同着衣对象的特点来设计出能表现服装美与人体美的服装。

2. 肢体美

在人的身体中最能表现人的个性及美与丑的是容貌。轮廓当然是很重要的，但五官虽然是很小的一部分，却影响整体效果。《诗经·卫风·硕人》中就有一段描写姜庄容貌的话："手如柔荑，肤如凝脂，领如蝤蛴，齿如瓠犀，螓首蛾眉，巧笑倩兮，美目盼兮。"这段经典的话被后人一再引用。另外，人体的局部美也就是人的身体部位的美。

3. 肌肤美

肌肤美是美人必须具备的条件之一。常言道，"一白遮百丑"，就是说明即使有很多缺点，只要皮肤白就能弥补许多，这是国人的一种习惯性审美。但是，现在很多人认为棕色那样的健康色调也是很美的，同时不可否认黑人和棕色人种同样是美的，所以美是个人的感受问题，不可一概而论（图13-3）。

图13-3 不同肌肤的美

4. 姿势美

身体总要做各种各样的动作，姿势就是身体从动态转变成静态时表现出来的美。如坐姿、站姿、躺姿等，这些姿势不仅有美丑之分，而且姿势的特点还能反映出一个人的修养、教养、心态、心情、态度等。服装的美和这些姿势的关系是直接的，因为服装是人和衣的结合体，服装的美是要通过人反映出来的，广义上的服装美就包含了着衣者的人的附加因素。

5. 动作美

时装模特在舞台上表演服装时是一种动作的美和衣的美的完美结合。在日常生活中人们是需要有各种各样的动作的，动作的协调是一种动作的美，以芭蕾舞演员为代表，经过舞蹈训练的人在舞台以外的场所也是挺起胸脯，显出轻快而优美的身体动作，给人一种很深刻的动作美。时装模特需要接受走步训练是因为观众通过模特的动作美了解着装的美。

三、服装美

服装是人着装之后所呈现出的一种状态，而这种状态有美丑之别。服装的美可以从三方面考虑，即衣服本身的美，着装效果的美，人从内心感受到的内在精神美，以及由人和衣服的合理搭配形成的着装美。

（一）服装本身的美

作为物质的衣服本身就具有独立的美。

1. 流行美

流行的美是一种时间的美，这种美与服装的美是无法分开的。在现代社会，生活方式在改变，工作节奏在加快，一切的节奏似乎都在加快，时装的变换周期也在这个变换的大潮中毫不示弱，服装的流行美正在每个人的脑海中形成和发展。现实中，很多人认为正处于流行期的衣服很漂亮，但流行期过了后就认为不那么美丽了，甚至很难看。流行的东西不一定都是漂亮的，但在流行期能使人加以关注，结果让人认为很美，最后大多数人都能对此造型产生共鸣。

2. 材质美

材质对服装的美是有着很大影响的。服装材料在服装的整个美中扮演着十分重要的角色，材料的色彩搭配效果、材料的视觉效果、材料的质量等级、材料的保健成分等，这些对于服装的美学效果有着决定性的作用。要将人体美、款式美、材质美有机地结合起来，使服装能最大程度地表现出它的美感来。

3. 色彩美

色彩适宜从远处观看，材质却要从近处观察。不同的人对色彩有着不同的感受，所以说：色彩是有感情的。色彩影响着人们的季节感、轻重感、明暗感、收缩感与膨胀感，对人的情绪有着很大的影响。评价服装时要注意色彩的效果如何，不要单纯地看某一个色块如何，重要的是要懂得如何搭配服装色彩。什么样的人要穿什么样的服装色彩，什么场合要穿什么样的服装色彩等，这都是服装美学要研究的。

4. 技术美

服装设计与制作技术的好坏对衣服美的影响很大。对服装生产而言，熟练的技术能做成比原来材质更美的衣服。同时技术也是服装美的最终体现手段，它在很大程度上体现出服装的品质和档次。服装成品通过裁剪、缝纫、熨烫和包装这些环节，将传统技巧与先进的科技融合成精华。其中，熟练的技术不仅包括设计衣服形态的技巧，还包括装饰技巧等技术。经过多种工艺效果的组合，服装最终才能在市场中展示其特有的技术魅力。

（二）着装效果的美

人体、衣服、场合环境，三者的协调统一才是真正的美。

着装是对人体进行的包装，衣服和人体成为一体，产生一种超越各自的美的第三种美这就是着装美。衣服和人体都具有各自独立的美，但评价着装美时必须以人体为中心，考虑适合人体的着装方法、服饰、化妆等。

1. 着装方式美

服装的款式千变万化，款式的变化也就包括了服装着装方式的变化。根据服装的演变与发展来看，着装方式的不同是多方面的，比如，中国古代的帝王礼服着装方式是十分讲究的，日本的和服穿着方式也是很复杂的，印度的纱丽穿着方式是很独特的等。这些不同的着装方式都体现了符合环境和时代的美。

服饰就是服装的附属品，虽然各种各样的服饰分别作为独立体，具备美的价值，但它最初是作为附属品产生了自己的价值。改变服装能表现出个性，表现出特定时代时装的倾向，而服饰是表现美的重要的小饰品。恰当使用腰带、围巾、项链等服饰品可以提高着装效果。

2. 化妆美

化妆美是人工的修饰美，是人体的整体着装的一部分，包括打扮和保养等。打扮可以改变人的容貌，凸显角色的气质，使演员能在戏剧舞台上将各种艺术效果更明确地传达给观众。

3. 头型的分类与领型的搭配美（图13-4、图13-5）

图13-4　头型的分类

鹅蛋脸　　　长脸　　　方脸　　　圆脸

图13-5　头型与领型的搭配

（三）内涵气质美

精神价值与物质价值都是重要的。一般人认为：物质需要是第一的，精神需要是第二的。的确，物质第一精神第二，但是当人的发展到了一定的富裕程度时，精神的需要将是极大的。就是在原始社会时期，人们对服装美的要求也是强烈的，这一时期出现的各种各样的文身、腰衣、羽毛帽等就说明了这些。

精神和物质、内在和外在、内容与形式等，总是对立统一的两种因素构成了美。

1. 智慧美

所谓知识女性就是具有一定的文化知识的女性，一般都接受过一段时间的教育，了解世事，有一定的涵养，在生活中不断提高自己的素质，最终达到了预定的目标。成为知识女性是女性的理想，具备知识的人称为智慧美人。这是因为知识符合人类所拥有的上进心，而智慧是通过人的努力才能拥有的。智慧美不是用肉眼能看见的，只有在特定的氛围中通过人的气质体现才能被他人所发现。

2. 修养美

修养美与智慧美有所不同。有些人随着年龄的增长变得温雅，这是因为人生阅历改变了人的生活态度。所谓的修养就是掌握广泛的文化知识，丰富自己的内心世界。所以只有不断地锻炼自己、努力奋斗，才能提高自己的修养美。

四、服装美的社会性与功利性

任何社会实践都是有目的性和功利性的，美作为社会实践的产物同样具有功利性。从美的形成与发展来看，功利性先于审美性。在人的社会生活中，服装美并不仅仅能满足个人心理欲望，更是人与社会交流与沟通的纽带，保证了社会正常运作，为人们生产生活带来了便利。

从历史的角度来说，人类的创造首先是对自己有用有益，然后才可能成为美的，美与功利密切相连。例如，原始民族喜欢用色彩鲜艳的羽毛等饰物装扮自己，一方面体现了自身的勇猛，另一方面也能够吸引异性的目光，而正是由于装饰品带来的社会作用，才让人意识到这种装饰是美的体现。

在服装设计上，服装美既体现了穿着者在实用上的功利性和生产企业在经济上的功利性，又有美化人民生活的社会功利性等。符合大众审美的服装为企业吸引消费者，同时也能提升设计师本人的知名度。当大众的爱美需求得到满足并进一步延续时，对服装之美的关注又促使企业和设计师顺应社会需求，设计生产新颖的服装。因此，从社会的角度来看，美所在之处即功利所在之处，功利是躯体，美就是它的外衣。

第二节　服装与心理

服装心理学是研究人类服装行为中心理的发生和发展规律的学科，它是跨越多个学科或研究领域的，包括人类学、消费行为学、文化史、心理学、社会学等。它的基本点是心理学，是用心理学的原理及心理的活动规律来解释人们的服装行为。

服装的起源理论包括心理的需求，如遮羞说、迷信说、异性吸引说、审美说等，这说明了服装心理需求的重要性和客观性。在现代社会中，服装在人的心理需求上占有重要的地位，人们不穿衣服单从心理上来说都是不可能的。

笼统地来讲，服装心理包括：服装消费心理、服装价格心理、服装从众心理、服装实用心理、服装装扮心理、服装虚荣心理、服装掩饰心理、服装夸张心理、服装表现心理、服装消沉心理、服装礼仪心理、服装保健心理、服装示强示弱心理、服装个性表现心理、服装集团观念心理等，但是归纳起来，将服装的心理分为服装的趋同心理和服装的趋异心理。服装的趋同心理包括追逐流行的心理、多种现实因素对人们心理趋同的影响；服装的趋异心理包括儿童着装的心理形成、成人的服装心理分类。

一、服装的趋同心理

（一）追逐流行的心理

喜新厌旧是人类的一种共有心理，对陈旧的东西的厌倦和审美"疲劳"，向往新鲜的事物，这种心理在日常的生活中是普遍存在的，这种心理在衣着的穿戴方面特别突出。这正是人类审美变化、审美观的进步和心理上不甘人后所致。"流行之神"克里斯汀·迪奥（Christian Dior）说："流行是按一种愿望开展的，当你厌倦时就会改变它。"皮尔·卡丹对于时装的流行说得更透彻，他说："时装就是推陈出新，这是自然界永恒的法则。树木每年脱去枯叶，人也要脱去使其感到厌倦的旧装。当一些款式的衣物成为司空见惯的东西时，人们就会产生审美疲劳的心理，甚至开始厌倦旧装。流行装使人免受单调乏味之苦，人们愿意相互给予美好的形象印象，所以穿着漂亮、精神面貌良好，这正是人们的一种心理需求。"

追逐服饰流行的心理古已有之。葛洪在《抱朴子·饥惑篇》中就曾描写过东晋时期服装流行变迁的情况："丧乱以来，事物屡变，冠履衣服，袖袂财制，日月改易，无复。乍长乍短，一广一窄，忽高忽卑，或粗或细，所饰无常，以同为快。其好事者朝夕仿效。"《晋书·五行志》中也有类似的描述："孙休后，衣服之制，上长下短，积领五六而赏居一二；武帝泰始初，衣服上俭下丰，著衣皆压腰；元帝太兴中，是时为衣者又上短，带才至于腋。"由此看来，服装的流行现象自古就有，有了流行现象必先有流行之心理。

模仿是一种普遍的社会现象，这也是人类所具有的一个基本的特性。当一种新的服装款式的出现并被人们接受时，它便会形成一种流行，说到底这种流行就是人的一种模仿心理所产生的一种服装效应。从人本身的欲望上来讲，一方面，人们会按照习惯保持着稳定的穿着心态；另一方面也会追求能够接触到的新事物。流行虽然只是一段时间内人们模仿的媒介，但反过来说流行也给社会中的个体产生压力。在生活中的每个人往往都想与其他人一样成为一个整体的进步者、成为强者，得到他人的认同，那么，这种思想意识就会在服饰上有所反映或体现。但是，人在本性上都期待自己能与众不同，会下意识地突出自我，这种逆反心理所造就的个人"英雄主义"、自我个性表现的行为，使许多被刻意追求的与众不同的服装在历史上不断展现在人们面前。正是由于社会上存在着这类不同服装风格的

"试穿先行者"和各种潮流的领潮人，为之后的流行的普及有引导作用，才会使服装流行不断循环往复下去。在现代社会，服装的流行已经不拘泥于固定的传播形式，它虽然以从社会上层传至社会下层为主，但也不乏从社会下层阶级往上层阶级传播的流行形式，同样也能在平等阶级中互相影响。尽管这些传播形式方向不同，但归纳成一句话就是：服装流行是不显眼的人模仿引人注目者的行为。在封建社会时期，服饰流行的发源地一般是在贵族阶层中和皇宫帝王的周围。王安石在《风俗》中写道："京师者，风俗之枢纽也。"陈舜卿在《都宫集·敦化》中写道："所谓京师则如何？百奇之渊，众伪之府。异装奇服，新朝于官廷，暮仿于市井，不几月而满天下。"到近现代，牛仔裤的流行和青少年对日韩歌星服装的模仿则体现出流行的由下至上和水平传播对社会的影响力逐渐增强。

（二）多种现实因素对人们心理趋同的影响

有效的由地位或权威很高的人物推出的新的服饰风格，最终会成为大众模仿的目标或参考。服饰中的顺从应该说是很常见，而且在人们的相互交往中大大强化了模仿他人的一种心理，许多人都有依赖他人的审美判断，特别是在对服饰的规范理解不全面的时候，这种趋同往往都带有盲目性。

服装流行与变化的速度不仅在于人们心理的驱使，它往往还离不开社会的发展，特别与现代生活中经济和科技的飞速发展有关。古希腊、古罗马时期的妇女服装，大约600年间在服饰的形式上都没有太大的变化。詹穆斯·拉弗曾经这样说道："在14世纪时期，地主的穿着与11世纪地主的穿着大致上是一样的，14世纪的放牛娃所穿的服装与打扮也许是与他的七代曾祖父的服装打扮差不多。"但是，随着历史的发展，这种服装相对长时间不变的现象基本上是不再有了。在近100年的历史中，世界的服装有了很大的变化，流行周期变得越来越短，由于现代交通、通信的日益发达，人们的生活节奏不断加快，也给人们的生活方式带来了极大的改变，生活方式的改变无疑也影响到了人们的审美需求和服饰的新需求，这些都是有着连带关系的，从近10年的服饰变化就能说明这一些。

19世纪初，黑格尔就曾对服装"受时髦式样的摆布，变得很快"而深有感触地说："时髦样式的存在理由就在于它对有时间性的东西有权利把它不断地革旧翻新。一件按照现成样式剪裁的上衣很快就变成不时髦的了，要讨人喜欢，就得使它赶上时髦。一旦过时了，人们对它就不再习惯，几年前还让人喜欢的东西，一霎间就变成滑稽可笑的了。"

二、服装的趋异心理

服装的基本心理因素在每个人身上都或多或少有所表现，当然这些因素在每个人的心目之中并不是同样重要的，这种个体之间的心理差异让服装流行的发展更具有多变性。

（一）儿童着装的心理形成

从小孩穿衣服现象来研究，或许会得到某种服饰现象的启发。刚出生的婴儿对于大人们的服装是没有感觉的，到了有意识的小孩时期（1~4岁），他们还不太懂得装饰和遮羞是怎么回事，这些可以从幼儿园的男女共用卫生间得到一些证明。但是随着时间的推移，孩子们的心理上逐渐出现了某些爱好，这些爱好可能并不在衣服上，但是它能移置到衣服上，当这些爱好移置到服装上以后，这便开始了服饰的心理意识，所以，小孩的快乐源于裸体而不是服装，服装心理的需求只是后来的。对这些快乐的进一步分析表明，这些愉快有两个来源，这两个来源在对服饰兴趣的发展上作用是极不相同的。用精神分析学的话来说，第一个来源是自恋（Narcissistic），第二个来源是自我性爱（Auto-erotic）。这两个来源在对服装兴趣的发展上作用是极不相同的。

自恋是向他人炫耀自己身体的魅力，愿望是获得众人之赞美。儿童是喜欢展示其裸体，表现自身的，所以许多儿童喜欢裸体跳舞和跳跃。在生活中，稍微留意便可发现，儿童总怕自己不被人关注，所以儿童多有"人来疯"现象，这也是儿童要引起人们注意的一种心理的外在行为表达。在以后的生活中，舞蹈演员和体操运动员的表演也会博得雷同的赞扬，这时他们都应当穿上比平时更狭小、更贴体的或更暴露的服装。儿童不是永远局限于裸体的，随着年龄的增长，不久就会出现一种与服装或装饰相联系的新的展现欲望。

与裸体有关的快乐之自我性爱这一组成要素升华也是自然的。用精神分析学的话来说，这一组成要素有两大类：皮肤性爱和肌肉性爱。皮肤性爱主要是指由皮肤的自然刺激引起的快感，比如风的抚慰、阳光照射、空气的舒适度等在皮肤上引起的快感。有过阳光浴、蒸汽浴、桑拿浴的人都有切身的体会，这一类的刺激所带来的快感是很特别的。

一般地，人们都赞成皮肤刺激带来的快感，除了很轻很薄的衣服外，穿衣服会影响皮肤刺激带来的快感，这是由于衣物阻止了基本刺激物影响皮肤的感受面。当然，衣服也能给皮肤带来其他的好处，比如御寒保暖等，另外皮肤直接接触丝、绒、皮等材料也会产生不同的快感，这种快感因人而异。

肌肉快感就是自由地展示肌肉所能带来的快感，这种快感部分来源于肌肉收缩引起的深度感觉，部分来源于皮肤的伸展和放松引起的皮肤感觉，肌肉收缩必然引起皮肤的伸展和放松。以上这两种感觉只有当身体处于裸体时才能全面地体会到。有学者认为："衣服干扰了人的体会，这是因为衣物使自然的皮肤感觉变得迟钝，在皮肤上加了一些无关刺激，比如由身体运动时衣服的不同压力所引起的感觉。另外，衣服对肌肉的自由运动形成了障碍，比如人在迈步时会感到裤子给人的一种束缚感等。衣服对肌肉性爱损失的唯一补偿就是由某些紧身服饰所形成的带有某种快感的压力，比如弹力贴体健美裤、女性的紧身胸衣等增强了身体的力量，产生了一种类似于人体肌肉收缩的感觉，但是，这些比起裸体引起的肌肉快感要小得多"。美国服装心理学家弗仑格说："从总体上来看，对肌肉性爱和皮肤性爱来说，服饰所引起的快感比损失的快感要少。"

弗仑格认为，儿童早年从服饰中得不到什么快感，他们穿衣服只是因为大人要他们穿，大人们教育他们人应该穿衣服，不然是不文明和不美丽的。之后，这种大人的说教在现实中逐渐得到了模糊的验证，所以服饰的道德感、遮羞感等就慢慢地在小孩的成长中形成了。这种意识的东西就是从大人那里得到的，也正由于这些推理，所以很多人否定了服装起源的"遮羞说"。

随着年龄的增长，儿童开始形成自己的服饰观念，进入了受约于世俗的各种道德和文明的观念领域。

（二）成人的服装心理分类

人们对于服装的态度是有着很大的差异的，特别是不同文明程度的人更是明显。现在我们依据各种人对于服装的态度可大致分类，如图13-6所示。

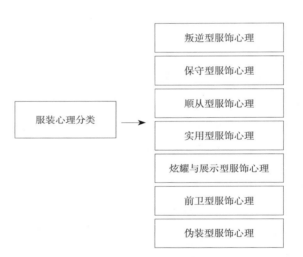

图13-6　成人的服装心理分类

1. 叛逆型服饰心理

从服装心理学的观点来看，服饰最原始的类型就是叛逆型的心理。

这种类型的人不愿意服从穿衣戴帽的世俗传统，认为现在的衣服限制了他们，即使非穿不可时，也只穿最薄、最少的。他们的原始兴趣即是人的裸态生存，这种兴趣几乎不能转换到服装上来，弗仑格认为原因大致有两个方面：要么是这种原始兴趣太强烈，要么是个人发展所处的环境不利于从原始兴趣到服装的转移，对于这种人来说，服装的吸引力比裸体的吸引力小得多。这类人在现实的生活中总是用这样的生活观念支配他们的衣生活行为，这种行为始终表现在不同的环境之中。

一般地，叛逆型服饰心理有一些共同的特征：

（1）皮肤和肌肉性欲强烈，不利于服装兴趣的发展，这是因为皮肤和肌肉性欲不容易升华为对服装的兴趣。

（2）从服饰中不能产生较多的快感。主要的原因是不能由展示身体的欲望中得到升华，他们对于服饰的本质不太关心，总认为人体舒适比服装的外表美更重要。

（3）羞涩感一般都较弱。他们认为羞涩只是人之外部的一种约定俗成的东西，所以当他们穿着很大程度的暴露装或其他另类服装时，他们不会有什么羞涩之感，相反地他们认为他们的装束才是值得效仿的，才是较正常的衣着现象，所以一般的人认为他们的遮羞观念淡薄。有专家认为：这类人正是支持"裸体文化"运动的主要成员。在德国，这一协会把自己的名字叫作"大自然之友""完全裸体协会"等。

崇尚叛逆服饰心理的人们总是宣扬"裸体文化"的好处，他们总是能找到各种理由、各种事例等来证明自己的主张是科学的是正确的。他们认为穿衣服越少越好，多数文明人的衣服平时都穿得太多，这与大自然极不协调，他们还宣传和论证有关光线直接照射身体所带来的各种好处，宣称原始民族不穿衣服在身体健康方面的益处，认为现代文明人不享受这些生活的内容是很可惜的。

2. 保守型服饰心理

这类人在观念上是遮羞的心理之冲动占了主导地位，遮羞冲动压倒了其他的展示冲动。这种着装心理虽常见于宗教理论之中，但其并不代表着最为原始的需求，而是社会发展到一定程度后，人们通过约束伦理道德对着装进行的规范。与叛逆型的人正好相反，他们认为裸露身体是很不道德的行为，是极其羞耻的，同时他们也反对他人在着装时过分地暴露身体，不管个体的人的体型是否优美。

保守型服饰心理者也同样极力地宣扬着装的文明和着装对生活的好处。他们还会举出许多例子来证明他们的正确性，例如，不同领型的设计可以修饰人脸型的缺陷，穿着垫肩的上衣可以弥补溜肩的视觉效果等。他们还常用服装卫生的要求来宣扬，但是他们与叛逆型的人强调的卫生学的要求不同，叛逆型的人强调人的皮肤要有足够的自然刺激，而保守型的人则强调人的皮肤很柔软，服装所具有的防护作用能很好地保护皮肤不受外界伤害，用衣物来覆盖人体益处是十分明显的。

3. 顺从型服饰心理

顺从型服饰心理者与保守型服饰心理者在心理上有些共通之处，从心理到服装展示行为，他们都是"服装行为的循规蹈矩者"。这类人将穿着某类服装看作是为人正派富有责任心的标志，他们从思想和行为上反对一切服装形式的放纵。

对于顺从心理者来说，某些类型的服装实际上成了严肃生活方式的象征，这种职业服具有一种"超我"或道义的外部标志。他们把穿职业服和场合规定装（包括民俗的需要）视为一种义务和责任，那些不按约定风俗的穿着是对生活态度的不严肃，是需要接受批评的。

沿袭与传承服装的行为也是一种顺从服饰心理的表现。他们在穿着服装时总是要顺从社会，不愿意创新，更不会穿着另类的服装，他们极其反对叛逆者的服装行为。这类人在与他人的交往中对自己所在社会的群体感和归属感比较重视，他们从服装的表现上会更容易使周围的人所接受。对这类人来说，环境会给他们产生压力或伤害，促使他们去穿着与之相适应的服装并宣传历史的文明和继承的重要性，以此来保留服装的传统，包括着装方式、服饰款式、服饰图案、服饰配件等，最好全盘继承。

保持民俗服饰也是顺从服饰心理的表现。民俗服饰一般都带有较强的地域性，它的特色是本民族的文化表现，从衣生活的多个方面都能反映出一定的区域文明。

4. 实用型服饰心理

实用型服饰心理主要是指衣着行为的心理是以实用为动机的衣行为现象，实用的冲动占主导地位，压倒其他类型的冲动。

这类的人对于服饰的装饰美、性冲动的服饰表现等没有兴趣，也不关心什么服饰的流行或快感。他们的外部表现就是需要温暖的衣服来抵御心理和自然的寒冷，他们穿得暖和实用、不赶时髦不讲豪华。对于他们来说，服装的装饰功能很弱，保护功能最重要，遮羞功能也很重要。在遮羞方面，实用型服饰心理者与保守型服饰心理者有相近之处，他们都反对叛逆型服饰心理者和前卫型服饰心理者的着装行为，认为他们破坏了服装的生活规则，有不道德的嫌疑。另外，实用型服饰心理者与保守型服饰心理者都强调多穿衣服在服装卫生学上的好处，至少他们自己是愿意多穿衣服的，但是，实用型服饰心理者相对要比保守型服饰心理者随和，有时也能迁就他人的不同观点和服装行为。

实用型服饰心理者在着装上无疑比叛逆型者、前卫型者胆小，所以经常能看到实用型者对于另类服装现象的大惊小怪。实用型服饰心理者的服装选择大多受环境制约，所处环境越是极端，这种影响就越是明显。这类人的基本特征就是对冷的敏感，其敏感程度最终决定于其生理状况或心理状况。实用型服饰心理者有皮肤和肌肉的自我性爱因素，只是受某种因素的影响而发展得还不够，这方面正好与叛逆型的人相反。

5. 炫耀与展示型服饰心理

炫耀与展示是人的一种心理特点，这种心理炫耀程度因人的不同会有所不同。人在本能上就会去追求优越感，现代的社会竞争激烈，许多人为了让自己显得更具有魅力和地位，服装就成为这类人展示自己的标志之一。喜欢炫耀与展示的这类人往往会购买价格不菲的服饰来展现自己的品位，而服装中许多超前的，具有特别性的因素也成为他们选择的目标。

当一个人的着装炫耀与展示心理冲动压倒其他的因素时，他就属于炫耀与展示型服饰心理者。

炫耀与展示型服饰心理包括两个方面的内容：第一就是社会因素的炫耀与展示，比如社会分工工种的不同、身份的不同、贵贱层次的不同、地域国度的不同等；第二就是精神因素的炫耀与展示，在这个方面性因素占了很大的比重，比如漂亮身材的展示与炫耀、美腿的展示、美貌的炫耀与展示、人体性敏感部位的装饰与暴露等。

知道有的人在他人面前有一种炫耀与展示欲望，这种欲望从心理的冲动会转移到服装上来，要炫耀与展示的内容可能是经济方面的、可能是政治地位方面的、可能是职业身份方面的、可能是与众不同的其他方面的。例如，男性张三为了在同事面前炫耀自己的经济实力，他就会穿着一些一般人不会选择购买的昂贵的名牌服装，这是社会因素的炫耀与展示。女性为了炫耀自己的优美形体，从而选择了迷你裙和贴身超短上衣，用这种装束来向他人展示美丽丰满的胸部、纤细柔软的腰部、迷人的臀部等，这是另一种炫耀的现象，称为性的炫耀与展示。

6. 前卫型服饰心理

前卫型服饰心理与叛逆型服饰心理在性观念的表现上有着相似内容，他们的思想都不太受世俗的束缚，在服装的表现上都有着另类的感觉。前卫型的人们总是穿着大胆，有时在无意中引领了服装的潮流，成了"时装生活中第一个吃螃蟹的人"（图13-7）。可以说服装的快速流行，与前卫型服饰心理者有着密不可分的联系。

图13-7　Comme des Garcons前卫先锋的美学演绎

前卫型者总是强调世界的变化与观念的更新，他们认为那些顺从型服饰心理者和保守型服饰心理者是"老土"，是与流行格格不入的。这些人往往是很有个性的，他们很有自己的审美见解，不太在意他人的议论和看法，我行我素，所以也将这类人的衣着叫作"自我满足型服饰心理"。这些人很重视整体的服饰效果，包括发型的设计、首饰的搭配、色彩和图案等。

前卫型者与炫耀型服饰心理是不一样的，他们有着质的区别。前卫型者是观念的超前所致，他们并不太在意服装的经济价值和他人的评价；炫耀型者的衣着动机是以服装来炫耀某些内容，他们很在意他人的评价和着装所引起的后果，他们的衣着一般来说没有另类的特点。

7. 伪装型服饰心理

伪装型服饰心理主要是指服装的欺骗性心理和艺术的表现这两个方面。

服装具有欺骗性的功能，这是因为服装是人体的包装所致，既然是包装它就有着包装的表皮与内在物品不匹配的可能，所以人们利用服装伪装自己也就成了一种现实的必然。同时，利用服装的伪装效果也是人们突出自身优势，掩盖劣势的手段之一。

伪装型服饰心理有很多典型的例子可以说明，比如战争中的伪装现象，穿着敌方的服装以隐蔽自己消灭敌人；花木兰女扮男装替父从军的感人故事等。在现代社会中，许多人都会通过选择合适自己身材的服装来凸显自身的优点，掩盖自己的缺陷，如女性往往会选择穿着深色或竖条纹的服装让自己显得更苗条；溜肩的人会在服装里加垫肩让自己看起来更挺拔美观。

艺术的需要是指生活中艺术表现形式的服装"伪装"现象，通过服装来改变各种原本的形象以达到艺术夸张的效果，戏剧装和各类表演装都有艺术扮装需要的成分。

思考题

1. 什么是美？如何理解服装与美的关系？
2. 人体美含有哪些内容？
3. 结合现代服装设计，谈谈设计师应在设计过程中应如何体现服装美感。
4. 什么是服装心理学？
5. 结合服装心理，浅析现代社会影响人们选择服装的因素。

第十四章

14

服装品牌与
传播

课题名称：服装品牌与传播

课题内容：从时尚产业的角度了解服装品牌的发展历程，侧重于
讲解服装品牌的本质、分类、文化打造及传播模式。

课题时间：5课时。

教学目的：使学生理解时尚产业发展现状，掌握服装品牌类别
及传播，了解其运作传播模式。

教学方式：理论授课及实践。

教学要求：学生需对国际时尚产业及服装品牌流行趋势有所了
解，在此基础上明确服装品牌的发展路径，同时了
解具体服装品牌的运作模式。

课前课后准备：调研国内外代表性的服装品牌，具体考察其运
营特点、文化打造及传播模式。

服装是创造美好时尚生活的基础性消费品产业和民生产业，也是体现技术进步、社会文化发展和时代变迁的创新型产业，在提高人民生活质量、发展国家经济、促进社会文化进步等方面发挥着重要作用。改革开放以来，特别是近十多年来，我国服装产业围绕"科技、时尚、绿色"新定位，坚持"科技""品牌""可持续"和"人才"四位一体的创新发展之路，基本实现了服装制造强国的既定目标。

"十三五"以来，我国服装行业持续完善品牌培育和推广体系，自主品牌市场认知度与国际影响力不断提升，行业形成了制造品牌、终端品牌和区域品牌协同发展的生动局面。行业时尚设计原创能力明显提高，已经进入主张原创设计、凸显中国特色的自主阶段。中国服装品牌认知度与美誉度持续增强，以多品牌、多业务布局为特征的服装集团日渐增多，国内主要大型商业实体服装品牌中自主品牌占比85%左右。富含文化内涵的服装品牌迅速崛起，原创潮流品牌质量、设计、文化日渐成熟，占服装品牌消费比重已提高到15%。

第一节　时尚产业与服装品牌

时尚产业是城市经济社会发展的重要推动力，也是国家文化软实力的重要组成部分。近年来，随着时尚带来的社会经济效应，以及时尚消费需求的不断提升，时尚产业已成为当前最具发展潜力的新兴产业之一。时尚产业是指以文化为依托、技术为基础，通过创新、创意和创造对各类传统产业资源要素进行整合、提升后形成的新兴产业链，是跨越先进制造业与现代服务业产业界限的综合化产业。

时尚产业分为三个层次，分别是核心层、扩展层、延伸层（表14-1），服装与服饰属于其中的核心层。时尚产业作为产业集群的综合表现，随着时代进步而发展，不仅整合了市场、人才、品牌、企业、活动等要素，还融合了商业、媒介、设计等业态，对服装品牌发展产生了直接影响。

表14-1　时尚产业的表现形式

层次	内涵	具体内容
核心层	对人体进行装饰和美化	服装、服饰品、美容美发、珠宝首饰
扩展层	对人生活所处环境进行美化	家纺产品、家居用品、家居装潢、家具寝具
延伸层	对人生存和发展相关事物进行美化	时尚城市、时尚社区、动漫、电玩、直播

一、时尚产业发展

（一）时尚产业的发展背景

时尚产业发端于法国巴黎与意大利米兰的服装制造业，在19世纪下半叶逐渐成熟起来。而后，高级定制带动了皮具、香水、珠宝、化妆品领域的发展。随着技术革命带来零售业生产和流通的变革，时尚产业迎来了大发展时代。

如今时尚产品全面渗透于人类生活的方方面面，且不断拓展其活动广度与深度。而全球化、网络化和信息化更加快了时尚产业化和产业时尚化的进程，越来越多的产品（思想、创意、服务）成为时尚产业的一部分，越来越多原来与时尚不相干的产业吸纳了时尚元素，融入了时尚潮流，与时尚产业交汇，使时尚产业成为生动且充满活力的产业之一。

2008年《中国时尚产业蓝皮书》中的时尚产业的定义为："时尚产业是指通过工业和商业化方式所进行的时尚产品和时尚服务的设计、采购、制造、推广、销售、使用、消费、收藏等一系列经营性活动的总称。"2022年《中国时尚产业白皮书》发布，指出中国时尚产业在过往20年间经历了飞速的发展，取得了里程碑式的成就。随着时尚产业的影响力日益强大，它成为创意经济的有机组成部分，人们对于时尚产业的关注度也得到大大提升，在主动或被动地融入时尚产业的发展浪潮之中。尤其是改革开放之后，中国的时尚产业开启了猛追模式，支持本土品牌发展、兼顾国际合作，探寻富有中国特色的时尚产业发展道路。

当今社会的时尚包容性更强，不同国家、民族、地域、宗教的多元时尚文化，相互渗透、彼此共存，时尚设计师从世界不同的文化之中汲取灵感，用于策划、设计、创造时尚产品。与此同时，新技术、新材质、新工艺为时尚创意、创造提供了物质基础，也使时尚产业化成为可能。

产业兴则经济兴，产业强则经济强。当今"时尚"的内涵和外延随时代而不断演变，时尚产业发展的驱动力与产业、科技、文化、商业密切相关。近年来，产业结构升级，行业人才储备增加，中国本土的时尚产业真正步入快车道。

（二）时尚产业体系与发展要素

1. 时尚产业体系

时尚产业体系由核心产业、相关产业及支持产业构成，其中核心产业主要包括时装、首饰、鞋、包袋、皮具、眼镜、化妆品及美发、妆容等（表14-2）。

表14-2 时尚产业体系

相关产业	核心产业	支持产业
面料	时装	模特演艺
皮革	配饰	广告印刷
珠宝	鞋类	时尚摄影
家纺	皮具	时尚媒体
体育	包袋	咨询策划
娱乐	眼镜	通信
汽车	美妆	
建筑	伞具	
教育	灯光音响	
美容		

此外，时尚产业体系还可以分为纵向体系、水平体系及运营体系。

纵向体系：按时尚产业的价值链划分，包括策划、设计、生产、制造、批发、零售等。

水平体系：按时尚产业的商品链划分，涵盖时装、首饰、包袋、皮具、美妆等。

运营体系：按时尚产业的品牌划分，包括制造商品牌、零售商品牌等。

时尚产业区别于加工制造产业和零售贸易产业，它是结合营销、技术和艺术于一体的产业，可以说是综合产业（Fashion Complex），能给消费者带来时尚价值、时尚品位和时尚体验。

2. 时尚产业发展要素

时尚产业的发展要素主要包括产业要素、环境要素及市场要素（表14-3），不同要素在不同方面影响着时尚产业的发展。

表14-3 时尚产业的发展要素

发展要素	具体名称	细分
产业要素	生产制造	生产体系
	创意设计	品牌资产运作机构
		设计与研发机构
		时尚产业人才培养机构
	终端消费	流通交易平台
		快速反应系统
市场要素	消费需求	
环境要素	硬件服务体系	时尚产业创意园区
		时尚工会组织（协会组织）
		会展服务业
	软件服务体系	宏观经济发展水平
		时尚文化传统与基因
		相关政策法规

二、服装品牌定义与本质

（一）服装品牌的定义

美国市场营销协会（American Marketing Association，AMA）在《营销术语词典》将品牌定义为：用以识别产品的名称、词语、象征、标志、设计或者它们的组合，用以区别其他的产品或服务。从工商管理的角度来看，品牌就是商标，注册后的商标适用于某些商品或服务上。例如，提到波司登品牌，人们会想到羽绒服；提到李宁品牌，人们会想到运动服装。

从市场经济的角度来看，品牌的定义就要复杂得多。从广义上来看，服装品牌是一种形成区分作用的标识系统，它以产品或服务作为物质载体，以内涵作为精神载体。从狭义上来看，服装品牌是经过工商登记注册的商业性标志，包括名称、图形、字体等，通常也是具有认知意义的产品符号。同时，品牌能够为拥有者带来溢价并产生增值的无形资产。

2021年，楚艳在品牌建立十周年之际正式推出了楚和听香、楚和觉士、楚和天物、楚和觉色四个品牌产品系列（图14-1），分别对应的是新中式礼服、新中式商务正装、新中式雅致生活、新国风，涵盖了不同年龄段、不同礼仪场景和大众生活情境的需求。其中，四个品牌标识设计符合品牌定位，既统一又各具特色，能够明确区分品牌产品的设计方向。

图14-1 楚和听香、楚和觉士、楚和天物、楚和觉色品牌标识

（二）服装品牌的本质

服装品牌以服装作为载体，诠释品牌在服装市场及消费者心目中的地位和价值，以达到品牌溢价的主要目的。品牌的本质主要体现在企业、产品、服务的标识性方面。

1. 企业的标识

服装企业为了赋予产品形象、个性和生命，通常以品牌建设为目标，提升品牌形象。作为企业的标识，服装品牌一方面可作为短期的营销工作，另一方面也可作为长远竞争优势和极具潜力的无形资产。

2. 产品的标识

从消费者的角度来看，服装品牌存在于消费的认知里，能够唤起消费者的情感。在产品趋同化的今天，服装品牌能够彰显服装产品的独特性、唯一性，满足消费者对产品的直接联想。

3. 服务的标识

服装品牌向消费者提供的产品除了物质形态，还有精神形态，如服务、品位、地位等。服装品牌背后需要优秀、完善、紧跟流行的服务模式作为支撑，尤其是互联网时代影响下的线上消费，品牌社群服务、会员服务、体验服务显得尤为重要。

第二节 服装品牌分类

国内外服装品牌种类多样，一般来说，可按照主次地位、性别年龄、产品风格、档次及受众、销售渠道等方式进行分类（图14-2）。品牌的分类有利于消费者把握品牌特征，寻找与自身相契合的服装产品，同时有利于品牌精准把握市场定位，生产针对性强的市场产品。

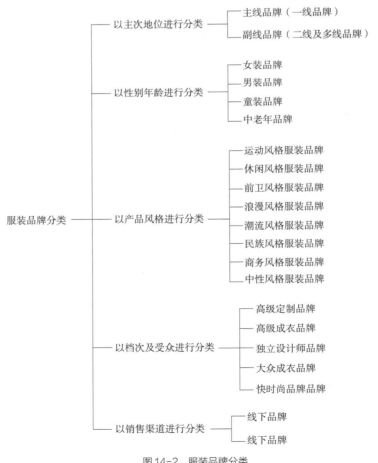

图14-2 服装品牌分类

一、按主次地位进行分类

对大型服装集团及公司来说，旗下的服装品牌有主线和副线之分。主线品牌又称一线品牌，是企业的主打，在品牌的资金投入、设计研发、传播推广等方面都居于重要位置。副线品牌又称为副牌或二线品牌，最早出现于奢侈品领域，被称为奢侈品牌的二次延伸（扩张）。较之主线品牌，副线品牌与其在消费人群定位、价格定位、商业模式等方面有所区别，一般通过低价、年轻化的副线来满足不同收入群体的需求。副线品牌是服装集团基于长远的战略发展规划而制定的商业策略，也是产业细分的差异化结果。通常情况下，一个企业拥有一个主线品牌，多个副线品牌。表14-4为国际服装品牌中代表性的主、副线品牌。

表14-4　国际服装品牌的主、副线品牌对照表（部分）

序号	主线品牌	品牌特征	副线品牌	品牌特征
1	Giorgio Armani	时尚、精致、高贵、中性化	Emporio Armani	时髦、运动
			Armani Jeans	牛仔
			A/X Armani Exchange	前卫大胆、轻松与舒适
2	Prada	流行简约与现代摩登	MIU MIU	年轻化
3	DONNA KARAN	干净利落	DKNY	更前卫、更时尚、更休闲
4	Alexander McQueen	高级时装	McQ	年轻化，融合街头文化
5	LANVIN	高贵典雅、洒脱、不羁	LANVIN en Bleu	高雅、女人味
6	Chloé	浪漫、休闲典雅	See by Chloé	趣味、俏皮
7	Missoni	善于运用色彩、条纹、针织	M Missoni	大胆运用色彩、图案
8	Moschino	高贵迷人、时尚幽默、俏皮	Love Moschino	热情、感性、年轻
9	Valentino	气质优雅	Red Valentino	优雅、浪漫、更休闲
10	MaxMara	简洁、优雅	Max&Co	年轻时髦女性群体
11	BOSS	创新创意	BOSS Orange	主打休闲服
			Boss Green	主打运动服
12	Calvin Klein	性感、极简	ck Calvin Klein	高级成衣
13	Alexander Wang	精致、自由	T by Alexander Wang	以T恤为主强调实穿舒适
14	Fear of God	街头歌德风格	F.O.G. 后更名为 ESSENTIALS	浮夸徽标

序号	主线品牌	品牌特征	副线品牌	品牌特征
15	Rick Owens	哥特暗黑风格	DRKSHDW	前卫、年轻、实用
16	Versace	夸张、性感、先锋、华丽	Versus	年轻、大胆
			Versace Jeans Couture	牛仔、运动系列
			Versace Home	家居系列

在服装领域，乔治·阿玛尼品牌在1981年最早启用副线品牌这一概念，创立了安普尼奥·阿玛尼品牌（Emporio Armani），而后Prada、Valentino、Moschino等品牌陆续推出相应的副线系列。

二、按性别年龄进行分类

服装品牌常按照性别年龄进行分类，此类品牌更多强调的是为某一类人群提供的专项服务。该类品牌有：

（一）女装品牌

根据第七次人口普查结果，截至2020年中国女性人口为6.88亿，占全国总人口数的48.76%，可见中国女装是不容忽视的消费市场。同时，时尚流行趋势对女性服装的影响最大，促使女性服装品牌呈现出多样化的发展趋势，如少女服装品牌、淑女服装品牌、成熟女性服装品牌等类别。

少女服装品牌以满足少女青春、活泼、多变的需求为目标，国内代表性的有乐町、妖精的口袋、衣恋等；淑女服装品牌，代表性品牌有秋水伊人、诗凡黎、罗燕、歌莉娅等；成熟女性服装品牌包括音儿(YINER)、玖姿(JZ)、白领（WHITE COLLAR）、江南布衣（JNBY）等。深圳服装品牌以成熟女性为主，面向优雅的白领，诞生了如歌力思集团、玛丝菲尔集团、影儿集团、赢家集团等知名服装集团，具体品牌有歌力思（ELLASSAY）、音儿（YINER）、歌中歌（Song of Song）、恩裳（INSUN）、奥丽嘉朵（OBBLIGATO）、玛丝菲尔（Marisfrolg）、娜尔思（NAERSI）、珂莱蒂尔（Koradior）、娜尔思灵（NAERSILING）、奈蔻（NEXY.CO）、卡迪黛尔（CADIDL）、欧柏兰奴（OMNIALUO）、罗峥（Luozheng）、艺之卉（EACHWAY）、渔牌、慕诗（MOISELLE）等，此外还有ZHUCHONGYUN、ANNAKIKI、米可芭娜（MIKIBANA）等独立设计师品牌（图14-3、图14-4）。

图14-3　赢家集团旗下CADIDL品牌（成熟女装）　　　　图14-4　Marisfrolg品牌（成熟女装）

（二）男装品牌

男装品牌在总量上低于女装品牌。男装品牌主要表现男性的气质、风度和阳刚之气，强调的是严谨、挺拔、简练的风格，同时注重工艺剪裁与面料质地。国内男装品牌有商务男装、潮牌男装、运动男装、休闲男装等种类，注重产品使用情境，以西装、衬衫、冲锋衣、骑行服等品类为主。

历经数十年发展，国内诞生了如雅戈尔、柒牌、海澜之家、杉杉、GXG、罗蒙、七匹狼等具有中国品质的民族品牌（图14-5），形成了全品类、全场景、全龄段、全方位、全渠道覆盖的品牌发展格局。

（三）童装品牌

童装品牌是以儿童为穿着对象，年龄跨度一般为0~16岁，包括婴童、幼童、中童、大童等。各童装品牌可针对自身品牌定位进行产品线设置，有覆盖全部年龄段的综合性品牌，如巴拉巴拉（图14-6）；也有仅生产某一运动休闲类童装的品牌，如安踏儿童；更有只针对某一年龄段的童装品牌，如FIRST FLAG（图14-7）。国内童装代表性的巴拉巴拉品牌，它作为国内覆盖所有儿童产品的综合性品牌，将旗下0~14岁的儿童服装线划分为：婴幼童（0~2岁）、幼小童（3~7岁）、中大童（7~14岁）。童装针对儿童皮肤及身体特点，产品强调天然、环保、无污染，须合乎儿童心理发展特点，注重功能性、便利性、童趣性。同时，

图14-5　柒牌男装品牌

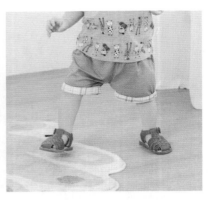

图14-6　巴拉巴拉童装品牌

图14-7　FIRST FLAG童装品牌

针对童装产品，国家标准化管理委员会出台了强制性的国家标准，如GB 31701—2015《婴幼儿及儿童纺织产品安全技术规范》。

（四）中老年服装品牌

中老年服装品牌设计、生产面向中老年群体的服装类型，较为注重面料的舒适性、穿脱的便捷性、款式的易活动性等方面。

三、以产品风格进行分类

服装风格是人们对服装形成的既定规律性印象，如休闲风格、运动风格、商务风格、前卫风格、潮流风格、民族风格等。服装风格与品牌定位紧密相关，同时也为服装设计确立了宏观方向。

（一）商务风格品牌

商务风格是以商务性工作场合为穿着环境，具有商务人士着装特征的品牌类型，以正装居多，适合银行职员、律师等。商务风格品牌追求品位与格调，注重服装内涵，用料考究，造型简约大方，色彩协调，注重体现穿着者的身份地位及文化修养（图14-8）。

（二）休闲风格品牌

休闲风格品牌是日常生活中最为常见的一类着装形式，适用范围广，市场占有率高，能够满足消费者轻松、随意、自然、舒适的着装需求。

图14-8　商务服装

（三）运动风格品牌

运动风格服装品牌包含体育类专用产品及综合类运动产品（图14-9）。常见的运动风格品牌一般指非体育比赛用的，但同样具有运动趣味的品牌类型，如瑜伽服、健身服等。众多运动风格品牌都在试图表达一种"积极进取、健康向上、运动不息"的形象理念，注重功能属性。

（四）前卫风格品牌

前卫风格服装品牌适用于敢于尝新、居于流行趋势前沿的消费者。前卫风格服装产品不拘泥于传统衣着方式，往往设计理念突出、造型大胆、款式夸张、色彩条约、纹样另类、面料新颖，有的甚至突破了传统的服装构成形式，以新奇另类的形式存在。

图14-9　运动服装

（五）民族风格品牌

民族风格品牌是以国内外民族设计元素为产品特征的品牌类型。它具有强烈的地域特色，标识性极强，往往将该地区、民族特有的设计理念、文化内涵、艺术符号融入服装之中，或者运用该民族或区域特有的款式、色彩、面料、纹样、染织技艺等特征与现代服装设计相结合，打造具有民族特色的服装品牌（图14-10）。

图14-10　民族风格服装

（六）潮流风格品牌

　　潮流风格品牌受国内外流行趋势、消费模式的影响较大，在品牌产品设计、产品营销过程中注重对时尚、潮流、营销热点的关注与应用。在世界范围内，潮流品牌根据各国家、各地域的政治、文化及消费特色，诞生了诸如美式潮流、韩式潮流、日式潮流、中式潮流等类型。近些年，国内服装品牌中掀起"国潮"热，它将中华优秀传统文化与潮流服装相结合，生产出有兼具文化内涵与时尚属性的服装，深受消费者的喜爱，也对国内服装品牌的结构布局产生了重要影响（图14-11）。

图14-11　国潮服装

（七）中性风格品牌

中性风格服装品牌弱化性别的差异，其产品中并不呈现明显的男性或女性特征，此类风格自20世纪80年代开始流行并风靡全球，在发展的过程中结合时代特色衍生出男装女性化、女装男性化、无性别化、去性别化等特征（图14-12）。

图14-12　中性化服装

四、按档次及受众进行分类

服装品牌的档次决定了其受众范围，而服装品牌的档次又受到价格定位、适用范围等多方面影响。按服装档次及受众进行分类，服装品牌包括面向高端消费者的高级定制品牌、高级成衣品牌、独立设计师品牌，以及面向中低端消费者的大众成衣品牌及快时尚品牌。

（一）高级定制品牌

高级定制（Haute Couture，Couture指缝制、刺绣等手工艺，Haute代表顶级）这一概念源于19世纪的法国，Charles Frederick Worth（查尔斯·弗雷德里克·沃斯）开创了高级定制的模式。所谓高级定制，除达到法国高级时装协会的认可，还需要在人员、场地、作品发布等方面满足要求。高级定制的"高"主要体现在高端的市场受众、高品位的设计理念、高标准的制作工艺、高水平的产品服务。Chanel、Dior、Jean Paul Gaultier、Maison Margiela、Guo Pei等属于高级定制品牌。郭培（Guo Pei）的高级定制作品《大金》镶嵌两万八千颗人工手钉绣银扣，以数千轴欧洲银线刺绣，一百多名绣工耗费五万个工时才完成，整件礼服重达一百公斤（图14-13）。

（二）高级成衣品牌

高级成衣在一定程度上继承了高级定制服装的某些特色，属于高档成衣。高级成衣在制作工艺方面较之高级定制更为简便，但仍突出其在设计、工艺、面料等方面的高水平，具有一定实穿性。许多服装品牌通过国际时装周，如巴黎、伦敦、米兰、纽约等时装周进行高级成衣作品发布（图14-14）。

图14-13　郭培（Guo Pei）高级定制作品《大金》

图14-14　阿玛尼品牌高级成衣

（三）独立设计师品牌

独立设计师品牌是以设计师为核心，一般情况下指的是由设计师创立并自主经营的品牌，它更依赖于设计师的个性而发展，设计师对于品牌产品设计及运营也具有决策权。创立之初的独立设计师品牌立足"小众"定位，致力探索"创新设计"与"商业市场"的平衡点，呈现风格化、符号化特征。随着近十年中国时尚产业及服装行业的蓬勃发展，消费者购买力及消费观念、消费习惯不断变革，独立设计师品牌已形成一定发展模式，在产业内的接受度也逐渐提升（图14-15）。

图14-15　独立设计师品牌ANGEL CHEN

（四）大众成衣品牌

大众成衣品牌是以广大消费者的需求为核心，能够按一定号型、规格批量生产且规模化推向市场的服装品牌。

（五）快时尚品牌

快时尚品牌指的是上新速度快、平价、紧跟时尚潮流的服装品牌。

五、按销售渠道进行分类

按照销售渠道对服装品牌进行分类，可分为依托互联网品牌的线上品牌及传统模式的线下品牌。

（一）线上品牌

线上品牌以开设在互联网平台上的服装品牌为主，它们依托第三方平台开设电商门店，满足消费者的线上购物需求。部分设计师品牌店就是典型的线上品牌，仅在电商平台进行销售。

（二）线下品牌

线下品牌即为依托传统零售店铺进行销售的品牌，包含在不同零售业态中的服装实体品牌。线下品牌能够为消费者创设消费情境，提供线上消费所缺失的体验感。

此外，目前还有一部分品牌是线上线下相结合的模式，消费者可线上挑选，线下试衣。

第三节　服装品牌文化

一、品牌文化

品牌文化（Brand Culture）是指通过赋予品牌深刻而丰富的文化内涵，建立鲜明的品牌定位，并充分利用各种强有效的内外部传播途径形成消费者对品牌在精神上的高度认同，创造品牌信仰，最终形成强烈的品牌忠诚度。

品牌是企业生存、发展的核心，而品牌的核心是文化内涵，具体来说就是品牌所凝练的价值观念、生活态度、审美情趣、个性修养、时尚品位、情感诉求等精神象征。它是企业的核心竞争力，离开文化，品牌徒有"空壳"，不再具有识别功能以外的其他作用，不能再给予消费者更多的价值和向往，也不能在心理和情感上为消费者带来满足。品牌的文化内涵是品牌附加价值的源泉，不仅能够强化品牌力，更是品牌个性的基础，也是品牌形象塑造的主要内容，也发挥着顾客与品牌关系间的纽带作用。

品牌文化的塑造是提升品牌附加值、产品竞争力的原动力，也是品牌价值的核心资源，它还是品牌成长的加速器，更是同质化竞争趋势下品牌差异性发展的必要战略。优秀的品牌文化能够促进企业在竞争中展现特色，脱颖而出，展现品牌全方位的竞争力。纵观品牌发展历史，得以成功并长期发展的品牌多有着自身的品牌文化，形成了品牌发展强大的向心力。

品牌力（Brand Power）是品牌知名度、美誉度、诚信度的有机统一，是由品牌商品、品牌文化、品牌传播、品牌延伸等要素多重作用下共同形成的。打造品牌力的重要前提就是做好品牌文化的塑造工作。

二、服装品牌文化的构成

服装品牌文化是由品牌物质文化、品牌行为文化和品牌精神文化三部分组成（图14-16）。

（一）品牌物质文化

品牌物质文化是品牌的表层文化，它由品牌和产品的各种物质表现方式构成，也是品牌理念、价值观、精神面貌的具体反映。一般情况下，消费者对品牌的认知主要来自物质文化，是品牌对消费者的最直接的影响因素。

（二）品牌行为文化

品牌行为文化是品牌传播、营销过程中所展现的文化，包括营销行为、传播行为和个人行为，是品牌价值观、企业理念的动态体现。品牌行为是构建品牌价值体系、塑造品牌形象的关键，有利于促使品牌树立良好的品牌形象。

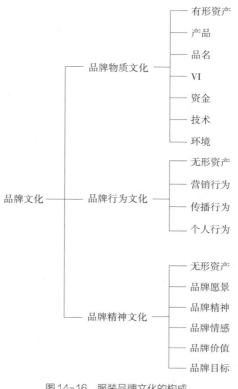

图14-16 服装品牌文化的构成

（三）品牌精神文化

品牌精神文化是品牌在长期生产、经营过程中形成的意识形态和文化观念。与物质文化相比，它具有更深层次，是品牌文化的核心与灵魂，决定了品牌的个性和形象、态度、调性。品牌精神文化还能够使消费者产生丰富的品牌联想、激发消费者的购买欲望。

三、服装品牌文化的特征

服装品牌文化是指服装品牌具有的深刻而丰富的文化内涵，能够表达品牌的个性和特色。打造品牌文化需要依托顶层设计，制定战略目标，通过一系列与设计、生产、经营、传播相关的活动，使消费者产生情感共鸣，在内心深处形成强烈的品牌认同感。

服装品牌文化所蕴含的审美情调、价值观念、时尚品位是引发消费者购买和消费的强大动力，服装品牌文化的营造也有利于促进消费者形成稳定的品牌忠诚度，赢得理想的市场份额。服装品牌文化塑造非一朝一夕形成的，而是在服装企业的长期经营中多措并举逐渐积淀而成的。成功的服装品牌文化可以跨越国界、民族，吸引不同文化背景下人们的认同与消费。

服装品牌文化有三大特征：标识性、丰富性、传承性（图14-17）。

图14-17　服装品牌文化的三大特征

（一）标识性

服装企业根据不同的消费群体进行市场细分，塑造不同的品牌文化，即使同一集团下的不同品牌也拥有不同的品牌文化。可以说，品牌文化为品牌赋予一定的标识性，尤其是建构品牌的软实力方面。例如，未贴标签的服装产品很难从款式、色彩、品质等外在特征来判断其属于哪个服装品牌，但贴了品牌标签后，人们就很容易把产品和品牌联系起来。

太平鸟集团在三十多年的发展历程中，始终坚持以时尚产业为核心发展方向，聚焦服装主业，成功培育PEACE BIRD太平鸟男装、PEACE BIRD太平鸟女装、LEDiN乐町女装、MINI PEACE太平鸟童装、MATERIAL GIRL女装、COPPOLELLA潮牌等多个服饰品牌（图14-18、图14-19）。其中，太平鸟女装以"时髦、率真、有年轻态度"为风格，主张"活出我的闪耀"，让每一位顾客都能尽享上海四行的乐趣；太平鸟男装则以"时尚、活力、亚洲"为定位，致力于让更多年轻人"发现新的我"；乐町女装则以"青春、元气的乐观主义"为"少女感"。我们可以通过不同品牌文化定位的差异性从宏观角度把握品牌的调性。

图14-18　PEACE BIRD太平鸟女装品牌

图14-19　LEDiN乐町女装

（二）丰富性

服装品牌文化构成内容十分丰富，包含外在形象、内在表现及精神内涵。

首先是品牌文化的外在形象表现即品牌文化最基本的物质表现要素，包括品牌的名称、包装、标志等。

其次是品牌文化内在表现即品牌文化得以体现的关键，是品牌文化在管理、营销活动中的渗透，包括品牌口号、广告、公关活动、品牌管理方式、品牌营销方法等。

最后是品牌文化的精神即品牌文化的灵魂，包括品牌理念、品牌价值观、品牌情感、品牌个性等，这些都是在长期的品牌发展过程中塑造形成的，渗透在品牌的一切活动之中。

（三）传承性

服装品牌文化是在品牌建构、经营过程中逐步丰富和完善起来的，对品牌发展具有长久的影响，同时也对品牌系统的各个环节产生潜移默化的影响。它承载了品牌的使命和追求，体现了品牌对消费者的关怀，是品牌与消费者沟通的情感基础，并通过包括广告、公共关系、新闻、促销活动等传播手段来加深消费者的认知，提高品牌知名度和塑造品牌形象。

优秀的服装品牌文化是能够禁得住时间的考验，更是直指人心，能够长久传承的。中国男装品牌代表"柒牌"的品牌文化深入人心、定位精准。其使命是"创享中华时尚，演绎美好人生"，愿景为"柒牌男装比肩世界，中华立领风行天下"，它将"鹰一样的阳光""猎犬一样的嗅觉""豹一样的速度""熊一样的胆量""狮一样的雄心"五种特质深深融入品牌文化之中，力求拼搏进取、创新驭变、协同共赢。柒牌男装历经多年发展，建构了与众不同的管理生态圈，形成了独树一帜的"柒牌文化内涵"，并在品牌运营、设计、传播等具体活动中传承实践。

四、新时代背景下服装品牌的文化构建

当前服装品牌的一大难题就是如何通过文化建设，保证、提升自身在时尚产业中的话语权、影响力。在市场细分时代，服装品牌文化的独特性决定着品牌是否能够长久地发展，同时也保证了消费者的忠诚度，它不仅能够赋予品牌深刻而丰富的文化内涵，还能够帮助其建立起鲜明的品牌定位和形象，并通过各个渠道的传播途径来让消费者形成对品牌的认知，从而培养广大的品牌受众。

近年来，随着消费模式、消费习惯的转型，消费者开始全面拥抱互联网经济，在快速迭代的时尚产业及品牌建设发展过程中，服装品牌文化建设将面临诸多挑战。

一方面，西方主导的服装品牌文化现象正在消散。随着全球信息化时代的到来，中国

的文化观、价值观、审美观等在世界舞台逐步展现，获得了一定认可，使西方长期掌握的文化主导权逐渐转移。随着国家实力的崛起与提升，时尚产业及服装品牌领域出现了越来越多的中国符号、中国文化、中国主题，中国人通过社会文化实践逐步建构自身的品牌文化理念。例如，近年来掀起的"国潮热"，是大部分中国品牌在进行中式文化美学实践的基础上，将全新的设计思维方式、设计理念深入融合在服装品牌文化之中，诞生了具有国家符号的品牌文化价值。

另一方面，消费者在品牌文化建构过程中逐渐提升影响力。从"卖方市场"进入"买方市场"以来，服装品牌文化由品牌主导制定转向消费端转移，消费者握有较大的文化创建权、诠释权、消费权、参与权，如何向消费者讲好故事就是彼时品牌文化构建的重要内容。传统服装品牌的文化建构是单向而行，基于品牌想要传达的理念、精神或态度，而随着消费者年轻化、审美差异化时代的到来，消费者由被动接收到主动参与，尤其注重品牌故事的内容导向、叙事方式及传播模式。

此外，服装品牌文化的建构触角伸向虚拟世界。时尚文化在虚拟世界中的表现形式可能会超越大众的想象。由于时尚虚拟世界的不确定性，要求服装品牌建构出新的审美体系、文化空间和思维模式。歌力思品牌推出的虚拟数字人——ELISA（图14-20），正式担任歌力思集团可持续时尚大使。虚拟数字人入职所带来的科技赋能和多元文化碰撞，对该集团的未来至关重要。ELISA自带的数字化和未来感属性也将和集团形成优势互补。此外，歌力思正通过虚拟数字人与年轻一代建立情感链接，用新颖的视角为品牌DNA注入自由率性和趣味性，以极具未来感的先锋创意开启品牌新篇章。

图14-20　歌力思品牌虚拟数字人——ELISA（飒）

因此，总结出新时代背景下服装品牌文化的构建路径有以下四点。

（1）服装品牌文化与家国文化、地域文化紧密相连，确立中国文化的核心地位。

（2）服装品牌文化建构过程中充分考虑细分市场及消费者的深层次需求。

（3）依托虚拟科技提升服装品牌文化的建构向度。

（4）建立与消费环境、产业趋势同向而行的服装品牌文化理念。

第四节　服装品牌传播

"传播"现象始终伴随着人类文明的发展进程。"传播"一词有通知、散布、传达、传授、沟通、交流、联络、联系之意，传播的内容是信息、书信、符号、图像、实物等，其作用是揭示、发散、分析、揭示、共享被传播的内容。服装品牌的传播是在上述传播意义上围绕"服装品牌"这一特定事物所发生的传播行为和活动。

品牌作为无形资产和重要的知识产权，品牌战略是文化输出的重要途径与载体。在国际市场中，服装品牌是进行国家形象传播的重要名片，服装品牌的国际化传播也是时尚产业布局发展的重点，同时品牌想要生存和发展也必须进行传播。品牌传播是企业将品牌文化、理念等传达给消费者，打造品牌与消费者之间的情感链接，建构品牌与消费者沟通的桥梁。

一、品牌传播的概念

传播是塑造品牌的重要途径。品牌传播（Brand Communication)是以品牌为前提，以品牌的核心价值为原则，以品牌识别为整体框架，以品牌文化为核心符号，利用广告、公关、销售、人际等多种传播途径进行品牌推广，以此树立品牌形象，提升品牌市场占有份额，培养消费者对品牌的忠诚度。可以说，品牌面向消费市场的过程就是其传播的过程，可以表现为"主动传播"与"被动参与"两种形式。"主动传播"是企业、品牌有战略性的传播行为，通过品牌标识、品牌内涵、品牌文化的营造，向市场有目的性、针对性地展现品牌定位、品牌产品或品牌服务。而"被动"参与是指在品牌产品或服务面向市场的过程中，从生产方、销售方到消费者受众自然而然所形成的传播链。

从品牌发展的长远目标来看，传播是企业进行市场拓展的必经之路。其中，对于传播的时空及受众有一定界定，从品牌传播的空间范围来看，可将品牌传播分为国内传播与国际化传播；从品牌传播的时效性来看，可将品牌传播分为短期传播与长期传播；从受众群体来看，可将品牌传播分为定向传播与非定向传播。

二、服装品牌传播的要素

传播是一种社会性传递信息的行为，是个人与个人之间、集体与集体之间，以及个人与集体之间交换或传递新闻、事实、意见的信息交流过程。要素是指构成事物必不可少的主要组成单元。服装品牌传播是一项系统活动，涉及传播者、受传者、传播内容、传播媒介、传播效果等内容（图14-21）。

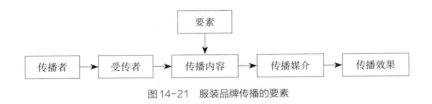

图14-21 服装品牌传播的要素

（一）品牌的传播者

服装品牌的传播者是传播行为的引发者，传播者可以是个人、群体或组织。一般来说，服装企业是服装品牌传播的主动发出者，服装企业通过制定一系列品牌传播战略，融合多渠道、多平台、多方式将品牌精神、理念、文化、产品、服务、营销活动等推向市场。但是在服装品牌面向消费市场的过程中，普通的消费者也有可能是品牌的传播者，如消费者的口口相传、使用者的经验分享、意见领袖的多方推动等。

（二）品牌的受传者

服装品牌的受传者指产品受众或消费者，是品牌传播的作用对象。一般服装企业为了精准把握品牌的受传者，通常会进行大数据筛选或市场调研，面向市场精准地向潜在客户投放品牌传播的信息。

（三）品牌的信息内容

服装品牌传播的实质就是信息的交流。服装企业或品牌方通过对品牌内容的统筹、编辑，将其转化为易于传播的形式，从而进行传播投放。其中，品牌传播的信息内容一般包括品牌想要传播的核心理念、价值观、文化内涵等宏观、抽象的信息，也包括涉及具体产品、服务或营销活动的信息。

（四）品牌的传播媒介

服装品牌的传播媒介是指品牌的传播载体或渠道，是将传播过程中各要素联结的纽带。随着经济及互联网技术的发展，消费者的消费习惯随之改变。在融媒体时代，服装品牌基于自身及消费者定位，除了运用传统的传播媒介，如电视、广告、网页等形式，还运用自媒体、小程序、视频类平台、直播类平台等进行传播。媒介多样化，可选择性激增，但如何筛选出适合品牌定位及文化特色的传播媒介也是一大难题。

（五）品牌的传播效果

服装品牌的传播效果是指当服装品牌信息内容通过多样化的媒介传入消费对象手中，能够产生何种影响。一般来说，受传者将品牌传播信息进行解码后，根据传播内容的吸引力决定是否对品牌产生好奇与购买欲望。如果消费者最终达成了购买活动，那么可以视为本次品牌传播具有一定效果；如果消费者在使用后，仍对该品牌的理念、价值观、产品及服务认同，更有可能形成一定的品牌忠诚度，那么即可视为该品牌达到了比较长远的传播效果。可以说，良好的服装品牌传播效果并非一次见效，而是在品牌传播与消费者消费使用的过程中，经过品牌与消费者不断磨合后所形成的品牌认同。

三、服装品牌传播的方法

（一）品牌传播的途径

服装品牌传播需要一些载体，根据载体性质的不同，也就产生了不同类型的传播途径，广告、公共关系是最为经典的传播途径。但随着互联网技术的发展，使服装品牌的传播途径更加多元化，如小程序、自媒体、视频平台等。在选择各种传播途径细分的时候，必须结合需要传播的内容，时刻聚焦品牌或产品的定位。

（二）品牌信息传播的方式

各类传播机构是服装品牌传播的执行者。专业的服装传播机构包括广告公司、公关公司、品牌顾问公司、品牌策划与发展公司等，它们按照服装品牌的要求进行信息传播编码，从而通过不同媒介进行传播，具体如报纸、广播、电视、互联网等大众传播媒体，以及地铁广告、电梯广告、广告路牌、招贴等具体的传播载体。服装品牌传播推广方式如表14-5所示。

表14-5　服装品牌的传播推广方式

广告	销售促进	公共关系	人员推广
新媒体广告	展览会和展销会	新闻发布会	样品展示
印刷媒体广告	举办活动	新品发布会	人员销售
陈列广告牌	直播营销	研讨会	定制服务

广告	销售促进	公共关系	人员推广
代言人	打折营销	出版物	
广告语	赠品	慈善捐助	
宣传册	优惠券	赞助活动	
视觉标识			
影视剧植入广告			
APP界面广告			
电子邮件广告			
插播式广告			

1. 广告传播

对品牌而言，广告是最为广泛的传播方式，同时它也是商品经济发展的产物。广告现代化的过程与传播技术现代化发展同步，它是广告主体以付费的方式，委托广告制作方进行创意、策划、实施，并依托一定的平台、载体推广品牌名称、品牌标志、品牌定位、品牌文化、品牌理念、品牌产品等内容。广告的呈现方式较为多样化，如平面广告、电视广告等，尤其是随着全媒体时代的到来，广告创意的力度、表达的立意、呈现的手法都比以往有较大的突破。

广告是提升服装品牌知名度、美誉度、忠诚度的有力工具，也是塑造品牌形象、传播品牌文化的重要方式。广告大师大卫·奥格威曾指出"每一则广告都应该对塑造品牌整体形象有所贡献，同时它也应该为建立品牌声誉进行长期投资"。广告的创意、策划与实施需要满足消费者的需求，并能够引起消费者的注意，调动消费者对产品的兴趣，激发购买欲望，从而转化为消费行为。但在众多服装广告当中如何脱颖而出，给消费者留下深刻印象，创意和策略就是主要影响因素。

常见的服装广告形式如下：

第一，个性化的服装广告图片。该类广告在深刻理解品牌定位的基础上，通过个人（品牌代言人）或群体，表现广告故事，呈现主题突出、标识明确的广告产品及广告信息。LACOSTE品牌推出的系列化的创意广告，不仅呈现了产品特色，腾空跳跃的人体动态也能够吸引消费者的注意力（图14-22）。DIOR品牌的创意广告主题突出，注重故事感、氛围感、情境感，通过分组及布景的搭配为消费带来沉浸式感受（图14-23）。

图 14-22　LACOSTE 品牌的创意广告

图 14-23　DIOR 品牌的创意广告

波司登品牌将自身研发的风衣羽绒服产品进行广告展示，展示更时尚的设计、更科技的功能、更舒适的穿着体验（图14-24）。

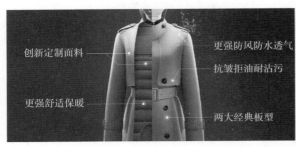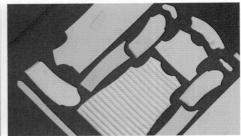

图14-24　波司登产品广告

第二，创意感十足的服装广告视频。在视频类广告中，广告脚本、演出人员、后期剪辑十分重要。服装视频广告分为长视频、短视频，广告叙事表达具有一定的差异性，可以是通过服装演绎品牌故事，抑或是在品牌故事中展现服装特色。

第三，交叉跨界的服装广告形式。随着消费者消费习惯的改变，品牌不限于传统的图片类或视频类广告，广告呈现形式也不限于传统的载体，而是面对社交形式的变革，与虚拟产品、游戏产品进行结合，呈现面向元宇宙发展趋势的广告形式。

服装品牌广告传播的作用：

第一，突出品牌差异性，提高品牌知名度。服装品牌广告会提前筛选广告信息，聚焦品牌特点，放大品牌表现优势，强调品牌的差异性、独特性，将品牌广告信息传递给消费者。

第二，提升品牌联想度、认知度。在品牌广告的传播中，通过影像、声音、图片等形式展现品牌信息，使消费产生联想，加深消费者印象，刺激消费者购买欲望，最终促使品牌与消费者之间建立深厚的情感链接。

2. 公共关系传播

美国著名公共关系研究权威卡特里普和森特在《有效公共关系》中下了这样一个定义："公共关系是一种管理职能，它确定、建立和维持一个组织与决定其成败的各类公众之间的互利关系。"公共关系是企业形象、文化、产品、服务传播的有效手段。它不是直接作用于推销产品，而是通过各种有效活动提升品牌、公司在公众中的声誉。

常见的公共关系传播形式包括慈善捐助、赞助活动、爱心公益、研讨会、发布会等内容，在服装品牌和市场营销中具有积极作用：

第一，提高品牌认知度。公共关系的传播形式多样化，通过不同类型的公关传播活动来提升品牌在公众中的认知度。例如，安踏品牌通过奥运会这一国际性的体育赛事活动，在全球范围内展现品牌特色，为其成为具有国际影响力的服装品牌起到一定促进作用。随着服装品牌公共关系传播形式的多样化，越来越多的企业借助公共关系的传播提高自身的品牌知名度。

第二，提升品牌美誉度。服装品牌公共关系传播通过公益性的社会活动为大众创造便利，体现了深厚的企业社会责任感，使外界进一步认识到服装品牌的文化内涵、价值观念、责任意识，从而提升品牌的美誉度，形成消费者对品牌的普遍好感。

波司登品牌在"聚焦主航道 聚焦主品牌"的发展战略指引下，加强科技赋能，自1998年以来，助力中国登山队登顶珠峰、助力中国南极科考队开展极地科考工作，不断研发自身保暖装备，将航天科技应用于羽绒服研发，推出登封1.0及2.0系列，成为当之无愧的保暖领域专家（图14-25）。

图14-25　波司登助力中国南极科考队开展第38次南极考察

🔍 思考题

1. 调研国内服装市场常见的品牌分类有哪些？分别有哪些代表性的品牌？从品牌文化、品牌传播等方面进行详细分析。
2. 打造服装品牌文化对品牌发展有什么样的作用？
3. 服装品牌传播的构成要素是什么？
4. 调研具有代表性的服装品牌公共关系营销活动。

参考文献

[1]蒲元明,刘长久.世界历代民族服饰[M].成都:四川民族出版社,1988.

[2]李当岐.服装学概论[M].北京:高等教育出版社,1990.

[3]张竞琼,蔡毅.中外服装史对览[M].上海:中国纺织大学出版社,2000.

[4]李正.服装结构设计教程[M].上海:上海科技出版社,2002.

[5]张文斌,等.服装工艺学[M].2版.北京:中国纺织出版社,1993.

[6]朱松文,等. 服装材料学[M].北京:中国纺织出版社,1994.

[7]宁俊.服装生产经营管理[M].2版.北京:中国纺织出版社,2001.

[8]东北三省职业技术教材编写组.服装设计[M].沈阳:辽宁科技出版社,1984.

[9]李祖旺,金玉顺,金贞顺.服装设计学概论[M].北京:中国轻工业出版社,2002.

[10]刘国联.服装厂技术管理[M].北京:中国纺织出版社,1999.

[11]刘元风.服装设计[M].长春:吉林美术出版社,1996.

[12]吴卫刚.服装美学[M].北京:中国纺织出版社,2000.

[13]李超德.设计美学[M].合肥:安徽美术出版社,2004.

[14]徐青青.服装设计构成[M].北京:中国轻工业出版社,2001.

[15]赵春霞.西洋服装设计简史[M].济南:山东科技出版社,1995.

[16]华梅.西方服装史[M].北京:中国纺织出版社,2003.

[17]郑巨欣.世界服装史[M].杭州:浙江摄影出版社,2000.

[18]李当岐.西洋服装史[M].北京:高等教育出版社,1995.

[19]郑健,等.服装设计学[M].北京:纺织工业出版社,1993.

[20]安德鲁·路米斯.人体素描[M].刘发全,摘译.高士濂,校.沈阳:辽宁美术出版社,
        1980.

[21]包昌法.服装学概论[M].北京:中国纺织出版社,1998.

[22]宋绍华,孙杰.服装概论[M].北京:中国纺织出版社,1991.

[23]李莉婷.服装色彩设计[M].北京:中国纺织出版社,2000.

［24］张星. 服装流行与设计［M］. 北京:中国纺织出版社,2000.

［25］沈兆荣. 人体造型基础［M］. 上海:上海教育出版社,1986.

［26］袁仄. 服装设计学［M］. 北京:中国纺织出版社,1993.

［27］庞小涟. 服装材料［M］. 北京:高等教育出版社,1989.

［28］东北三省职业技术教材编写组. 服装材料［M］. 沈阳:辽宁科技出版社,1984.

［29］周锡保. 中国古代服饰史［M］. 北京:中国戏剧出版社,1984.

［30］周汛,等. 中国历代服饰［M］. 上海:学林出版社,1984.

［31］戴逸,龚书铎. 中国通史［M］. 郑州:海燕出版社,2002.

［32］黄国松. 色彩设计学［M］. 北京:中国纺织出版社,2001.

［33］张德兴. 美学探索［M］. 上海:上海大学出版社,2002.

［34］弗龙格. 穿着的艺术［M］. 南宁:广西人民出版社,1989.

［35］皇甫菊含. 时装表演教程［M］. 南京:江苏美术出版社,1999.

［36］赵云川. 服装展览空间设计［J］. 中国服装,2002.

［37］万志琴,宋惠景. 服装生产管理［M］. 5 版. 北京:中国纺织出版社,2018.

［38］华梅. 中国服装史(2018 版)［M］. 北京:中国纺织出版社,2018.

［39］程朋朋,陈道玲,陈东生. 纺织服装产品检验检测实务［M］. 北京:中国纺织出版社,
　　　2019.

［40］席阳,刘荣. 品牌服装企业经营管理案例解析［M］. 北京:中国纺织出版社有限公司,
　　　2021.

［41］赵春华. 时尚传播学［M］. 北京:中国纺织出版社,2018.

［42］刘丽娴. 服装流行传播与社交圈［M］. 杭州:浙江大学出版社,2018.

［43］顾庆良. 时尚产业导论［M］. 上海:上海人民出版社,2010.

［44］格罗塞. 艺术的起源［M］. 蔡慕晖,译. 北京:商务印书馆,1984.

参考文献

后记

　　服装是文化的表征，服装是思想的形象。服装教学需要培养学生的全面性、思辨性，学生既要全面发展，又要专业优秀，这两者并不矛盾。"服装学概论"对于学生来说就是一门全面性、理论性的服装专业课程，因此这也对教材的编写与修订提出了更高的要求。

　　《服装学概论（第4版）》借鉴与总结了目前国内常用的服装学基本理论与实践的成功经验，为读者搭建有关服装的最为完整的知识体系，不仅拓宽了学习与研究的视野，也为读者设计、创作提供方法与途径。在本书编写过程中，还参考和借鉴了知名学者、专家、教授的专业著作，从而使本书不仅具有实用价值，同时也具有学术价值。在本书的编写过程中，我们还得到了苏州大学领导的支持与帮助，特别是海得设计团队的大力支持。

　　参与本书编写的还有余巧玲、赵俊凯、莫洁诗、曲艺彬、吴晨露、邱立智、王娇娇、朱少杰，她们都为本书的撰写、资料收集、图片绘制等做了大量的工作，在此一并表示感谢。

　　本书自第一版发行以来就作为苏州大学艺术学院的专业课程教材，得到了师生及同行的高度评价，围绕课程及教材进行的教育教学改革也获得了教学成果奖励；此外，《服装学概论》也在国内高校服装专业教学及社会企业工作人员的专业学习中大规模使用，产生了广泛的影响力。

王巧　袁丽

2022年10月于苏州大学艺术学院